UTB 2802



**Eine Arbeitsgemeinschaft der Verlage**

Böhlau Verlag · Wien · Köln · Weimar
Verlag Barbara Budrich · Opladen · Farmington Hills
facultas.wuv · Wien
Wilhelm Fink · München
A. Francke Verlag · Tübingen und Basel
Haupt Verlag · Bern · Stuttgart · Wien
Julius Klinkhardt Verlagsbuchhandlung · Bad Heilbrunn
Mohr Siebeck · Tübingen
Nomos Verlagsgesellschaft · Baden-Baden
Orell Füssli Verlag · Zürich
Ernst Reinhardt Verlag · München · Basel
Ferdinand Schöningh · Paderborn · München · Wien · Zürich
Eugen Ulmer Verlag · Stuttgart
UVK Verlagsgesellschaft · Konstanz, mit UVK/Lucius · München
Vandenhoeck & Ruprecht · Göttingen · Oakville
vdf Hochschulverlag AG an der ETH Zürich

Sven Schubert

# Pflanzenernährung

Grundwissen Bachelor

2., korrigierte Auflage
215 Zeichnungen
39 Schwarzweißfotos
85 Definitionen
55 Tabellen

Verlag Eugen Ulmer Stuttgart

## Der Autor

Sven Schubert, geb. 1956 in Menden (Sauerland). Studium der Agrarwissenschaften, Promotion (1985) und Habilitation für das Fach Pflanzenernährung (1991) an der Justus-Liebig-Universität in Gießen. Postdoktoranden-Aufenthalt an der University of California in Davis (1985-1986) und Professor für Pflanzenernährung an der Universität Hohenheim in Stuttgart (1992-1997). Seit 1997 Professor und Leiter des Instituts für Pflanzenernährung in Gießen. Arbeitsgebiete: Verbesserung der Salzresistenz von Kulturpflanzen, Biologische $N_2$-Fixierung, Aufnahme und Verlagerung von Schwermetallen in Pflanzen, Verfügbarkeit von Bodenphosphaten, Bedeutung der Düngung für die Qualität pflanzlicher Nahrungsrohstoffe, nachwachsende Rohstoffe.

**Bibliografische Information der Deutschen Nationalbibliothek**
Die Deutsche Nationalbibliothek verzeichnet diese Publikation in der Deutschen Nationalbibliografie; detaillierte bibliografische Daten sind im Internet über http://dnb.ddb.de abrufbar.

ISBN: 978-3-8252-3588-8 (UTB)
ISBN: 978-3-8001-2951-5 (Ulmer)


Wollgrasweg 41, 70599 Stuttgart (Hohenheim)
E-Mail: info@ulmer.de
Internet: www.ulmer.de
Lektorat: Werner Baumeister
Herstellung: Otmar Schwerdt
Satz: DUOTONE-Medienproduktion, München
Druck und Bindung: Graphischer Großbetrieb Friedr. Pustet, Regensburg
Printed in Germany

ISBN: 978-3-8252-3588-8 (UTB-Bestellnummer)

# Inhalt

# Vorwort

Mit der Einführung der konsekutiven Studiengänge mit Bachelor- und Masterabschlüssen im Rahmen des Bolognaprozesses war es notwendig, die Lehrinhalte zu überarbeiten, um den neuen Anforderungen gerecht zu werden. Im Bachelorstudium sollen die Studierenden innerhalb von drei Jahren einen berufsqualifizierenden Abschluss erreichen. Die Absolventen sollen Kenntnisse und Fähigkeiten erwerben, die sie in die Lage versetzen, neueste Kenntnisse der Fachgebiete im Berufsleben anzuwenden. Als Konsequenz war es erforderlich, die intensive naturwissenschaftliche Ausbildung in Fächern wie Biologie, Chemie und Physik, die früher in den ersten zwei Semestern des Diplomstudiengangs der Agrarwissenschaften erfolgte, stark zugunsten der landwirtschaftlichen Fächer einzuschränken. Vorkenntnisse, die früher vorausgesetzt werden konnten, sind heute nicht mehr vorhanden und erfordern eine neue Herangehensweise an die Vermittlung des Lehrstoffs.

Das vorliegende Lehrbuch richtet sich in erster Linie an Studierende der Agrarwissenschaften und der Ökotrophologie des Bachelorstudiums. Es stellt eine Einführung in das Fach Pflanzenernährung dar und soll die Studierenden im Modul Pflanzenernährung mit den Grundlagen des Faches vertraut machen. In 23 Kapiteln wird auf die verschiedenen Aspekte der Pflanzenernährung eingegangen, wobei es dem Autor wichtig war, die unterschiedlichen hierarchischen Stufen, die für das Fach kennzeichnend sind, herauszustellen. So sind die Kapitel nicht nach physiologischen oder anwendungsorientierten Aspekten geordnet, sondern in manchen Kapiteln werden globale Fragestellungen mit modernen biochemischen Forschungsansätzen verknüpft. Zur Verbesserung der Übersichtlichkeit wurde darauf verzichtet, Aussagen im Text mit Literatur zu belegen. Am Ende der Kapitel finden sich Hinweise auf weiterführende Literatur. Die Verständlichkeit des Textes wird mit klaren Definitionen unterstützt. Abbildungen und Fotos vermitteln den Stoff zusätzlich visuell, so dass die Verständlichkeit verbessert wird. Fragen am Ende der Kapitel bieten eine Lernkontrolle an. Obwohl die einzelnen Kapitel aus sich selbst verständlich sein sollten, bauen sie aufeinander auf. Querverweise ermöglichen eine Kontrolle des Verständnisses vorangegangener Kapitel oder den Hinweis auf noch folgende Erläuterungen in späteren Kapiteln.

Ziel des Lehrbuches ist nicht die vollständige Behandlung einzelner Aspekte, sondern eine didaktische Herangehensweise, die es dem Anfänger ermöglicht, innerhalb eines Moduls die Grundlagen der Pflanzenernährung zu erlernen. Beispiele wurden daher nicht allein aufgrund ihrer Aktualität, sondern aufgrund ihrer Anschaulichkeit ausgewählt. Die größte Herausforderung bestand, neben einer manchmal frustrierenden Notwendigkeit der Beschränkung auf die Grundlagen, in der Schwierigkeit, Zusammenhänge möglichst einfach, aber dennoch fachlich korrekt darzustellen. An einigen Stellen waren lange Diskussionen erforderlich, für die ich Herrn Prof. Dr. Feng Yan besonders danken möchte, der das Manuskript einer fachlichen „Kontrolle" unterzog. Meiner Tochter Mareike danke ich für die Prüfung auf Verständlichkeit aus studentischer Sicht und Christina Plachta für ihre Geduld bei der Erstellung der großen Anzahl von Abbildungen. Dem Verlag Eugen Ulmer möchte ich für die vertrauensvolle Zusammenarbeit und Herrn Roland Ulmer für die Initiative für dieses Lehrbuch danken.

Gießen, im Januar 2006 *Sven Schubert*

# 1 Geschichte der Pflanzenernährung

## 1.1 Einführung

Inhalt Kapitel 1



Obwohl der Mensch seit Jahrtausenden mit Hilfe des Ackerbaus gezielt pflanzliche Produkte erzeugt, ist unser heutiges Wissen um die Grundlagen dieser Produktion noch vergleichsweise jung. Wir verstehen erst seit etwa 150 Jahren die wichtigsten Prozesse, auf denen die Erzeugung pflanzlicher Nahrungsmittel beruht. Die Unkenntnis der biologischen, chemischen und physikalischen Zusammenhänge, die beim Aufbau pflanzlicher Substanz eine Rolle spielen, hat in der Vergangenheit zu katastrophalen **Hungersnöten** geführt, da die Nahrungsmittelerzeugung mit dem Bevölkerungswachstum nicht Schritt halten konnte. Auch heute treten in vielen Regionen der Erde noch Hungersnöte auf, die häufig politische und soziale Hintergründe haben. Aber auch die Unkenntnis der Bevölkerung trägt zur Problematik, besonders in Entwicklungsländern, bei. Dabei sollte man nicht vergessen, dass die ausreichende Versorgung mit Nahrungsmitteln und der heutige hohe Lebensstandard in den entwickelten Volkswirtschaften nicht zuletzt auf eine effiziente Pflanzenproduktion zurückzuführen sind.

Die Missachtung von produktionstechnischem Wissen und ökologischen Zusammenhängen hat in der Vergangenheit zum Untergang von Hochkulturen, wie z.B. vor etwa 4000 Jahren in Mesopotamien geführt. Damals kam es durch Fehler im Produktionsmanagement zu einer über Jahrzehnte andauernden allmählichen Versalzung der Böden. Die Zunahme der **Bodensalinität** erfolgte zunächst schleichend, bis sie ein solches Ausmaß erreichte, dass die Pflanzenerträge nicht mehr ausreichten, um die Bevölkerung mit Nahrungsmitteln zu versorgen. Die folgende Instabilität des politischen Systems trug schließlich zur Auflösung der sumerischen Hochkultur bei. Auch heute tritt das Problem der Bodenversalzung in vielen ariden Ländern der Erde auf und bedroht die sichere Nahrungsmittelgrundlage. Die Versorgung der Kulturpflanzen mit den für sie erforderlichen **Nährstoffen** spielt dabei für die Ertragsbildung eine ebenso zentrale Rolle wie die Vermeidung der Versalzung. Es stellt sich damit die Frage, was unter Pflanzennährstoffen zu verstehen ist. Diese Frage wurde in der Geschichte unterschiedlich beantwortet.

**Abb. 1:** Aristoteles (384-322 v. Chr.) Begründer der Humustheorie.

## 1.2 Humustheorie

Die Vorstellung der Menschen im Altertum über die Ernährung der Pflanzen war durch philosophische Betrachtungen geprägt. Besonders ARISTOTELES (Abb. 1) beherrschte die wissenschaftliche Forschung seiner Zeit und legte den Grundstein für die abendländische Logik, die für die Entwicklung der europäischen Kulturen außerordentlich einflussreich gewesen ist. Er war der Begründer der **Humustheorie**, die besagt, dass sich Pflanzen von Humus, also von abgestorbenem organischem Material, ernähren. Der Einfluss der griechischen Naturphilosophie auf die Vorstellungen der Menschen war so stark, dass sich die Humustheorie erfolgreich durchsetzen und fast zwei Jahrtausende halten konnte. Eine experimentelle Überprüfung der Humustheorie fand lange Zeit nicht statt und erfolgte erst mit der Entwicklung der Naturwissenschaften im siebzehnten und achtzehnten Jahrhundert.

**Abb. 2:** Priestleys Ansatz zum Nachweis der Photosynthese (nach RABINOVITCH 1948).

## 1.3 Zweifel an der Humustheorie

Erste Zweifel an der Humustheorie kamen auf, als JAN VAN HELMONT um 1600 fünf Jahre lang quantitative Versuche mit Weidenstecklingen anstellte. Durch exakte Gewichtsbestimmungen konnte er nachweisen, dass eine Substanzzunahme stattfand. Offensichtlich nahmen die Pflanzen Wasser auf und bauten daraus Substanz auf. JOHN PRIESTLEY wies 1780 nach, dass Pflanzen auch einen Stoff (Sauerstoff) produzieren, der für das tierische Leben notwendig ist. Die Maus unter der Käseglocke überlebte nur, wenn die Luft der Käseglocke mit Luft in Verbindung stand, die eine (belichtete) grüne Pflanze enthielt (Abb. 2). Damit war nicht nur gezeigt, dass die Pflanze den lebensnotwendigen Sauerstoff erzeugen kann, sondern auch der wichtige Prozess der **Photosynthese** war entdeckt.

Um 1800 untersuchte THÉODORE DE SAUSSURE die Aufnahme **chemischer Elemente** durch die Pflanze und führte erste Versuche mit Nährlösungen durch. Er übertrug die Erkenntnisse des französischen Chemikers ANTOINE LAURENT DE LAVOISIER (in chemischen Reaktionen werden keine neuen Elemente geschaffen, in andere überführt oder zerstört) auf die Pflanzenernährung. Er fand, dass für die Photosynthese Wasser benötigt wird, und Ionen selektiv von Pflanzenwurzeln aufgenommen werden. Er stellte auch fest, dass Pflanzen zwar Kohlenstoff, nicht aber Stickstoff aus der Atmosphäre aufnehmen können. Mit seinem Buch „Recherches chimiques sur la végétation“ war er ein wichtiger Wegbereiter für die **Mineralstofftheorie**.

## 1.4 Mineralstofftheorie

Als Begründer der Mineralstofftheorie gilt heute CARL PHILIPP SPRENGEL (Abb. 3). Auch das **Gesetz vom Minimum**, das häufig JUSTUS VON LIEBIG zugeschrieben wird, wurde erstmals 1828 von Sprengel formuliert („Wenn eine Pflanze zwölf Stoffe zu ihrer Ausbildung bedarf, so wird sie nimmer aufkommen, wenn nur ein einziger fehlt, und stets kümmerlich wird sie wachsen, wenn einer derselben nicht in der Menge vorhanden ist, als es die Natur der Pflanze erheischt“). Seine Vorstellung über die Aufnahme anorganischer Nährstoffe aus dem Boden wurde mit exakten Nährstoffbilanzen von JEAN BAPTISTE BOUSSINGAULT und JUSTUS VON LIEBIG bestätigt.

**Abb. 3:** Carl Philipp Sprengel (1787–1859): Begründer der Mineralstofftheorie.

JUSTUS VON LIEBIG (Abb. 4) war der Wegbereiter der Mineralstofftheorie, die sich nur allmählich gegen die Humustheorie durchsetzen konnte. Noch 1809 stellte ALBRECHT THAER, der Lehrer Sprengels, fest: „So wie der Humus eine Erzeugung des Lebens ist, so ist er auch die Bedingung des Lebens“. Liebig lieferte zunächst nur wenige experimentelle Beweise für die Mineralstofftheorie, verhalf ihr aber mit seiner Persönlichkeit zum Durchbruch. Im Gegensatz zu Boussingault in Frankreich und Gilbert und Lawes in England vertrat Liebig anfangs hartnäckig die Meinung, dass alle Pflanzen ausreichend Stickstoff in Form von Ammoniak aus der Atmosphäre aufnehmen, so dass er sich gegen die Notwendigkeit einer mineralischen Stickstoffdüngung aussprach. Scharf

**Abb. 4:** Justus von Liebig (1803–1873): Protagonist der Mineralstofftheorie und Urheber des Kreislaufgedankens.

Abb. 5: Liebigmuseum in Gießen (Photo: Schubert).

widersprach er der Humustheorie, nach der Humus die primäre Nährstoffquelle der Pflanzen sei.

Nach den neuen Erkenntnissen, so propagierte Liebig, sei nicht die Humustheorie, sondern die Mineralstofftheorie die richtige Lehre von der Pflanzenernährung. Deshalb müssten die Landwirte alle mineralischen Nährstoffe, die sie mit dem Erntegut von ihren Feldern abtransportierten, durch entsprechende Mineraldüngung dem Boden wieder zuführen. Nur so könne die Bodenfruchtbarkeit erhalten bleiben. Eine Wirtschaftsweise ohne Ersatzdüngung sei Raubbau. Insofern war Liebig seiner Zeit weit voraus und entwickelte bereits Mitte des achtzehnten Jahrhunderts die Idee einer ökologischen Wirtschaftsweise. Mit dem Rat, auf eine Humusversorgung der Böden ganz zu verzichten, schoss er allerdings über das Ziel hinaus. Die bedeutenden Arbeiten Liebigs werden in eindrucksvoller Weise im Gießener Liebigmuseum dargestellt (Abb. 5).

## 1.5 Pflanzenernährung heute

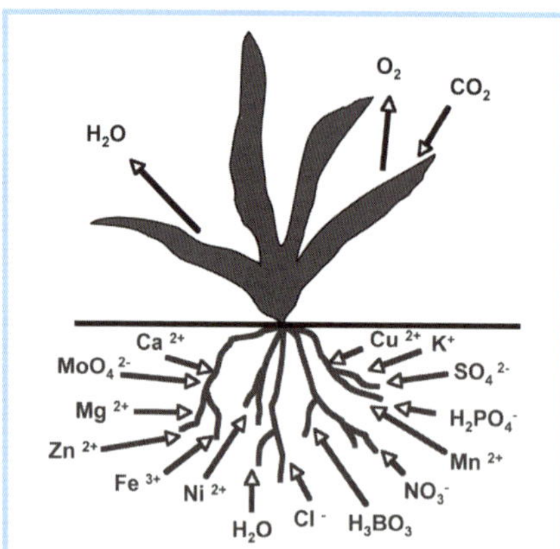


Abb. 6: Vereinfachtes Modell der Aufnahme von Nährstoffen durch die Pflanze. Pflanzennährstoffe werden als Ionen oder ungeladene Moleküle aufgenommen (nach SCHUBERT 2004).

Mit der Entwicklung der Mineralstofftheorie war die theoretische Grundlage für die Pflanzenernährung geschaffen, die sich ähnlich wie die Tierernährung aus der **Agrikulturchemie** weiterentwickelte. Pflanzennährstoffe sind chemische Elemente, die in unterschiedlicher Bindungsform aus dem Boden oder der Atmosphäre aufgenommen werden und Grundstoffe für verschiedene Syntheseleistungen der Pflanze darstellen (Abb. 6). Die prinzipielle Gültigkeit der Theorie lässt sich eindrucksvoll belegen. So ist es nicht nur möglich, Pflanzen bei vollständigem Angebot von Nährstoffen in einer Nährlösung zu kultivieren, sondern die Anzucht von Pflanzen in **Wasserkulturen** wird auch kommerziell im Gemüse- und Zierpflanzenbau genutzt. Dennoch tragen heute nicht nur chemische, sondern auch biologische und physikalische Erkenntnisse zur Weiterentwicklung der Pflanzenernährung bei.

Als **Vater der modernen Pflanzenernährung** gilt heute DENNIS R. HOAGLAND, der 1927 bis 1949 Pflanzenernährung an der Universität von Kalifornien lehrte (Abb. 7). Obwohl erste Nährlösungen für Pflanzen bereits 1860 von JULIUS SACHS hergestellt wurden, waren diese unvollständig, da die Notwendigkeit der Mikronährstoffe für die Pflanzenernährung noch nicht bekannt war. In der ersten Hälfte des 20. Jahrhunderts wurde die Bedeutung einer Reihe von Spurenelementen für die Pflanzenernährung etabliert. Aufbauend auf diesen neuen Erkenntnissen schufen Hoagland und seine Kollegen ein komplettes anorganisches Nährmedium, das, z.T. in abgewandelter Form, noch heute als Hoagland-Lösung in vielen Forschungslabors Verwendung findet. Hoaglands bahnbrechende Arbeiten zur energieabhängigen Nährstoffaufnahme und Nährstoff-Kompartimentierung der Süßalge *Nitella clavata* nutzten zum ersten Mal ein Modellsystem, das methodisch leicht zugänglich war und heute in der molekulargenetischen Forschung mit *Arabidopsis thaliana* seine Entsprechung findet. Trotz der Vorteile vereinfachender Modellsysteme darf allerdings die moderne Pflanzenernährung damals wie heute die komplexen physiologischen Besonderheiten verschiedener pflanzlicher Genotypen nicht vernachlässigen.

**Abb. 7:** Dennis R. Hoagland (1884–1949): Vater der modernen Pflanzenernährung (Photo: aus Epstein und Bloom 2005).

Das Fachgebiet Pflanzenernährung basiert heute auf drei Säulen:
Die **Ernährungsphysiologie der Pflanzen** befasst sich mit der Aufnahme, dem Transport, der Verteilung und den Funktionen von Mineralstoffen. Moderne Forschungsgebiete untersuchen dabei mit biochemischen und molekularbiologischen Methoden beispielsweise die Nährstoffeffizienz und die Stressresistenz von Kulturpflanzen sowie die Biosynthese qualitätsrelevanter Inhaltsstoffe.

Die **Erforschung von Wechselwirkungen zwischen Pflanzen und Böden** hat zum Ziel, bodenkundliche und physiologische Erkenntnisse zu kombinieren. Das Verständnis der Vorgänge in der Rhizosphäre ist nicht nur für die Beschreibung der Aneignung von Nährstoffen wichtig, sondern auch für die Beeinflussung der Fruchtbarkeit von Böden.

Im Zentrum der dritten Säule **„Nährstoffhaushalt und Düngung“** steht die Nährstoffdynamik in Böden und Kultursubstraten. Ziel ist nicht nur die Düngerbedarfsprognose für die Produktion qualitativ hochwertiger Ernteprodukte, sondern auch der umweltverträgliche Einsatz von Düngern unter Schonung von natürlichen Ressourcen.

Im Gegensatz zur wissenschaftlichen Lehre des Pflanzenbaus, die sich als integrative Disziplin begreift, ist die Pflanzenernährung eine analytische Disziplin. Charakteristisch ist für sie, dass der Erkenntnisfortschritt auf sehr unterschiedlichen hierarchischen Ebenen angestrebt wird. Je nach Versuchsfrage kann es für einen Pflanzenernährer vorteilhaft sein, das Untersuchungsobjekt auf dem Niveau von Enzymen, Nukleinsäuren, Zellmembranen, Zellorganellen, Zellen, Geweben, Organen, intakten Pflanzen oder auf dem Niveau eines Feldes, einer Landschaft oder sogar in globalen Kategorien zu wählen. Die Inhalte des Fachgebiets der Pflanzenernährung werden für den deutschsprachigen Raum von der Deutschen Gesellschaft für Pflanzenernährung definiert und vertreten. International ist die Pflanzenernährung im International Council of Plant Nutrition (IPNC) organisiert.

## Weiterführende Literatur:

Böhm, W.: Biographisches Handbuch zur Geschichte des Pflanzenbaus. K.G. Saur, München (1997)

Brock, W.: Justus von Liebig. Eine Biographie des großen Naturwissenschaftlers und Europäers. Friedrich Viehweg, Braunschweig (1999)

Diepenbrock, W., F. Ellmer und J. Léon: Ackerbau, Pflanzenbau und Pflanzenzüchtung. Grundwissen Bachelor. Eugen Ulmer, Stuttgart (2005)

Homepage der Deutschen Gesellschaft für Pflanzenernährung:
http://www.uni-giessen.de/dgp/

## Fragen:

- Nennen Sie wesentliche Gründe für das Auftreten von Hungersnöten in früheren und heutigen Zeiten!
- Wer formulierte als erster die Mineralstofftheorie?
- Worin unterscheiden sich Humus- und Mineralstofftheorie?
- Worin bestanden Liebigs wissenschaftliche Leistungen?
- Mit welcher wissenschaftlichen Methodik wurde die Mineralstofftheorie etabliert?
- Nennen Sie wichtige Forschungsgebiete der modernen Pflanzenernährung!

# 2 Definition und Einteilung der Pflanzennährstoffe

Inhalt Kapitel 2



## 2.1 Begriff der Ernährung

Unter **Ernährung** versteht man sowohl die Zufuhr als auch die Aufnahme von Nährstoffen (Def. 2.1). Die Zufuhr von Nährstoffen bezeichnet man in der Pflanzenernährung gewöhnlich auch als **Düngung**. Nährstoffzufuhr und Nährstoffaufnahme sind nicht unbedingt identisch, da die Düngung eines Nährstoffes manchmal in einer Form erfolgt, die sich von derjenigen der Aufnahme unterscheidet. So kann z.B. die Düngung des Nährstoffs Stickstoff in reduzierter Form erfolgen, nämlich als Ammonium. Bodenbakterien oxidieren reduzierten Stickstoff meistens sehr schnell zu Nitrat, das anschließend von Pflanzenwurzeln aufgenommen wird. Düngung und Aufnahme von Stickstoff erfolgen in diesem Fall in unterschiedlichen Formen. Die Aufnahme von Nährstoffen wird auch als **Absorption** bezeichnet. Dieser Begriff darf nicht mit Adsorption (s.u.) verwechselt werden.

**Definition 2.1: Unter Ernährung versteht man die Zufuhr (Düngung) oder die Aufnahme (Absorption) von Nährstoffen.**

## 2.2 Definition der Pflanzennährstoffe

Kennzeichen von lebenden Organismen ist, dass sie sich vermehren können, reizbar sind, über einen eigenen Stoffwechsel verfügen und Energie aufnehmen. Allen Lebewesen ist gemein, dass sie zur Erhaltung dieser vier Funktionen Nährstoffe aufnehmen müssen. Allerdings gibt es in der Form der Nährstoffe zwischen verschiedenen Organismengruppen erhebliche Unterschiede. Während Tiere Energie in chemischer Form aufnehmen (Kohlenhydrate, Fette, Proteine), nehmen Pflanzen ihre Energie in Form von Licht auf. Materie nehmen Tiere überwiegend als organische Verbindungen auf, Pflanzen als anorganische Verbindungen. Im Vergleich zu Tieren verfügen Pflanzen über eine große Anzahl zusätzlicher Stoffwechsel-Reaktionswege, die es ihnen ermöglichen, aus anorganischen Stoffen viele organische Verbindungen herzustellen, die Tiere nicht synthetisieren können (Tab. 2.1). Im Unterschied zu Tieren sind Pflanzen daher in vielen Bereichen **autotroph** und produzieren für die Tiere und den Menschen lebensnotwendige Stoffe. Die Tiere und der Mensch können daher nur aufgrund der besonderen Syntheseleistungen der Pflanzen existieren.

**Tab. 2.1:**
**Synthese von für den Menschen essentiellen Verbindungen durch die Pflanze.**

| | |
|---|---|
| **C-Assimilation** | Einbau von anorganischem Kohlenstoff in energiereiche organische Verbindungen<br>Synthese von essentiellen Fettsäuren<br>Synthese von Vitaminen |
| **N-Assimilation** | Reduktion von oxidiertem Stickstoff<br>Einbau von anorganischem Stickstoff in Aminosäuren<br>Synthese von essentiellen Aminosäuren |
| **S-Assimilation** | Reduktion von oxidiertem Schwefel<br>Einbau von anorganischem Schwefel in organische Substanz |

**Definition 2.2:**
**Pflanzennährstoffe sind alle die chemischen Elemente, die für das Wachstum und die normale Entwicklung der Pflanze notwendig sind, und die in ihrer Funktion von keinem anderen chemischen Element ersetzt werden können.**

Pflanzennährstoffe sind **chemische Elemente** (Def. 2.2), die fast ausschließlich als Ionen (z.B. $K^+$, $Cl^-$) oder ungeladene anorganische Moleküle (z.B. $CO_2$, $H_2O$) aufgenommen werden. Nach dieser Definition sind Kohlendioxid ($CO_2$) und Wasser ($H_2O$) keine Pflanzennährstoffe, sondern die in ihnen enthaltenen chemischen Elemente Kohlenstoff (C), Sauerstoff (O) und Wasserstoff (H).

Drei **Kriterien** müssen erfüllt sein, damit ein chemisches Element als Pflanzennährstoff angesehen werden kann:

Bei einem Mangel kann die Pflanze ihren Lebenszyklus nicht beenden.
Der Mangel ist für das betreffende Element spezifisch.
Zumindest eine spezifische Funktion dieses Elementes in der Pflanze muss nachgewiesen sein.

Wendet man diese Kriterien an, so sind für die höhere Pflanze heute 17 chemische Elemente als Pflanzennährstoffe allgemein anerkannt. Weitere drei Elemente können in besonderen Fällen ebenfalls als Pflanzennährstoffe angesehen werden. So ist Si für manche Pflanzenarten (z.B. Reis) essentiell, Na für manche $C_4$-Pflanzen und Co für $N_2$-fixierende Leguminosen.

## 2.3 Einteilung der Pflanzennährstoffe

Nach den überwiegend im pflanzlichen Gewebe vorliegenden Konzentrationen werden neun **Makronährstoffe** und acht **Mikronährstoffe** unterschieden (Tab. 2.2). Die Angabe der Konzentrationen erfolgt in g $kg^{-1}$ oder % (z.B. 20 g $kg^{-1}$ = 2%) für die Makronährstoffe oder in mg $kg^{-1}$ für die Mikronährstoffe. Fe und Mn stellen Grenzfälle dar. Obwohl sie den Mikronährstoffen zugerechnet werden, kommen sie unter bestimmten Bedingungen auch in Konzentrationsbereichen vor, die für Makronährstoffe typisch sind. Nach einer internationalen Konvention (SI-Einheiten) sind die früher gebräuchlichen Einheiten ppm (parts per million) oder ppb (parts per billion) nicht mehr zulässig.

| Makronährstoffe [> 0,5 g/kg TM] | | Mikronährstoffe [< 0,5 g/kg TM] | |
|---|---|---|---|
| C | Kohlenstoff | Fe | Eisen |
| H | Wasserstoff | Mn | Mangan |
| O | Sauerstoff | Cu | Kupfer |
| N | Stickstoff | Zn | Zink |
| P | Phosphor | Mo | Molybdän |
| K | Kalium | B | Bor |
| S | Schwefel | Cl | Chlor |
| Ca | Calcium | Ni | Nickel |
| Mg | Magnesium | (Na) | Natrium |
| (Si) | Silicium | (Co) | Kobalt |

**Tab. 2.2:**
**Einteilung der Pflanzennährstoffe in Makro- und Mikronährstoffe. Co, Na und Si sind nützliche Elemente, aber nicht für alle Pflanzenarten essentiell.**

## 2.4 Konzentrationen von Pflanzennährstoffen

Zur Charakterisierung des Ernährungszustandes einer Pflanze sollte zwischen den Begriffen **Konzentration** (engl. concentration) und **Gehalt** (engl. content) unterschieden werden (Def. 2.3). Der Ernährungszustand wird mit Konzentrationsangaben beschrieben, wobei die Bezugsbasis die **Masse** (z.B. Frischmasse, Trockenmasse) sein kann. In diesem Fall ist die physikalische Einheit g (oder mg) $kg^{-1}$ oder %. Berücksichtigt man das Atom- oder Molekulargewicht, so spricht man von **molalen Konzentrationen** (Einheit: mol $kg^{-1}$). Bei bestimmten physiologischen Fragestellungen kann es sinnvoll sein, das **Volumen** als Bezugsbasis zu wählen. Dies muss gesondert gekennzeichnet werden (z.B. Vol%). Unter Berücksichtigung des Atom- oder Molekulargewichtes ergeben sich dann **molare Konzentrationen** (Einheit: mol $L^{-1}$ = M). Gehalte beziehen sich auf ganze Pflanzen, Pflanzenteile, Organe u.s.w. (z.B. g $Wurzel^{-1}$). Da die Bezugsbasis eine wichtige Rolle für die Interpretation von Daten spielt, sollte eine konsequente Unterscheidung von Konzentrationen und Gehalten auch für andere Inhaltsstoffe vorgenommen werden.

**Definition 2.3:**
**Konzentrationen geben die Nährstoffmenge pro Masse oder Volumen an. Gehalte sind Nährstoffmengen pro Pflanze oder Pflanzenteil.**

| Element | Konzentration (%) |
|---|---|
| O | 44 |
| C | 42 |
| H | 6 |
| N | 3 |
| Si | 3 |
| K | 3 |
| Ca | 0,3 |
| P | 0.3 |
| Mg | 0,2 |
| S | 0,2 |
| Cl | 0,1 |
| Al | 0,1 |
| Fe | 0,1 |
| Mn | 0,04 |

Aus der Konzentration der chemischen Elemente lässt sich nicht auf ihre Bedeutung für die Pflanze schließen. So können bestimmte Elemente in der Pflanze in relativ hohen Konzentrationen vorliegen, ohne dass sie eine Funktion haben. Ein Beispiel hierfür ist die Al-Konzentration. In bestimmten Fällen kann es sogar zur

Anreicherung von Elementen kommen, die für die Pflanze toxisch sind. Dieses trifft sowohl für Mikronährstoffe (z.B. Zn oder Cu) als auch für Schwermetalle wie Cd oder Pb zu, die keine Pflanzennährstoffe sind.

## 2.5 Bestimmende Faktoren der Nährstoffkonzentrationen

Obwohl Pflanzen raffinierte Mechanismen entwickelt haben, Nährstoffe **selektiv** aufzunehmen (vgl. Kapitel 4), hängt die Konzentration in der Pflanze auch sehr stark vom Versorgungszustand des Wurzelmediums ab. Während die Konzentration mancher Elemente in einem bestimmten Bereich proportional mit der Konzentration im Medium zunimmt, werden in bestimmten Pflanzen in Abhängigkeit von den genetischen Voraussetzungen andere Elemente verstärkt akkumuliert oder ausgeschlossen. Man spricht in diesem Zusammenhang von Indikator-, Akkumulator- oder Exkluder-Pflanzen (Abb. 8). Im Falle von Indikatorpflanzen ergibt sich die Möglichkeit, die Konzentration im Pflanzengewebe zur Diagnose des Nährstoff-Versorgungszustandes eines Bodens heranzuziehen (vgl. Kapitel 18.2).

Akkumulator- und Exkluder-Pflanzen verfolgen zwei unterschiedliche Strategien, mit potentiell toxischen Elementen umzugehen. Während Akkumulator-Pflanzen Mechanismen entwickelt haben, das betreffende Element (z.B. bestimmte Schwermetalle) zu tolerieren, verfolgen Exkluder-Pflanzen die Strategie der Stressvermeidung (engl. avoidance). Im zweiten Fall kommt es bei stärkerer Belastung des Bodens mit dem betreffenden Element zu einer Überlastung des Exklusionsmechanismus, so dass mit zunehmender Konzentration im Boden die Konzentration in der Pflanze exponentiell zunimmt. Der Grund für die Sättigung der Kurve im Fall von Akkumulatorpflanzen (Kurve A in Abb. 8) ist nicht genau bekannt. Die Verarmung des wurzelnahen Bodens an einem verfügbaren Element könnte hierbei eine Rolle spielen.

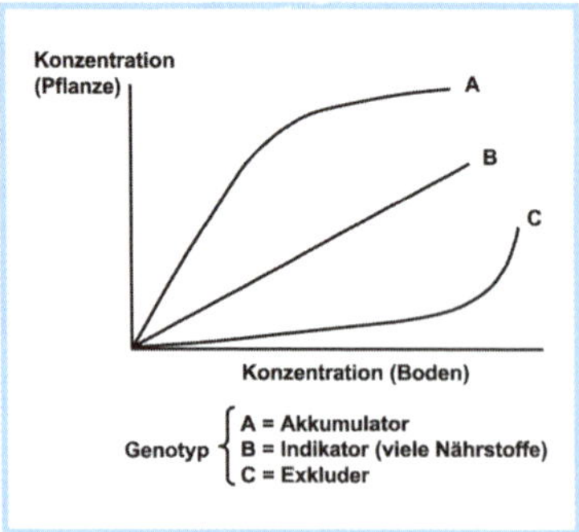


**Abb. 8:** Einfluss der verfügbaren Elementkonzentration im Boden auf die Elementkonzentration in der Pflanze (A = Akkumulator, B = Indikator, C = Exkluder).

Die Nährstoffkonzentration ist nicht in allen Pflanzenteilen gleich, sondern kann sich in den Kompartimenten, Organellen, Zellen, Geweben und Organen einer Pflanze erheblich unterscheiden. Häufig spielt die Funktion des Organs eine wichtige Rolle für die Akkumulation von Nährstoffen. Obwohl Kartoffelknollen und Zuckerrüben zwei vegetative Speicherorgane darstellen, weisen Kartoffelknollen deutlich höhere Konzentrationen an N und K auf als Zuckerrüben (Tab. 2.4). Während Kartoffelknollen Stärke in Amyloplasten einlagern, ist die Saccharosespeicherung in den Vakuolen der Zuckerrübenzellen der dominierende Prozess. Die Zuckereinlagerung führt zu einer erheblichen Zunahme des Volumens der Vakuolen, so dass N-haltige Strukturen des Cytoplasmas einen geringeren Anteil ausmachen. Umgekehrt nehmen in den

| % TM | N | P | K | Ca | Mg |
|---|---|---|---|---|---|
| Kartoffelknollen | 1,4 | 0,3 | 2,0 | 0,1 | 0,1 |
| Zuckerrüben | 0,6 | 0,2 | 0,9 | 0,2 | 0,2 |

**Tab. 2.4: Vergleich der Nährstoffkonzentrationen zwischen Kartoffelknollen und Zuckerrüben (nach AMBERGER 1996).**

Kartoffelzellen die kleinstrukturierten cytoplasmatischen Komponenten mit höheren Stickstoff- und Kalium-Konzentrationen einen größeren Anteil ein. In den Vakuolen der Zuckerrüben wird K bei der Einlagerung von Saccharose verdrängt.

Große Unterschiede in den Nährstoffkonzentrationen finden sich häufig auch zwischen vegetativen und generativen Pflanzenorganen, besonders zum Zeitpunkt der Reife. Ursache hierfür sind hauptsächlich die unterschiedliche Verlagerung im **Phloem** (vgl. Kapitel 5.3) und die unterschiedliche Speicherung von Nährstoffen in verschiedenen Pflanzenorganen. Ein Beispiel für die schlechte Verlagerbarkeit von Ca im Phloem zeigt sich in Tab. 2.5. Im Vergleich zum Korn liegen die Konzentrationen im Stroh vierfach höher. Da das Korn überwiegend vom Phloem mit Stoffen versorgt wird, resultieren geringe Ca-Konzentrationen. Besonders auffällig sind die hohen Konzentrationen von N und P, die in Form von **Speicherproteinen** (N) und **Phytaten** (P) speziell zur Versorgung des Embryos bei der Keimung gespeichert werden. Die relativ geringe K-Konzentration im Korn ist im Unterschied zu Ca nicht auf die mangelnde Beweglichkeit dieses Elements im Phloem, sondern auf die mangelnde Speicherung im Korn zurückzuführen. Aus den niedrigen Konzentrationen ergibt sich die Konsequenz, dass K und Ca sehr frühzeitig im Wurzelmedium für eine ausreichende Versorgung der keimenden Getreidepflanze bereitgestellt werden müssen, um eine ausreichende Ernährung sicherzustellen.

| % TM | N | P | K | Ca | Mg |
|---|---|---|---|---|---|
| Stroh | 0,4 | 0,1 | 1,4 | 0,9 | 0,1 |
| Korn | 1,7 | 0,4 | 0,6 | 0,2 | 0,1 |

**Tab. 2.5: Vergleich der Nährstoffkonzentrationen zwischen Stroh und Korn von Hafer (nach MENGEL 1991).**

Auch mit dem Pflanzenalter kann sich die Nährstoffkonzentration ändern. (Abb. 9). Durch das Wachstum gehen die Nährstoffkonzentrationen infolge von Verdünnungseffekten meistens zurück. Eine fortgesetzte Nährstoffaufnahme wird dabei durch das Massenwachstum überkompensiert. Weitere Aspekte der Nährstoffkonzentration im Zusammenhang mit der Pflanzenanalyse werden im Kapitel 18.3 angesprochen.

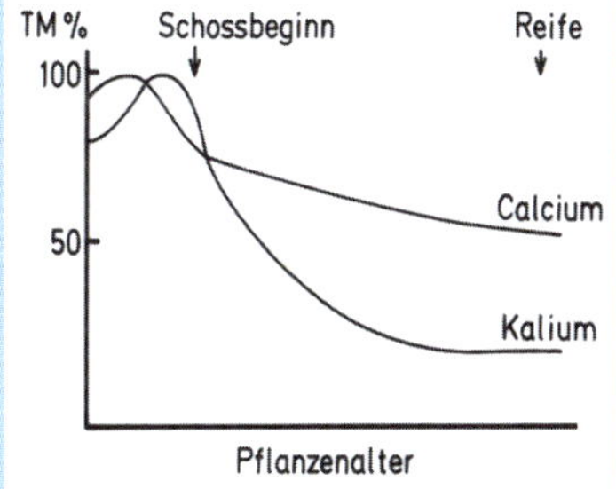


Abb. 9: Konzentrationen von Calcium und Kalium im Pflanzengewebe in Abhängigkeit vom Pflanzenalter (nach MENGEL 1991).

## Weiterführende Literatur:

MENGEL, K. und E. A. KIRKBY: Principles of Plant Nutrition. Kluwer Academic Publishers, Dordrecht (2001)

SCHILLING, G.: Pflanzenernährung und Düngung. Eugen Ulmer Stuttgart (2000)

## Fragen:

- Was versteht man unter Ernährung?
- Wie unterscheidet sich die Ernährung von Pflanzen und Tieren?
- Wie sind Pflanzennährstoffe definiert?
- Worin besteht der Unterschied zwischen Makro- und Mikronährstoffen?
- Wodurch wird die Nährstoffkonzentration einer Pflanze beeinflusst?
- Wie werden die Nährstoffe N und P im Getreidekorn gespeichert?
- Warum wird Ca nur wenig in generative Pflanzenorgane verlagert?

# 3 Physiologische Eigenschaften und Funktionen von Pflanzennährstoffen

## 3.1 Übersicht

Inhalt Kapitel 3



Interessanter als die Einteilung der Pflanzennährstoffe nach ihrem mengenmäßigen Vorkommen in Pflanzen ist eine Einteilung nach ihren physiologischen Eigenschaften und Funktionen. Obwohl eine eindeutige Zuordnung zu unterschiedlichen Gruppen im Einzelfall nicht immer möglich ist, kann eine grobe Einteilung in **vier Gruppen** erfolgen: Assimilierte Nährstoffe, esterbildende Nährstoffe, freie und sorbierte Nährstoffe sowie Nährstoffe in prosthetischen Gruppen.

## 3.2 Assimilierte Nährstoffe (C, O, H, N, S)

Typisch für diese Nährstoffgruppe ist, dass es sich um Nährstoffe handelt, die aus dem Boden oder der Atmosphäre aufgenommen werden und assimiliert werden müssen. Im Unterschied zu einer einfachen Bindung des Nährstoffs setzt eine Assimilation eine chemische Umformung voraus, die auf enzymatische Aktivität angewiesen ist und direkt oder indirekt mit einer Oxidation oder Reduktion verbunden ist (Def. 3.1). Typische Beispiele für assimilierte Nährstoffe finden sich in der Aminosäure Cystein: Alle in diesem organischen Molekül vorkommenden Nährstoffe (C O H N S) sind vom Stoffwechsel assimiliert worden und stellen wichtige **Bausteine** von organischen Molekülen dar (Abb. 10).

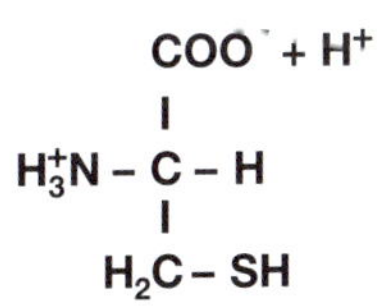

Cystein

**Abb. 10:** Strukturformel der Aminosäure Cystein. Die am Aufbau beteiligten chemischen Elemente sind Pflanzennährstoffe, die assimiliert wurden.

**Definition 3.1: Assimilation (Angleichung) ist der Einbau eines Nährstoffs in organische Substanz unter Einsatz von Enzymen. Mit der Assimilation ist eine Oxidation oder Reduktion verbunden.**

**Kohlenstoff** (C) wird überwiegend als $CO_2$ aus der Atmosphäre aufgenommen und mit Hilfe von Enzymen in verschiedene Moleküle eingebaut. Im Calvinzyklus der Photosynthese baut das Enzym Ribulosebisphosphat-Carboxylase (**Rubisco**) $CO_2$ in organische Substanz ein (Abb. 11), und das entstehende Phosphoglycerat wird anschließend mit Hilfe von NADPH + $H^+$ zu Zucker

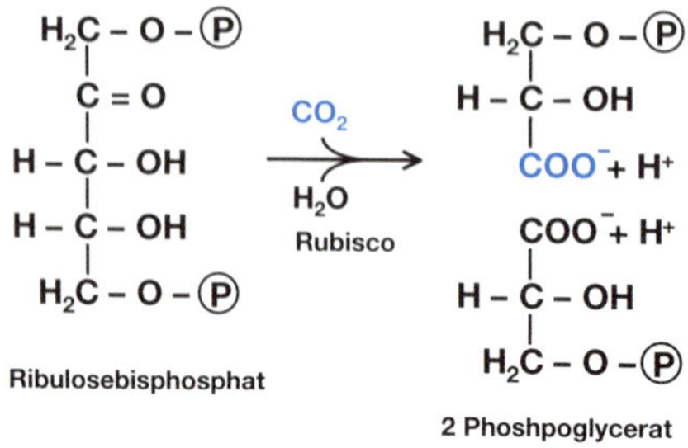


**Abb. 11:** Erster Schritt der Assimilation von Kohlenstoff im Calvinzyklus mittels Carboxylierung von Ribulosebisphosphat durch das Enzym Rubisco. Das Substrat ist $CO_2$. Phosphoglycerat wird anschließend zu Zucker (Triosephosphat) reduziert.

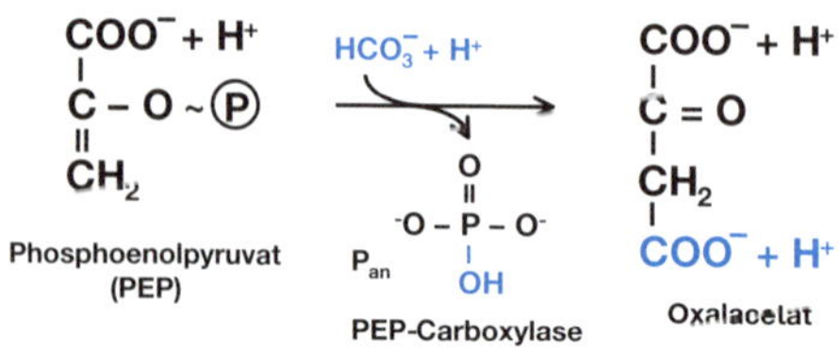


**Abb. 12:** Assimilation von Kohlenstoff mittels Carboxylierung von Phosphoenolpyruvat (PEP) durch das Enzym PEP-Carboxylase. Das Substrat ist Bicarbonat.

$$CO_2 + H_2O \longrightarrow HCO_3^- + H^+$$

Carboanhydrase

**Abb. 13:** Hydratisierung von $CO_2$ und Bildung von Bicarbonat durch das Enzym Carboanhydrase.

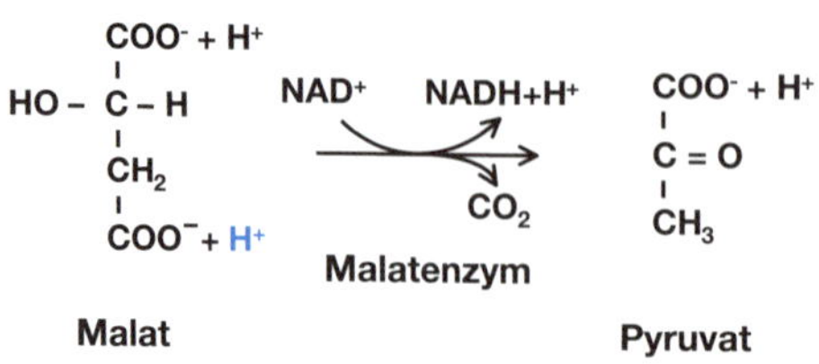


**Abb. 14:** Oxidative Decarboxylierung von Malat mit dem Malatenzym.

(Triosephosphat) reduziert. Dieses ist der wichtigste Reaktionsweg zur Assimilation von anorganischem C.

Kohlenstoff kann aber auch über das Enzym **PEP-Carboxylase** als Bicarbonat ($HCO_3^-$) in Phosphoenolpyruvat (PEP) inkorporiert werden (Abb. 12). Dabei unterstützt das Enzym **Carboanhydrase** den Prozess durch Bildung von Bicarbonat aus $CO_2$ und $H_2O$ (Abb. 13). Das bei der Carboxylierung durch PEP-Carboxylase entstandene Oxalacetat wird zu Malat reduziert (Abb. 14). Die Assimilation von C mittels PEP-Carboxylase hat eine besondere Funktion in den $C_4$-Pflanzen und den CAM-Pflanzen (CAM = Crassulaceae Acid Metabolism) und hilft diesen Pflanzen, bei sparsamem Wasser- und Stickstoff-Verbrauch effizient Kohlenstoff zu assimilieren. PEP-Carboxylase kommt aber auch in der C-Dunkelfixierung der $C_3$-Pflanzen vor, wobei diese nicht so bedeutsam ist wie die photosynthetische $CO_2$-Assimilation. Aufgrund der sehr niedrigen $CO_2$-Konzentration der Atmosphäre (0,038%) ist Kohlenstoff in $C_3$-Pflanzen häufig limitierend für die Biomasseproduktion. Im Gewächshaus kann man durch künstliche $CO_2$-Düngung der Luft das Wachstum dieser Pflanzen verbessern.

Die PEP-Carboxylase spielt auch eine wichtige Rolle bei der cytosolischen **pH-Regulation** in Pflanzen. Dabei wird durch die Bildung einer stärkeren Säuregruppe in der Oxalessigsäure ($pK_s$-Wert = 4,2) im Vergleich zur Kohlensäure ($pK_s$-Wert = 6,4) der pH-Wert abgesenkt (Abb. 12). Ein zu niedriger pH-Wert kann dagegen durch einen Abbau von Carboxylgruppen erfolgen. Bei niedrigen cytosolischen pH-Werten trägt das Malatenzym durch Decarboxylierung von Malat zu einer Anhebung des pH-Wertes bei (Abb. 14).

Ein weiteres C-assimilierendes Enzym ist die **Acetyl-Coenzym A-Carboxylase** (= Acetyl-CoA-Caboxylase), die für die Synthese von Fettsäuren essentiell ist (Abb. 15). Kohlenstoff stellt das wichtigste Element organischer Verbindungen wie Kohlenhydrate, Fette und Proteine dar.

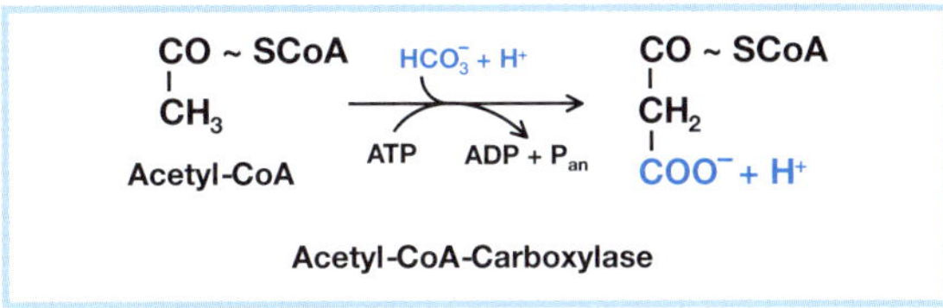


**Abb. 15:** Carboxylierung von Acetyl-CoA durch das Enzym Acetyl-CoA-Carboxylase leitet die Fettsäuresynthese ein. Substrat ist Bicarbonat; das freigesetzte $H_2O$ wird für die hydrolytische Spaltung von ATP benötigt.

**Wasserstoff** (H) wird als Proton durch Dissoziation von Wasser freigesetzt. Dieser Prozess wird beispielsweise in der photosynthetischen Wasserspaltung oder durch $H^+$-ATPasen (s.u.) forciert. Anlagerungen von Protonen an organische Moleküle erfolgen häufig nach einer Reduktion. Die $e^-$-Übertragung lädt ein Molekül negativ auf und schafft so die Voraussetzung für die Protonierung (Abb. 16). Protonen sind daher häufig (aber nicht immer) an Redox-Reaktionen beteiligt. Andererseits stellt eine Protonenübertragung ohne die Übertragung von Elektronen keine Redox-Reaktion und auch keine Assimilation dar.

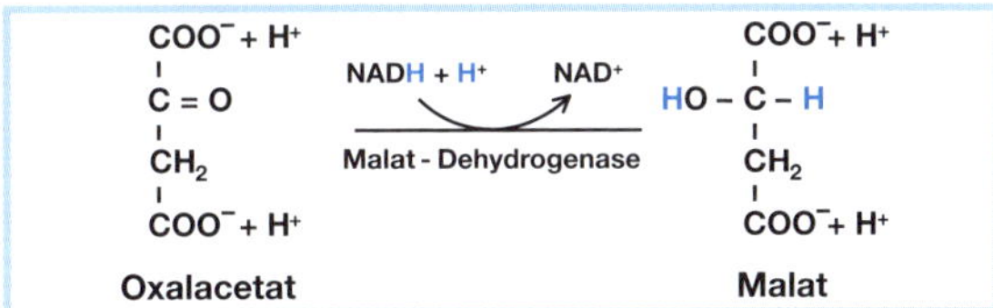


**Abb. 16:** Reduktion von Oxalacetat durch Malat-Dehydrogenase. Das Coenzym NADH + $H^+$ liefert zwei Elektronen, die Oxalacetat an der Ketogruppe negativ aufladen. Dies ermöglicht die nachfolgende Anlagerung von Protonen.

**Sauerstoff** (O) wird überwiegend zusammen mit anderen chemischen Elementen assimiliert. In diesem Fall erfolgt eine Anlagerung zusammen mit H (Hydratase-Reaktion), C (Carboxylase-Reaktion), P (Phosphorylase-Reaktion) oder S (Sulfurylase-Reaktion, Abb. 17). Eine Reduktion von Sauerstoff erfolgt in der terminalen Oxidation der Atmungskette, in der Sauerstoff als Elektronenakzeptor fungiert. Dabei entsteht $H_2O$, das in einer Hydratasereaktion assimiliert werden kann.

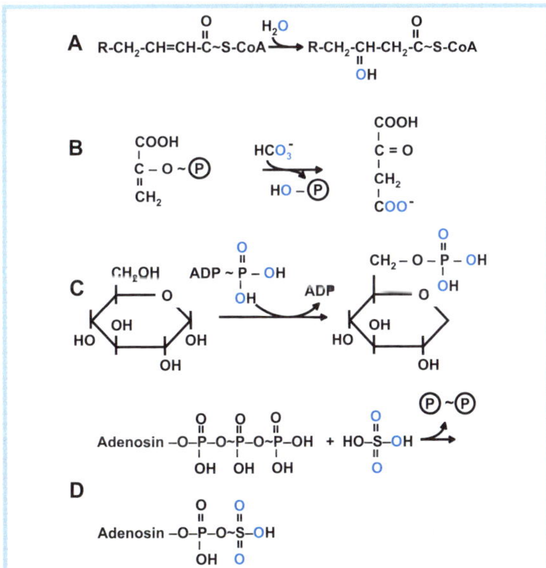


**Abb. 17:** Assimilation von Sauerstoff in Verbindung mit anderen Elementen: A: Hydratisierung, B: Carboxylierung, C: Phosphorylierung, D: Sulfurylierung. Zur Vereinfachung werden die Säuren einheitlich undissoziiert gezeigt.

**Stickstoff** (N) kann von der Pflanze in reduzierter ($NH_4^+/NH_3$) oder oxidierter ($NO_3^-$) Form von den Wurzeln aufgenommen werden. In reduzierter Form kann N in geringen Mengen gasförmig als Ammoniak aus der Atmosphäre über die Stomata

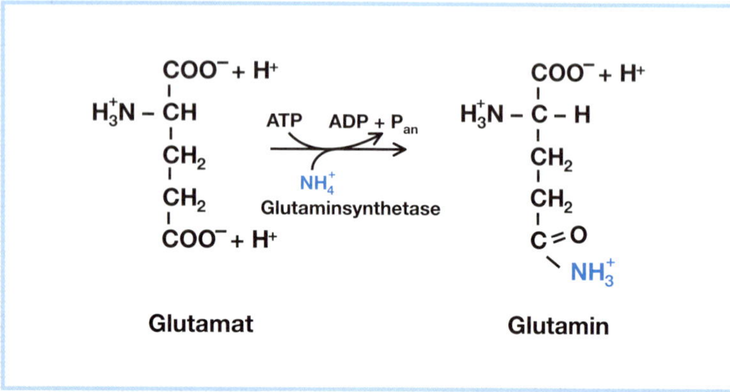


**Abb. 18:** Für die Assimilation von Ammonium ist im pflanzlichen Stoffwechsel primär Glutamin-Synthetase zuständig; das freigesetzte $H_2O$ wird für die hydrolytische Spaltung von ATP benötigt.

aufgenommen werden, wenn die Konzentration relativ hoch ist. Bei geringeren Konzentrationen der Atmosphäre wird eher eine Abgabe von Ammoniak beobachtet. **Ammonium** (und bei hohen pH-Werten des Wurzelmediums Ammoniak) kann aus der Bodenlösung aufgenommen werden. In diesem Fall erfolgt ein Einbau direkt in **Aminosäuren** (Abb. 18) und anschließend in andere N-haltige Verbindungen wie z.B. **Nukleinsäuren**. Wird N in oxidierter Form aufgenommen, so ist zur Assimilation zunächst eine Reduktion erforderlich, die in zwei Schritten über die Enzyme **Nitratreduktase** und **Nitritreduktase** erfolgt (Abb. 19).

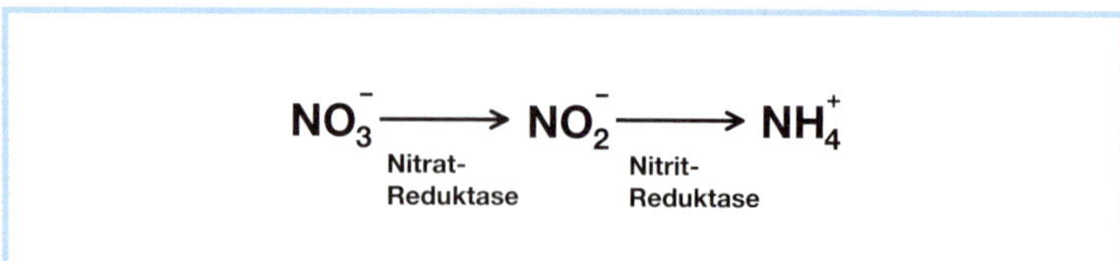


**Abb. 19:** Die Reduktion von Nitrat zu Ammonium erfolgt in zwei enzymatischen Schritten Nitrat-Reduktase ist im Cytosol lokalisiert, Nitrit-Reduktase in Plastiden.

**Definition 3.2: Chlorosen sind Schadsymptome in Form von Vergilbungen der Blätter.**

**Definition 3.3: Akropetaler Transport von Nährstoffen erfolgt von der Basis in Richtung Spross- oder Wurzelspitze. Basipetaler Transport von Nährstoffen erfolgt von der Spross- oder Wurzelspitze in Richtung Basis.**

Da Stickstoff am Aufbau von Chlorophyll beteiligt ist, äußert sich N-Mangel als Aufhellung oder sogar Gelbverfärbung (**Chlorose**, Def. 3.2) der Pflanze. Gelbe Farbpigmente werden dann nicht mehr durch die grünen Chlorophyllpigmente überdeckt. In manchen Fällen kommt es auch zu Rotverfärbungen, die durch rot-violette Anthocyanpigmente verursacht werden. Bei N-Mangel ist die Pflanze bestrebt, zunächst die jungen, wachsenden Organe mit Stickstoff zu versorgen. Aufgrund der guten Verlagerbarkeit von N-Verbindungen sowohl in basipetaler als auch in akropetaler Richtung (Def. 3.3) tritt N-Mangel daher zuerst an den alten Blättern auf (Abb. 20).

**Schwefel** (S) kommt in der Pflanze in oxidierter und reduzierter Form vor. Auch für diesen Nährstoff ist bei hohen Konzentrationen eine gasförmige Aufnahme als $SO_2$ aus der Atmosphäre möglich. In erster Linie wird jedoch Schwefel als Sulfat-Anion aus der Bodenlösung aufgenommen und gegebenenfalls in Plastiden reduziert. Eine besondere Bedeutung kommt dem reduzierten Schwefel in der **Thiolgruppe** zu. Diese Gruppe stellt in vielen Enzymen eine wichtige Komponente des katalytischen Zentrums dar. In Sulfolipiden ist Schwefel in oxidierter Form am Aufbau biologischer Membranen beteiligt (Abb. 21).

**Abb. 20:** N-Mangelsymptome bei Weizen: Links ausreichend mit N ernährte Kontrollpflanzen, rechts N-Mangel-Pflanzen (Photo: Schubert).

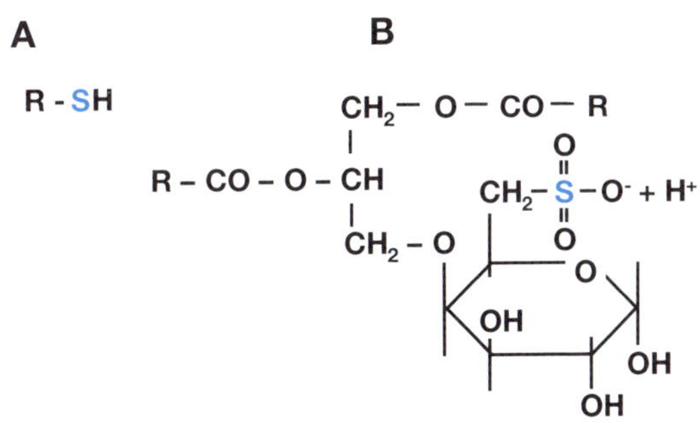


**Abb. 21:** Schwefel in reduzierter Form in der Thiolgruppe (A) und in oxidierter Form in einem Sulfolipid (B).

Auch S-Mangel äußert sich ähnlich wie N-Mangel häufig als Gelb- oder Rotverfärbung der Blätter. Eine Unterscheidung der beiden Mangelsymptome ist schwierig. Typische S-Mangelsymptome treten bei Raps auf, der einen hohen Anspruch an die S-Ernährung stellt. Weißblütigkeit und löffelartige Verformungen der Blätter sind eindeutige Hinweise auf eine unzureichende Versorgung der Pflanze mit Schwefel (Abb. 22).

**Abb. 22:** Typische S-Mangelsymptome bei Raps: A Weißblütigkeit, B: Löffelartige Verformung der Blätter (Photos: Schubert).

## 3.3 Esterbildende Nährstoffe (P, B, Si)

Ester werden besonders von den Hydroxiden des Phosphors, des Bors und des Siliciums gebildet. Aber auch Hydroxide anderer Pflanzennährstoffe bilden Ester, wie z.B. Sulfat. Aus diesem Grund könnte S auch in diese Gruppe eingeordnet werden. Dieses Beispiel zeigt, dass eine physiologische Eingruppierung nicht immer eindeutig sein kann. Ester werden unter Abspaltung von Wasser unter Beteiligung einer OH-Gruppe einer Säure und eines H-Atoms eines Alkohols oder einer weiteren Säure gebildet (Abb. 23).

**Definition 3.4: In der Biochemie versteht man unter einer Phosphorylierungsreaktion den Ersatz eines Wasserstoffatoms durch ein Phosphorylradikal.**

**Phosphor** (P) wird als Phosphat ($H_2PO_4^-$ oder $HPO_4^{2-}$) aus der Bodenlösung aufgenommen und über die Leitgewebe in der Pflanze verteilt. Neben freiem Phosphat kommt Phosphor esterartig gebunden beispielsweise in **Phospholipiden** (wichtige Bausteine der Biomembranen) und **Nukleinsäuren** vor. Die Bindung von Phosphat an organische Substanz wird als Phosphorylierung bezeichnet und durch Enzyme ermöglicht (Def. 3.4). Phosphor zählt jedoch nicht zu den assimilierten Nährstoffen, da weder eine Oxidation noch eine Reduktion erfolgt. Die zwei energiereichen Esterbindungen in **Adenosintriphosphat** (ATP, Abb. 24) ermöglichen die Übertragung von Energie in Phosphorylierungsreaktionen (Abb. 25).

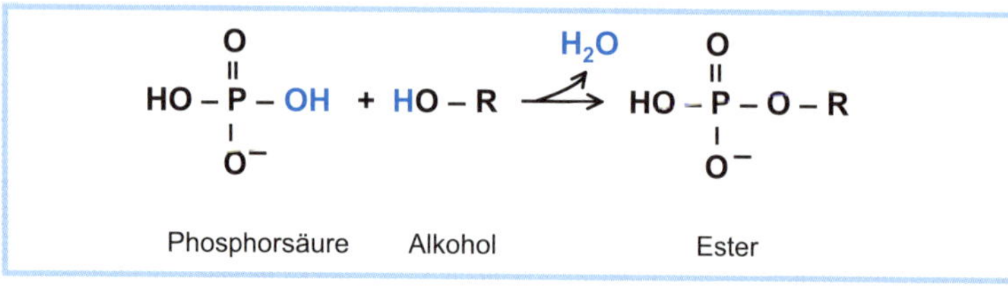


**Abb. 23:** Esterbildung zwischen Phosphorsäure und einem Alkohol unter Abspaltung von Wasser.

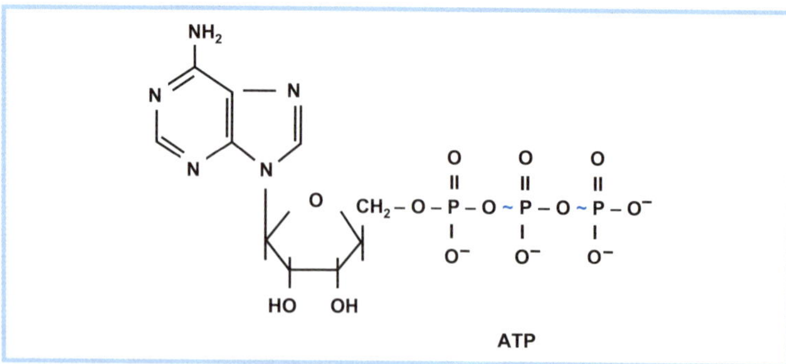


**Abb. 24:** Strukturformel von Adenosintriphosphat (ATP). Die beiden energiereichen Bindungen sind farblich hervorgehoben.

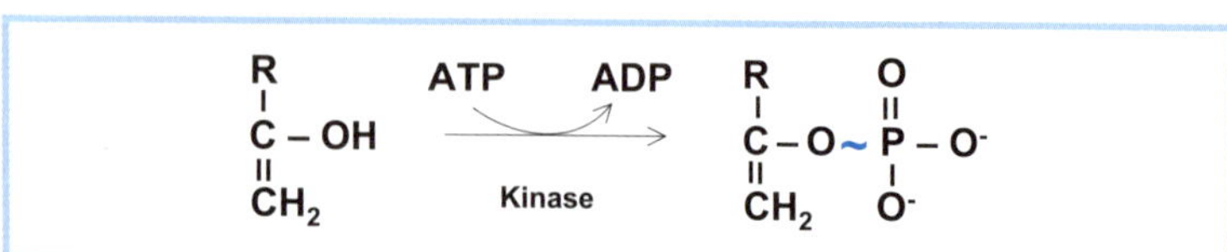


**Abb. 25:** Übertragung von Energie auf eine Enolgruppe durch Phosphorylierung mittels ATP.

Vermutlich aufgrund der Bedeutung von Phosphor sowohl im Energiestoffwechsel aber auch bei Zellteilungsprozessen kommt es bei P-Mangel zu einem Stau von Assimilaten, die nicht weiter im Stoffwechsel verarbeitet werden können. Die Folge ist eine verstärkte Synthese von Anthocyanen, die P-Mangelpflanzen häufig rötlich aussehen lassen (Abb. 26). Besonders bei Mais lässt sich dieses Erscheinungsbild leicht mit Kältestress-Symptomen verwechseln.

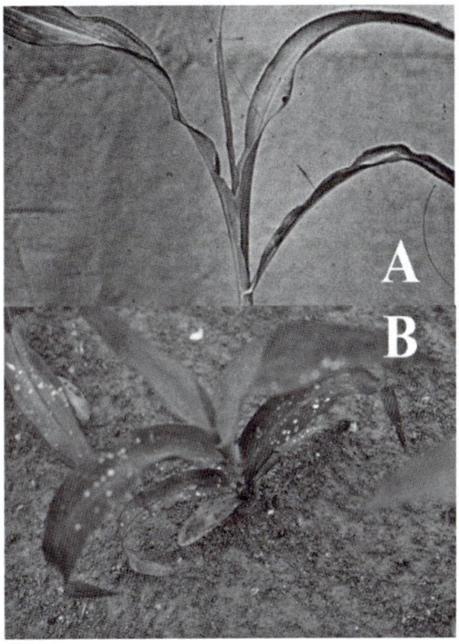


**Abb. 26:** P-Mangel-Symptom (A) und Kältestress-Symptom (B) bei Mais (Photos: Schubert).

**Bor** (B) wird als Borsäure von den Pflanzenwurzeln aus der Bodenlösung aufgenommen. Borsäure bildet mit *cis*-Diolen von Zellwandbestandteilen Esterbindungen und ist so am strukturellen Zellwandaufbau beteiligt (Abb. 27).

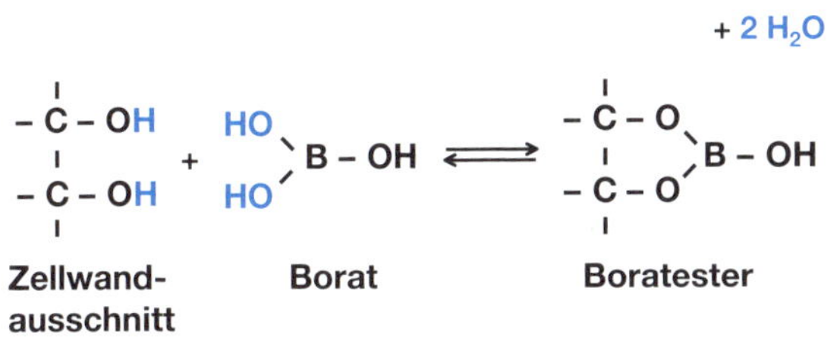


**Abb. 27:** Esterbindung von Borat an *cis*-Diolen von Zellwandbestandteilen.

Aufgrund des unterschiedlichen Zellwandaufbaus von dikotylen und monokotylen Pflanzen haben dikotyle einen höheren Anspruch an die Versorgung mit Bor. Besonders Zuckerrüben, Sonnenblumen und Raps leiden daher häufig unter B-Mangel. Dieser äußert sich in Gewebeschäden (**Nekrosen**, Def. 3.5) der jungen Blätter (Zuckerrübe) oder des Blütenkorbs (Sonnenblume). Eine durch B-Mangel hervorgerufene Krankheit der Zuckerrübe ist die Herz- und Trockenfäule (Abb. 28).

**Definition 3.5: Nekrosen sind Zerstörungen des Gewebes. In wasserreichen Geweben treten nasse Nekrosen, in ausgetrockneten Geweben treten trockene Nekrosen auf.**

**Abb. 28:** Herz- und Trockenfäule der Zuckerrübe (Photo: Schubert)

**Abb. 29:**
Si-Mangel bei Reis (Photo: Schubert).

Ähnlich wie Bor ist auch **Silicium** (Si) ein wichtiger Baustein der Zellwand bestimmter Pflanzen. In Sumpfreis kann das Aerenchymgewebe, das die überstauten Wurzeln mit Sauerstoff versorgt, bei Si-Mangel nicht richtig ausgebildet werden. Die sehr schwache Säure $H_4SiO_4$ (Monokieselsäure) bildet Ester mit Zellwandbestandteilen und stabilisiert auf diese Weise das Gewebe. Für Reis ist Silicium daher ein essentielles Element und führt bei Mangel zu welken, schlecht wachsenden Pflanzen (Abb. 29). Auch das Wachstum anderer Gräser wird durch Si stimuliert. Gleichzeitig bieten hohe Si-Konzentrationen im Pflanzengewebe einen gewissen Schutz vor Schädlingen (z.B. Maiszünsler) und Krankheiten (z.B. Fusarien, Mehltau).

## 3.4 Freie und sorbierte Nährstoffe (K, Na, Cl, Ca, Mg)

**Definition 3.6:**
**Sorption ist die elektrostatische Bindung von Ionen. Sie wird mit dem Coulombschen Gesetz beschrieben. Bei der Sorption bleibt die Hydrathülle erhalten.**

Im Gegensatz zu den Nährstoffen der anderen drei Gruppen werden die Nährstoffe dieser Gruppe zumeist nicht kovalent gebunden. Sie liegen als Ionen im Zellsaft vor und werden von Oberflächenladungen elektrostatisch angezogen. Dementsprechend werden sie sorptiv gebunden (Def. 3.6). Das wesentliche Merkmal der Sorption ist, dass die Hydrathülle während der relativ schwachen Bindung nicht verloren geht. Die verschiedenen Ionen konkurrieren um die Ladungsstellen und können sich gegenseitig unter bestimmten Voraussetzungen verdrängen.

$$E = Q_1 \; Q_2 \; / \; \varepsilon \; r^2$$

**Abb. 30:**
Das Coulombsche Gesetz beschreibt die Sorption. E = Energiegehalt der Bindung (Sorption),
$Q_1$ = Ladung der Oberfläche,
$Q_2$ = Ladung des Ions,
$\varepsilon$ = Dielektrizitätskonstante,
r = Abstand der Bindungspartner.

Die Sorption folgt dem Coulombschen Gesetz (Abb. 30). Dabei spielen die folgenden drei Eigenschaften für die Bindungsstärke eine Rolle:

- Ladung des Ions
- Ionendurchmesser
- Freie Konzentration

### Ladung des Ions

Je höherwertig das Ion, desto stärker kann es andere Ionen verdrängen. ($Mg^{2+}$ verdrängt $Na^+$, $Ca^{2+}$ verdrängt $K^+$).

### Ionendurchmesser

Je kleiner der Ionendurchmesser, auf desto kleinerer Oberfläche konzentriert sich die Ladung. Eine hohe Oberflächenladung kann viele Wassermoleküle aufgrund ihrer Dipoleigenschaften anziehen und dementsprechend eine dicke Hydrathülle ausbilden. Da die Hydrathülle bei der Sorption nicht verloren geht, wirkt sie wie ein Polster, das die Bindungspartner auf Abstand hält. Bei großer Hydrathülle ist daher die Bindung des Ions geringer als bei kleiner Hydrathülle. Da $Na^+$ einen kleineren Ionendurchmesser und daher eine größere Hydrathülle besitzt als $K^+$, ist die Bindung von $K^+$ stärker als diejenige von $Na^+$. $Ca^{2+}$ wird aufgrund seiner kleineren Hydrathülle stärker gebunden als $Mg^{2+}$. Die Ladung wirkt sich auf die Bindung stärker aus als der Ionendurchmesser. Daher wird beispielsweise $Mg^{2+}$ stärker gebunden als $K^+$.

### Freie Konzentration des Ions

Je höher die freie Konzentration des Ions ist, desto eher kann es ein anderes Ion verdrängen. So kann auch ein einwertiges Ion ein zweiwertiges Ion von seiner Bindungsstelle verdrängen, wenn seine freie Konzentration groß genug ist.

Der bedeutendste Nährstoff in dieser Gruppe ist **Kalium** (K). Das einwertige Ion wird im Zellsaft auf Konzentrationen von 100 bis 200 mM angereichert und übernimmt aufgrund seiner spezifischen Eigenschaften drei physiologische Aufgaben:

- Osmotische Funktionen
- Enzymaktivierung
- Elektrostatischer Ausgleich

### Osmotische Funktionen

Obwohl es im Vergleich zu $Na^+$ eine kleine Hydrathülle ausbildet, übernimmt $K^+$ wichtige osmotische Funktionen. In Wurzelzellen zieht $K^+$ Wasser osmotisch an und ermöglicht so die Wasseraufnahme. Xylemparenchymzellen geben $K^+$ an die Xylemgefäße ab. Dort erniedrigt $K^+$ das osmotische Potential und hilft so, den Wurzeldruck aufzubauen: Dabei wird Wasser osmotisch in die Xylemgefäße angezogen. Da die Xylemgefäße durch Zellwände versteift sind, geben sie dem Druck kaum nach. Die Folge hiervon ist, dass das Wasser basipetal in Richtung Spross gedrückt wird, denn auch die Wurzelspitze stellt dem Wasserdruck einen erheblichen Widerstand entgegen. Der Wurzeldruck lässt sich direkt beobachten, wenn Wasser bei hoher Luftfeuchtigkeit als Tröpfchen an den Blattoberflächen ausgeschieden wird. Auch das „Bluten" der Pflanze nach Abschneiden des Sprosses ist auf den Wurzeldruck zurückzuführen. Das Streckungswachstum von Zellen wird durch den Aufbau eines ausreichenden Turgors erst ermöglicht. Auch hierbei übernimmt $K^+$ aufgrund seiner osmotischen Eigenschaften eine Schlüsselrolle. Schließlich funktioniert eine effiziente Regulation der Stomataöffnung in den meisten Kulturpflanzenarten nur mit $K^+$. Akkumulation von Kalium erniedrigt das osmotische Potential, so dass Wasser aus dem Nachbargewebe nachströmt. Durch den asymmetrischen Aufbau ihrer Zellwände verformen sich die Schließzellen in der Weise, dass sie eine Pore formen, durch die $CO_2$ aus der Atmosphäre in das Blatt diffundieren kann. Diese verschiedenen osmotischen Aufgaben sind von $K^+$ nur deshalb zu erfüllen, weil dieses Ion sehr gut durch biologische Membranen transportiert werden kann.

### Enzymaktivierung

Im Laufe der Evolution hat sich in den meisten Zellen die Akkumulation von $K^+$ und die Exklusion von $Na^+$ durchgesetzt. Als Ursache vermutet man, dass die ursprünglich im Meerwasser lebenden Organismen durch Herauspumpen von $Na^+$ am effizientesten ihr osmotisches Potential regulieren konnten. Folge hiervon ist, dass nicht nur Pflanzenzellen, sondern auch Tierzellen generell niedrige $Na^+$- und hohe $K^+$-Konzentrationen aufweisen. So verwundert es nicht, dass heute in fast allen Organismen eine Vielzahl von Enzymen bekannt ist, die spezifisch auf eine Aktivierung durch $K^+$ angewiesen sind. Dabei wird $K^+$ von negativen Gruppen (Carboxylgruppen) des Enzymproteins gebunden und verändert so dessen Struktur. Besonders die Proteinsynthese wird durch K-Mangel empfindlich beeinträchtigt.

### Elektrostatischer Ausgleich

Die gute Beweglichkeit von Kalium bei der Überwindung biologischer Membranen ist dafür verantwortlich, dass $K^+$ als Gegenion zu Anionen überhöhte Membranpotentiale abbaut und so physiologische Prozesse, wie z. B. die photosynthetische ATP-Synthese oder die Beladung des Phloems mit Assimilaten stimuliert.

Leidet eine Pflanze unter K-Mangel, so mobilisiert sie K aus den älteren Blättern, um die jungen, wachsenden Meristeme ausreichend zu versorgen. Kalium ist im Phloem gut verlagerbar und wird bei K-Mangel aus den älteren Blättern in die jungen, wachsenden Gewebe verlagert. Dies hat zur Folge, dass das Wasser in den alten Geweben nicht ausreichend vor Verdunstung geschützt werden kann. Es kommt zu einer Austrocknung des Gewebes der älteren Blätter und zur Ausbildung von trockenen **Nekrosen**. Da die Verdunstung an den Blatträndern aufgrund von Randeffekten stärker erfolgt als in der Blattmitte, kommt es besonders bei Gräsern, aber auch bei anderen Pflanzen, häufig zuerst zu Nekrosen an den Blatträndern. Bei Leguminosen werden häufig Punktnekrosen auf den Blattspreiten beobachtet (Abb. 31).

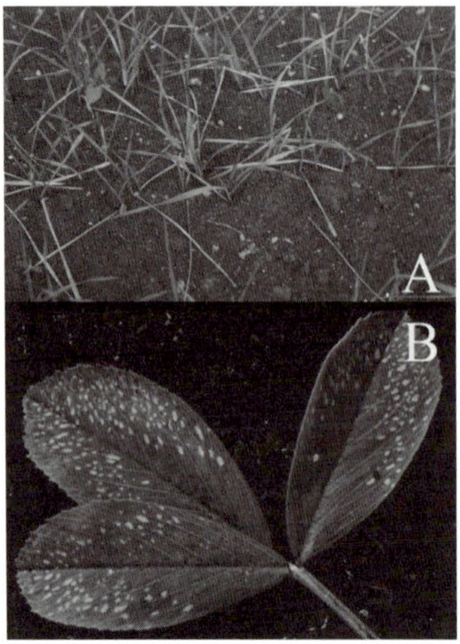


**Abb. 31:** K-Mangelsymptom bei Weizen (A) und Luzerne (B) (Photo: A Schubert, B Bergmann).

**Natrium** (Na) ist für die meisten Pflanzen kein Nährstoff. Trotz der Ähnlichkeiten kann es $K^+$ in vielen physiologischen Funktionen nicht ersetzen. Ursache ist wegen des kleinen Ionendurchmessers bei gleicher Ladung die größere Hydrathülle. Aufgrund dieser Eigenschaft wird $Na^+$ sehr schlecht durch biologische

Membranen transportiert und kann die meisten K-spezifischen Enzyme nicht aktivieren. Am ehesten können unspezifische osmotische Aufgaben übernommen werden, wobei es große Unterschiede zwischen verschiedenen Pflanzenarten gibt. Während in der Zuckerrübe sehr viel K durch Na substituiert werden kann, tritt besonders in Gräsern leicht Na-Toxizität auf, die sich kaum von einem K-Mangel unterscheiden lässt (Abb. 32). Für die Tierfütterung ist andererseits eine gute Versorgung der Futterpflanzen mit Na wichtig.

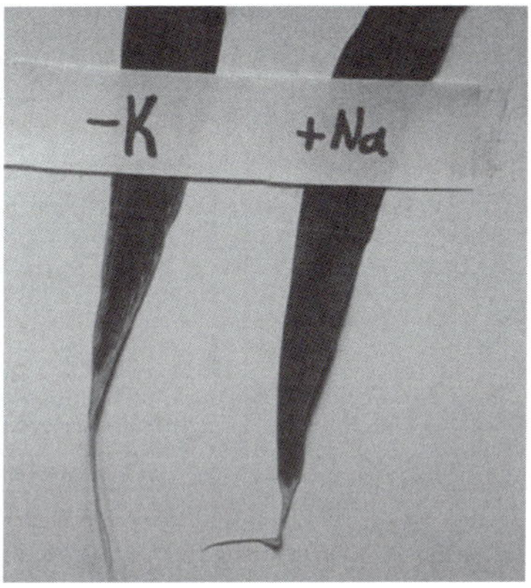


**Abb. 32:** Vergleich von K-Mangel und Na-Toxizität bei Mais (Photo: Schubert)

Für **Calcium** (Ca) lassen sich grundsätzlich zwei Gruppen von Funktionen unterscheiden, die auf die Exklusion von $Ca^{2+}$ aus dem Cytosol zurückgeführt werden können. $Ca^{2+}$-Pumpen sind dafür verantwortlich, dass in Apoplasten, Vakuolen, Mitochondrien und im Endoplasmatischen Retikulum hohe (millimolare) $Ca^{2+}$-Konzentrationen auftreten, während im Cytosol die freien Konzentrationen weniger als 0,1 mikromolar betragen. Dadurch wird nicht nur verhindert, dass im Cytosol schwer lösliche Ca-Salze ausfallen (z.B. Phosphate, Sulfate), sondern auch ermöglicht, dass in kurzer Zeit große prozentuale Änderungen in der freien $Ca^{2+}$-Konzentration stattfinden können. Bei millimolaren $Ca^{2+}$-Konzentrationen wären erhebliche Ionenströme erforderlich, um die prozentualen Änderungen realisieren zu können. Die Änderungen in den freien Konzentrationen stellen eine Weitergabe von Informationen in der Zelle dar, die z.B. durch Pathogene oder Stress freigesetzt werden. Calcium wird daher auch als sekundärer Botenstoff angesehen, der bestimmte Proteine aktiviert und so den Stoffwechsel beeinflusst. Ein typisches Beispiel ist Calmodulin (Abb. 33), das z.B. die $Ca^{2+}$-ATPase stimuliert, die für das Herauspumpen von $Ca^{2+}$ aus dem Cytosol verantwortlich ist (Abb. 34).

**Abb. 33:** Struktur von Calmodulin. Das aus 148 Aminosäuren aufgebaute Peptid besitzt vier $Ca^{2+}$-bindende Domänen. Bei steigender freier $Ca^{2+}$-Konzentration werden diese Regionen zunehmend mit je einem $Ca^{2+}$ abgesättigt. Je mehr der Domänen $Ca^{2+}$ tragen, desto mehr wird das Peptid aktiviert und kann dann Enzyme stimulieren.

**Abb. 34 rechts:**
Exklusion von $Ca^{2+}$ aus dem Cytosol. $Ca^{2+}$-Pumpen transportieren $Ca^{2+}$ in den Apoplasten, in die Vakuole und das Endoplasmatische Retikulum sowie in Mitochondrien.

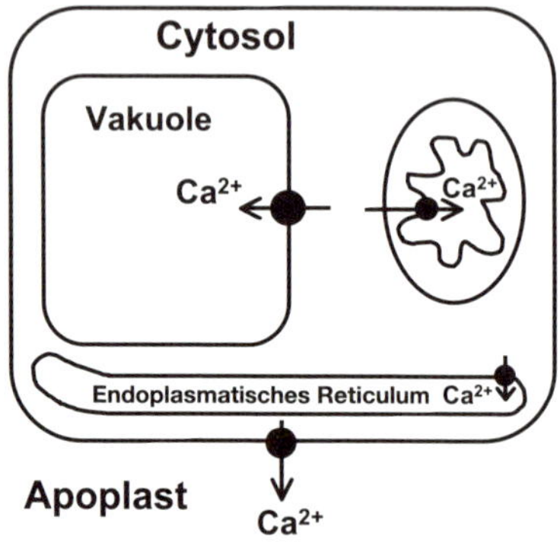


**Definition 3.7: Als Apoplast wird auf Gewebeebene der Raum außerhalb des Plasmalemmas bezeichnet. Er enthält Zellwände und Interzellularräume. Der Raum innerhalb des Plasmalemmas wird auf Gewebeebene als Symplast bezeichnet.**

Die zweite Gruppe von Funktionen setzt millimolare Ca-Konzentrationen im **Apoplasten** (Def. 3.7) voraus. Calcium wirkt hier als zweiwertiges Kation stabilisierend auf Pectinate in der pflanzlichen Zellwand und Membrankomponenten des Plasmalemmas (Abb. 35). Diese Funktionen können durch das ebenfalls zweiwertige Magnesium nicht übernommen werden, da dessen Hydrathülle dicker und somit die Bindung zwischen den Partnern zu schwach ist.

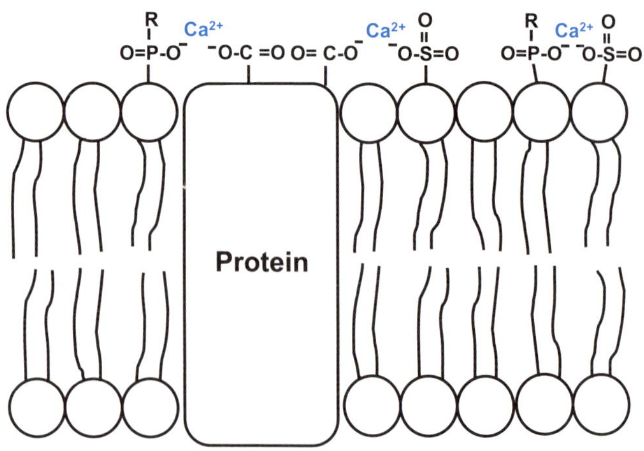


**Abb. 35:**
Stabilisierung des Plasmalemmas durch Bindung von $Ca^{2+}$ an Carboxylgruppen von Proteinen sowie an Phosphat- und Sulfatgruppen von Phospho- und Sulfolipiden.

**Abb. 36:** Physiologischer Ca-Mangel: Spitzendürre an Mais, induziert durch Salinität (A), Fruchtendfäule der Tomate (B) und Stippigkeit beim Apfel (C) (Photos: A Schubert; B, C Mengel).

Wegen der schlechten Verlagerbarkeit von Ca im Phloem tritt Ca-Mangel in solchen Organen auf, die vorwiegend über das Phloem mit Assimilaten versorgt werden. Dies sind z.B. die wachsenden Meristeme von Spross- und Wurzelspitzen, aber auch Früchte. Typische Krankheiten, die auf einem physiologischen Ca-Mangel beruhen, sind Spitzendürre, Fruchtendfäule und Stippigkeit (Abb. 36). In allen Fällen des physiologischen Ca-Mangels ist die Aufnahme des Nährstoffs in die Pflanze ausreichend, aber die Verlagerung in bestimmte Organe gestört. Aus diesem Grunde ist die Stabilität der Zellwände beeinträchtigt und es kommt, je nach Gewebe, zu trockenen oder nassen Nekrosen.

Aufgrund seiner guten Beweglichkeit über biologische Membranen dient **Chlor** (Cl) als wichtiges Gegenion zu Kalium. Als einwertiges Anion und Makroelement übernimmt es osmotische Funktionen und dient dem elektrostatischen Ausgleich. Diese Funktionen sind jedoch unspezifisch und können größtenteils durch andere Ionen übernommen werden. Als Mikronährstoff ist es jedoch im Photosystem II für die photosynthetische Wasserspaltung unentbehrlich. Seine Funktion erfüllt $Cl^-$ durch sorptive Bindung an positiv geladene Peptide des Photosystems, wodurch eine funktionsfähige räumliche Anordnung des Proteins erreicht wird. Ähnliche Funktionen übernimmt $Ca^{2+}$ durch sorptive Bindung an negativ geladene Regionen (Abb. 37).

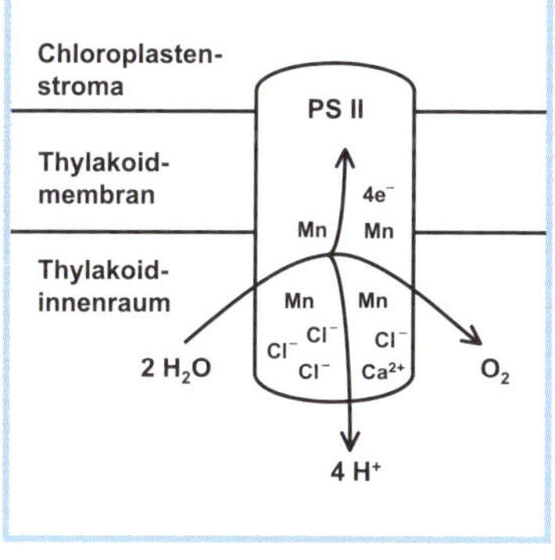


**Abb. 37:** Funktionen von Cl, Ca und Mn im Photosystem II (PS II) der photosynthetischen Elektronentransportkette. Die Ionen $Cl^-$ und $Ca^{2+}$ sättigen positive bzw. negative Bindungsstellen ab und sorgen so für eine funktionsfähige Struktur der Proteine. Mangan ist durch Valenzwechsel an der Weitergabe der Elektronen beteiligt.

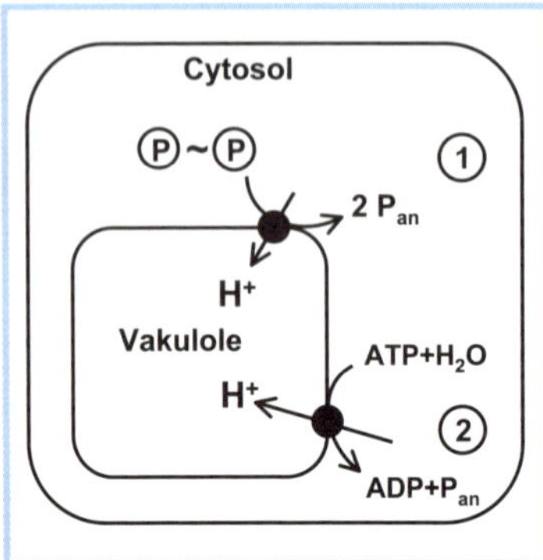


**Abb. 38:**
Protonen werden von einer $H^+$-Pyrophosphatase (1) und einer $H^+$-ATPase (2) durch den Tonoplasten in die Vakuole transportiert. Die $H^+$-ATPase wird spezifisch durch $Cl^-$ stimuliert.

Eine zweite essentielle Funktion hat $Cl^-$ beim Transport von Protonen in pflanzliche Vakuolen. Neben einer $H^+$-Pyrophosphatase ist hierfür eine im Tonoplasten gebundene $H^+$-ATPase verantwortlich, die spezifisch durch $Cl^-$ stimuliert wird (Abb. 38). Chlor-Mangel tritt unter natürlichen Bedingungen nur aufgrund des hohen Bedarfs beispielsweise bei Kokospalmen auf. In Cl-freier Nährlösung induzierter Mangel äußert sich ähnlich wie K-Mangel bei Gräsern als Blattrandnekrose (Abb. 39).

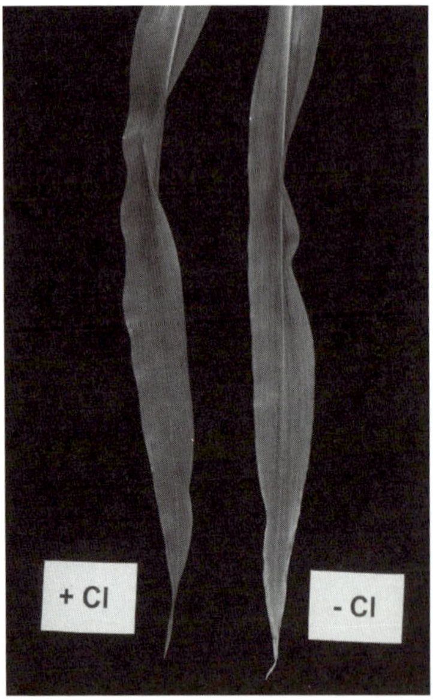


**Abb. 39**
Chlor-Mangel bei Getreide
(Photo: Schubert)

**Magnesium** (Mg) stellt den Übergang zur vierten Gruppe dar. Dieser Pflanzennährstoff entfaltet seine physiologische Wirkung als zweiwertiges Kation, das an Enzymen sorptiv gebunden wird und damit die Konformation verändert, wodurch eine Aktivierung eintritt. Mg wird aber auch z.T. kovalent und koordinativ gebunden. Als Zentralatom des Chlorophylls ist Mg essentiell und verleiht diesem Pigment die grüne Farbe (Abb. 40). Löst man das Mg aus seiner zentralen Stelle des Porphyrinrings heraus, verbleicht das Pigment. Mg-Mangel äußert sich dementsprechend als Chlorose, wobei die Blattadern zunächst grün bleiben (Abb. 41). Da $Mg^{2+}$ gut im Phloem verlagert werden kann, tritt Mg-Mangel zunächst an den älteren Blättern auf. Dies unterscheidet den Mg-Mangel vom Fe-Mangel (s.u.). Von anderen Chlorosen lässt sich Mg-Mangel an Getreide zweifelsfrei durch eine perlschnurartige Aufreihung von dunkelgrünen Punkten an den Blattadern unterscheiden (Abb. 41).

Trotz des Verlustes an funktionsfähigem Chlorophyll ist es nicht die Photosynthese, die das Pflanzenwachstum bei leichtem Mg-Mangel limitiert. $Mg^{2+}$ aktiviert eine Reihe von Enzymen (ATPasen, Kinasen, Phosphatasen, Carboxylasen). Darüber hinaus wird die Proteinsynthese bereits bei leichtem Mangel an $Mg^{2+}$ beeinträchtigt, weil die Zusammenlagerung der beiden Ribosomen-Untereinheiten $Mg^{2+}$ erfordert (Abb. 42). Die Translation wird daher bei Mg-Mangel gestört, wodurch es zur Akkumulation der nicht verbrauchten Assimilate kommt.

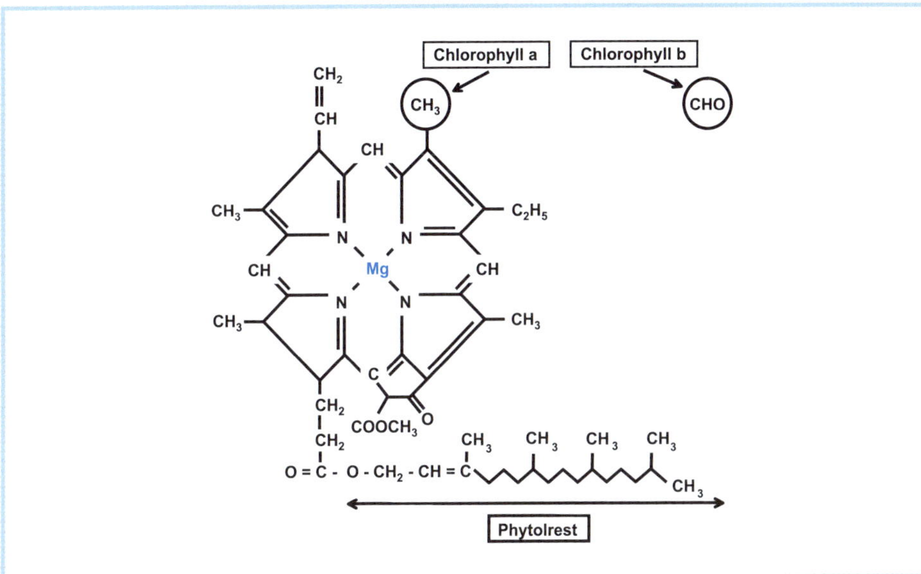


**Abb. 40:**
Magnesium ist Zentralatom des Chlorophylls. Es wird im Porphyrinring teils kovalent, teils koordinativ gebunden.

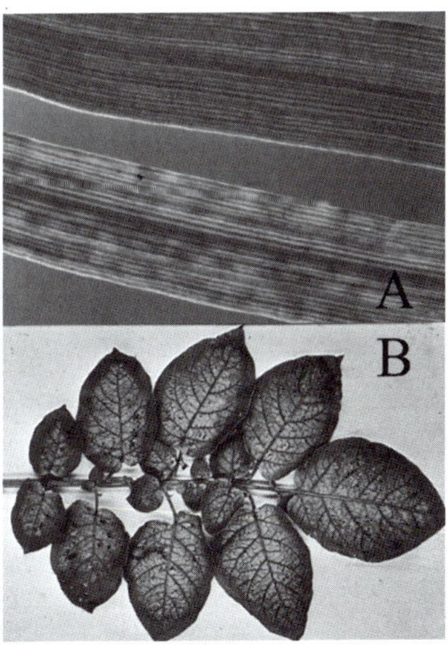


**Abb. 41:**
Mg-Mangel bei Getreide (A) und bei der Kartoffel (B) (Photos: Mengel).

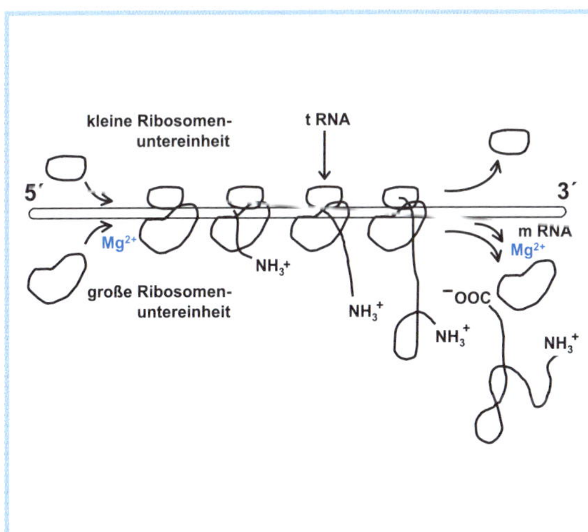


**Abb. 42:**
Die Proteinsynthese erfordert die Zusammenlagerung der beiden Ribosomen-Untereinheiten. Hierfür ist Mg essentiell.

## 3.5 Nährstoffe in prosthetischen Gruppen (Fe, Mn, Cu, Zn, Mo, Ni)

Nährstoffe dieser vierten Gruppe sind zwei- oder mehrwertig und können daher chelatartig gebunden werden. Dabei geht das Element mindestens zwei Bindungen mit einem Molekül ein, das dadurch einen Ring bildet. Bereits für die dritte Gruppe von Nährstoffen wurde angesprochen, dass auch Mg chelatartig in Chlorophyll gebunden werden kann. Magnesium könnte daher auch in diese vierte Gruppe eingeordnet werden. Andererseits spielen auch sorptive Bindungen bei der Funktionalität von Mg eine wichtige Rolle. Auch die Nährstoffe der vierten Gruppe erfüllen ihre Funktion nicht nur in Chelatbindungen, sondern können auch sorptiv gebunden werden. Die physiologische Bedeutung der sorptiven Bindung tritt bei diesen Elementen jedoch in den Hintergrund.

Nährstoffe der vierten Gruppe sind unterschiedlich löslich. Zum Teil ist ihre Löslichkeit so gering, dass eine Versorgung der Pflanze ohne Chelatbildung nicht möglich wäre. Die Bindung des Nährstoffs im Chelat erhöht die Löslichkeit um mehrere Größenordnungen, so dass der Nährstoff mit ausreichender Rate zur Pflanzenwurzel transportiert werden kann. Auch bei der Düngung oder in Nährlösungen verwendet man Chelate, um die Löslichkeit von Mikronährstoffen zu verbessern. Ein typischer Chelator ist das Ethylendiamintetraacetat (EDTA), das beispielsweise in Standardnährlösungen eingesetzt wird, um Pflanzen mit Eisen zu versorgen (Abb. 43). Das Molekül biegt sich dabei so um das $Fe^{3+}$, dass drei der Carboxylgruppen das Eisen chelatartig binden. Im käuflich erhältlichen EDTA ist die vierte Carboxylgruppe durch $Na^{+}$ abgesättigt.

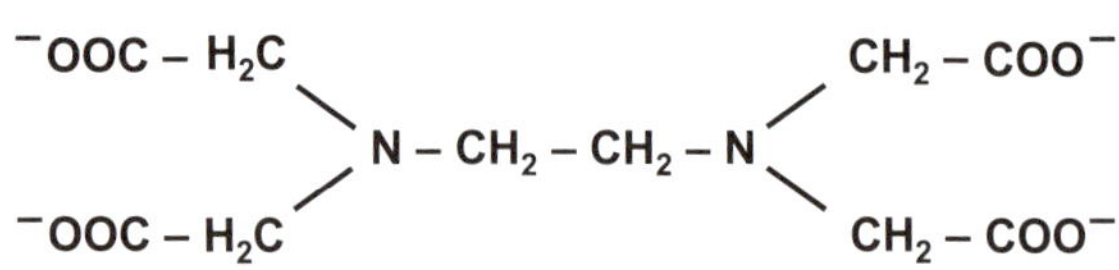


**Abb. 43:** Strukturformel des Chelators Ethylendiamintetraacetat (EDTA)

Das Paradebeispiel eines in prosthetischen Gruppen gebundenen Nährstoffs ist **Eisen** (Fe). Gräser (einschließlich Getreidearten) nutzen sogar die Strategie, mit Hilfe von Chelatoren Fe zu mobilisiern und so der Pflanze verfügbar zu machen. Bei dieser als Strategie II bezeichneten Fe-Mobilisierung werden von den Pflanzen Phytosiderophore ausgeschieden, die $Fe^{III}$ chelatartig binden und so mobilisieren. Phytosiderophore sind Verbindungen aus nichtproteinogenen Aminosäuren (Abb. 44). Neben Fe können auch andere Mikronährstoffe mit Phytosiderophoren mobilisiert werden (Abb. 45).

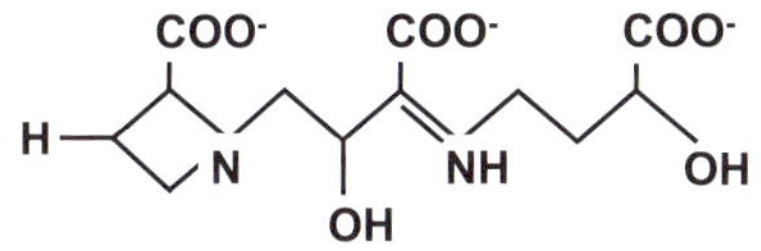


**Abb. 44:** Strukturformel eines Phytosiderophors (Mugineinsäure, nach MARSCHNER 1995).

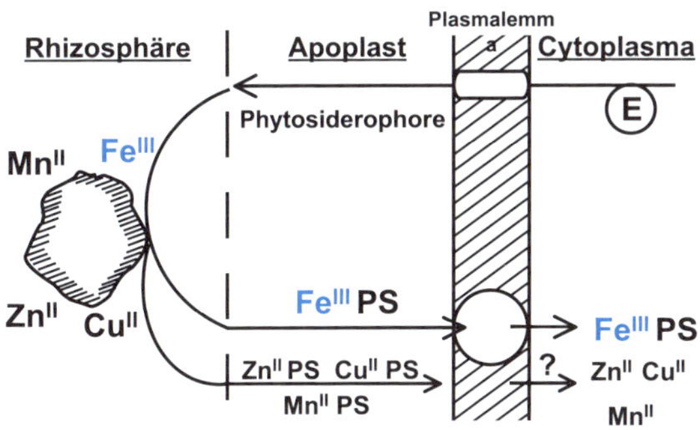


**Abb. 45:** Strategie II der Fe-Mobilisierung durch Gräser (nach MARSCHNER 1995).

Dikotyle Pflanzen verfolgen eine andere Strategie der Fe-Mobilisierung (Strategie I). Sie scheiden verstärkt Protonen ab, wodurch die für die Fe-Aufnahme notwendige Reduktion von $Fe^{III}$ zu $Fe^{II}$ begünstigt wird. Auf Kalkböden, die stark Protonen puffern, findet diese Strategie eine natürliche Grenze, so dass es auf solchen Standorten häufig zu einem Fe-Mangel kommt, der sich als chlorotische Verfärbung zunächst der jüngsten Blätter, später auch älterer Blätter äußert (Abb. 46). Da die Pflanzen in vielen Fällen hohe Konzentrationen an Fe aufweisen, handelt es sich nicht um einen absoluten, sondern um einen physiologischen Fe-Mangel. Wegen seines Auftretens auf Kalkstandorten wird dieser physiologisch induzierte Fe-Mangel auch als Kalk-Chlorose und, weil ungünstige Witterungsbedingungen den Fe-Mangel begünstigen, auch als Schlechtwetter-Chlorose bezeichnet.

**Abb. 46:** Fe-Mangelchlorose bei Lupinen (A) und Erdbeerpflanzen (B) auf einem Kalkboden (Photos: Schubert).

Abb. 47: Physiologischer Fe-Mangel an einem Obstbaum (Photo: Schubert).

Obwohl Gräser auf Kalkstandorten die bessere Strategie der Fe-Mobilisierung entwickelt haben, leiden auch sie unter physiologischem Fe-Mangel. Dieser tritt bei empfindlichen Genotypen auf Kalkstandorten oder bei physiologisch alkalischer Ernährung (s.u.) auf. Ursache ist die Notwendigkeit, dass auch in Gräsern das Fe zur Aufnahme in die Blattzellen reduziert werden muss. Da die Reduktion bei hohen pH-Werten des Apoplasten gestört ist, reichert sich Fe dort an, während es in den Zellen fehlt. Folge ist eine Fe-Chlorose, die bevorzugt an jüngeren Blättern auftritt und durch saure Ernährungsformen beseitigt werden kann. In Obstbäumen kann zuweilen ein nesterförmiges Auftreten der Fe-Chlorose beobachtet werden: Während Teile der Pflanze grün sind, tritt in bestimmten Bereichen Fe-Chlorose auf (Abb. 47).

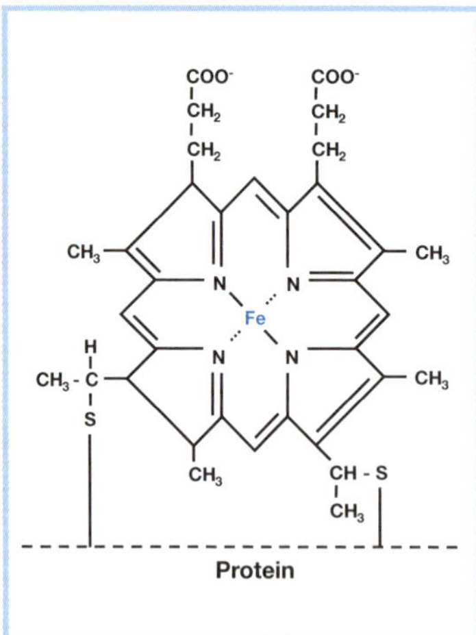


Abb. 48: Strukturformel der Hämgruppe.

Ursache der Chlorose durch Fe-Mangel ist die Tatsache, dass Fe an drei verschiedenen Stellen im Syntheseweg von Chlorophyll als Cofaktor erforderlich ist. Fe-Mangel führt dementsprechend zu einer gehemmten Chlorophyllsynthese. Daneben ist auch die Synthese der prosthetischen Hämgruppe behindert, da diese über denselben Stoffwechselweg wie Chlorophyll erfolgt. Darüber hinaus wird Fe als Zentralatom der Hämgruppe selbst benötigt (Abb. 48). Die Hämgruppe ist als prosthetische Gruppe in Cytochromen, Leghämoglobin sowie verschiedenen Enzymen wie Cytochromoxidase, Catalase und Peroxidase an Redoxreaktionen beteiligt.

Aufgrund der großen Ähnlichkeiten zwischen Mg und **Mangan** (Mn) kann $Mn^{2+}$ das $Mg^{2+}$ in vielen Funktionen *in vitro* ersetzen. Da Mn aber als Mikronährstoff nicht die notwendigen Konzentration *in vivo* erreicht, beschränkt sich seine stimulierende Wirkung auf die Enzymaktivität vornehmlich auf Phosphotransferasen, Decarboxylasen und Dehydrogenasen. Eine wichtige Rolle kommt dem Mn beim Elektronentransfer des Photosystems II (Abb. 37) und in der Mn-haltigen Superoxiddismutase bei der Entgiftung von toxischen

$$MnO_2 + 4H^+ + 2e^- \rightarrow Mn^{2+} + 2\,H_2O$$

Abb. 49: Reduktion von Braunstein.

Sauerstoffradikalen zu. Da Mn im Boden in erster Linie in oxidierter Form als Braunstein unverfügbar vorliegt, kommt der Reduktion von Mn für die Aufnahme eine wichtige Bedeutung zu (Abb. 49). Trockenphasen und hohe pH-Werte fördern das Auftreten von Mn-Mangel, der sich bei Hafer als Dörrfleckenkrankheit äußert und bei dikotylen Pflanzen leicht mit Mg-Mangel verwechselt werden kann (Abb. 50).

Abb. 50: Mn-Mangel bei Bohnen (Photo: Schubert).

Auch **Kupfer** (Cu) und **Zink** (Zn) kommen in Superoxiddismutasen vor und sind damit an der Entgiftung von toxischen Sauerstoffradikalen beteiligt. Dies dürfte mit ein Grund dafür sein, dass es bei Mangel an diesen beiden Nährstoffen zu nekrotischen Schäden kommt (Abb. 51). Zn hat sowohl strukturelle Funktionen (z.B. in der Alkohol-Dehydrogenase) als auch katalytische Funktionen (z. B. in der Carboanhydrase). Die Carboanhydrase spielt eine wichtige Rolle in der C-Assimilation der $C_4$-Pflanzen und ist neben der PEP-Carboxylase für die hohe Assimilationsleistung dieser Pflan-

Abb. 51: Cu-Mangel an Getreide (Photo: Schubert).

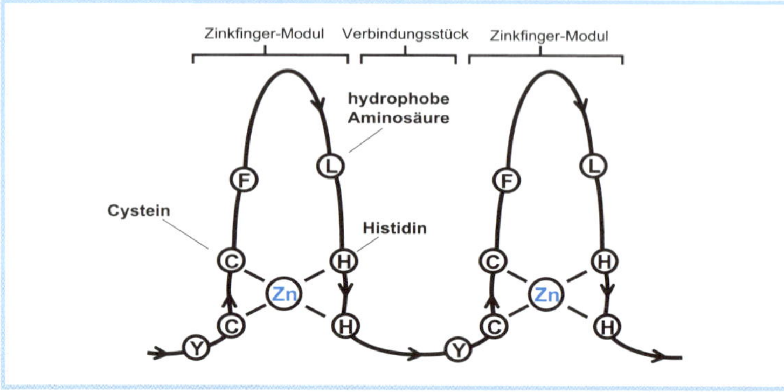


**Abb. 52:** Struktur von Zinkfingern.

zengruppe veranwortlich. Eine besondere Rolle spielt Zn in sogenannten Zn-Fingern (Abb. 52). Dabei handelt es sich um Proteinregionen von Transkriptionsfaktoren, die durch Bindung von $Zn^{2+}$ eine fingerartige Struktur annehmen und so in den Transkriptionsvorgang eingreifen können.

**Molybdän** (Mo) ist ein wichtiger Cofaktor von Enzymen des N-Stoffwechsels. In der Nitratreduktase steht Mo am Ende einer Elektronentransportkette, die, ausgehend von FAD über Häm-Fe, Elektronen auf Nitrat überträgt und es so zu Nitrit reduziert (Abb. 19). Pflanzen, die mit N in Form von Nitrat ernährt werden, zeigen bei Mo-Mangel typische N-Mangelsymptome. Auch in dem Enzym Nitrogenase, das in der biologischen $N_2$-Fixierung $N_2$ zu $NH_3$ reduziert (s.u.) ist Mo infolge seiner Fähigkeit zum Valenzwechsel an der Elektronenübertragung beteiligt. Leguminosen, die aufgrund von Mo-Mangel nicht ausreichend Stickstoff fixieren können, zeigen entsprechend N-Mangelsymptome. Ein typisches Mo-Mangelsymtom stellt die Verkümmerung von Blattspreiten dar. Die physiologische Ursache dieser Blattdeformationen, wie sie bei der Whip Tail-Krankheit (whip tail engl. = Peitschenstiel) auftreten (Abb. 53), ist nicht bekannt. Möglicherweise ist die gehemmte Aktivität der Enzyme Xanthin-Dehydrogenase und Xanthin-Oxidase, die als Mo-haltige Enzyme am Abbau von Purinen beteiligt sind, verantwortlich.

**Nickel** (Ni) ist das bisher letzte chemische Element, das als Pflanzennährstoff generell nachgewiesen wurde. Seine wichtigste Funktion besteht in seiner Rolle als Cofaktor des Enzyms Urease, das Harnstoff hydrolytisch spaltet und so den Ammonium-Stickstoff verfügbar macht (Abb. 54). Eine besondere Rolle kommt der Urease zu, wenn Pflanzen über Blattdüngung mit Harnstoff versorgt werden, aber auch im katabolischen N-Stoffwechsel wird das Enzym benötigt. Ein zweites Ni-haltiges Enzym ist die Aufnahme-Hydrogenase von *Rhizobium*-Bakterien. Dieses Enzym

**Abb. 53:** Whip Tail-Krankheit bei Blumenkohl (Photo: Mengel).

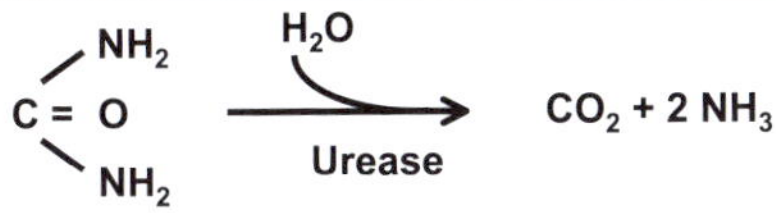


**Abb. 54:** Hydrolytische Spaltung von Harnstoff durch Urease.

kann Elektronen, die während der Stickstoff-Fixierung von der Nitrogenase auf $H^+$ übertragen werden, so dass $H_2$ entsteht, wieder für die $N_2$-Fixierung verfügbar machen und so die Effizienz der $N_2$-Fixierung unter bestimmten Bedingungen erhöhen.

## Weiterführende Literatur:

Bergmann, W: Nutritional Disorders of Plants. Gustav Fischer, Jena (1992)
Marschner, H.: Mineral Nutrition of Higher Plants. 2. Ausgabe, Academic Press, London (1995)

## Fragen:

- Was versteht man unter der Assimilation von Nährstoffen?
- Welche Nährstoffe werden assimiliert?
- Welche Enzyme sind an der Assimilation von Kohlenstoff beteiligt?
- Welche Funktionen hat die PEP-Carboxylase in Pflanzen?
- Nennen Sie Möglichkeiten für die Assimilation von Sauerstoff!
- Wie wird Stickstoff von den Pflanzen aufgenommen?
- Welche Enzyme sind an der Reduktion von Nitrat zu Ammonium beteiligt?
- Wie äußert sich N-Mangel?
- In welcher Form wird Schwefel von der Pflanze aufgenommen?
- Wie lässt sich S-Mangel in Raps diagnostizieren?
- Nennen Sie für den Stoffwechsel wichtige Phosphatester!
- Wodurch wird die Herz- und Trockenfäule der Zuckerrübe hervorgerufen?
- Was versteht man unter Sorption?
- Welche Eigenschaften eines Ions bestimmen seine Sorption?
- Nennen Sie die Aufgaben von Kalium im pflanzlichen Stoffwechsel!
- Beschreiben Sie einen K-Mangel an Gräsern!
- Warum wirkt Na in Gräsern toxisch?
- Welche Funktionen hat Ca im Cytosol, welche im Apoplasten?
- Warum ist Chlor für Pflanzen essentiell?
- Wie lässt sich Mg-Mangel erkennen?
- Welche Prozesse in der Pflanze sind bei leichtem Mg-Mangel primär beeinträchtigt?
- Warum verursacht Fe-Mangel Chlorosen?
- Welche Rolle spielt Mn in der Photosynthese?
- Welche Funktionen haben Cu und Zn?
- Nennen Sie die Mo-haltigen Enzyme!
- Wodurch wird die Whip Tail-Krankheit verursacht?
- Welche Enzyme enthalten Ni?

# 4 Nährstoffaneignung der Pflanze



## 4.1 Nährstoffaneignung

Nährstoffe eignet sich die Pflanze meistens über die Wurzel an. Dabei handelt es sich um einen zweistufigen Prozess (Def. 4.1). Zunächst müssen die Nährstoffe zur Wurzeloberfläche transportiert werden. Erst danach kann eine Aufnahme erfolgen. Beide Prozesse können experimentell unterschieden werden. In einer gut durchlüfteten (und damit durchmischten Nährlösung) kann der Transport zur Wurzeloberfläche vernachlässigt werden: Alle Nährstoffe können als verfügbar angesehen werden. Im Boden ist dagegen die Beweglichkeit beispielsweise von Nährstoffen in Ionenform eingeschränkt, weil sie an Bodenteilchen gebunden sind. Solche Nährstoffe müssen erst mobilisiert werden. Pflanzen haben unterschiedlichste Mechanismen und Strategien entwickelt, um Nährstoffe zu mobilisieren. Dabei gibt es erhebliche artspezifische, aber auch sortenspezifische Unterschiede. Wurzelexsudate spielen für die Mobilisierung eine entscheidende Rolle. Eine besondere Bedeutung kommt der Mobilisierung von in organischer Substanz gebundenen Nährstoffen im Boden zu. Zur Mineralisation dieser Nährstoffe können ebenfalls Wurzelexsudate abgeschieden werden, die zur Verfügbarkeit dieser Nährstoffe beitragen.

**Definition 4.1: Nährstoffaneignung ist ein zweistufiger Prozess; er besteht aus dem Nährstofftransport zur Wurzeloberfläche und der Nährstoffaufnahme.**

## 4.2 Nährstofftransport zur Wurzel

Es gibt drei Möglichkeiten, wie ein Nährstoff im Boden zur Wurzel gelangen kann:

- Interzeption
- Massenfluss
- Diffusion

Von **Interzeption** spricht man, wenn die Wurzel zum Nährstoff wächst. Im Vergleich zum großen Bodenvolumen ist das Volumen klein, das von Wurzeln allein durch das Wachstum erschlossen wird. Obwohl man davon ausgehen muss, dass ein Teil des Wurzelsystems einem ständigen Auf- und Abbau unterworfen ist, und deswegen der Einzugsbereich etwas vergrößert wird, kommen

$$F = V\ c$$

**Abb. 55:** Die durch Massenfluss im Boden transportierte Menge eines Nährstoffs errechnet sich aus der zur Wurzeloberfläche transportierten Wassermenge und der in diesem Wasser vorliegenden Nährstoffkonzentration.
F = Massenfluss,
V = Wasservolumen,
c = Nährstoffkonzentration.

Berechnungen zu dem Schluss, dass Nährstoffe durch Interzeption fast nicht zur Wurzeloberfläche gelangen können. Nur wenige Prozent des Transportes von Nährstoffen zur Wurzel lassen sich mit der Interzeption erklären.

Der **Massenfluss** errechnet sich aus dem Produkt der zur Wurzel transportierten Wassermenge und der in diesem Wasser vorliegenden Nährstoffkonzentration (Abb. 55). Daraus ergibt sich, dass Nährstoffe, die in hoher Konzentration in der Bodenlösung vorliegen, mit hoher Rate zur Wurzeloberfläche transportiert werden. Das trifft beispielsweise häufig für $Ca^{2+}$ und $Mg^{2+}$, aber teilweise auch für Nitrat zu. Je höher die Transpiration der Pflanze ist, desto größer ist der Transport zur Wurzeloberfläche. Da nicht alle antransportierten Nährstoffe auch zwangsläufig aufgenommen werden (s.u.), kommt es in der **Rhizosphäre** in einem solchen Fall zur Akkumulation des Nährstoffs (Def. 4.2). Das ist beispielsweise in versalzten Böden der Fall. Aufgrund starker Transpiration der Pflanzen wird ein großes Volumen an Wasser zur Wurzel transportiert. Die in dem Wasser gelösten Salze werden an der Wurzeloberfläche angereichert, da die Wurzel sie ausschließt. So kann sich ein mehrere Millimeter mächtiger Mantel um die Wurzel herum ausbilden, in dem Ionen wie $Na^+$, $Ca^{2+}$ $Mg^{2+}$, $Cl^-$ oder $SO_4^{2-}$ angereichert sind.

**Definition 4.2: Die Rhizosphäre ist das von der Wurzel beeinflusste Bodenvolumen.**

$$F = -D\ da/dx$$

**Abb. 56:** Die Diffusion eines Nährstoffs im Boden folgt dem Fickschen Gesetz.
F = Diffusion,
D = Diffusionskoeffizient,
a = Nährstoffaktivität,
x = Abstand von der Wurzel,
da/dx = Aktivitätsgradient.

Nährstoffe, die in geringer Konzentration in der Bodenlösung vorliegen, gelangen über **Diffusion** an die Wurzeloberfläche (Abb. 56). Beispiele für Nährstoffe, die überwiegend über Diffusion zur Wurzeloberfläche gelangen, sind N, P und K in Form von $NH_4^+$, $H_2PO_4^-$ und $K^+$. Ob ein Nährstoff überwiegend über Diffusion an die Wurzel gelangt, lässt sich daran erkennen, dass

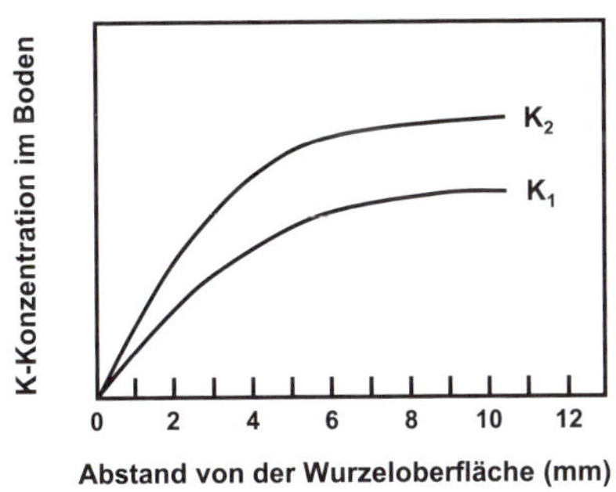


**Abb. 57:** Schematische Darstellung eines Kalium-Verarmungsprofils in der Rhizosphäre bei zwei unterschiedlich mit K versorgten Böden.
$K_1$ = schlechte K-Versorgung des Bodens,
$K_2$ = gute K-Versorgung des Bodens

$$a = c\ f$$

**Abb. 58:** Beziehung zwischen Gesamtkonzentration und der Aktivität (freien Konzentration) eines Nährstoffs.
a = Aktivität,
c = Gesamtkonzentration,
f = Aktivitätskoeffizient mit $0 \leq f \leq 1$.

es in der Rhizosphäre zur Ausbildung eines **Verarmungsprofils** kommt (Abb. 57). Die Aufnahme des Nährstoffs lässt an der Wurzeloberfläche die Konzentration auf sehr niedrige Werte zurückgehen (Größenordnung: mikromolare Konzentrationen). Aufgrund der Braunschen Bewegung der Ionen strebt die Bodenlösung einen Konzentrationsausgleich an, der dazu führt, dass Ionen zur Wurzeloberfläche diffundieren.

Aus der Gleichung in Abb. 56 ist zu entnehmen, dass das Niveau an verfügbarem Nährstoff die Diffusion bestimmt. Je höher die **Aktivität** des Nährstoffs (Abb. 58), desto größer ist der Diffusionsgradient und damit das Produkt, das durch Multiplikation mit dem Diffusionskoeffizienten resultiert. Aus diesem Grund entsteht nicht nur ein ausgeprägteres Verarmungsprofil in der Rhizosphäre eines gut mit (freien) Nährstoffen versorgten Bodens (Abb. 57), sondern aufgrund des steileren Diffusionsgefälles ist die Diffusion größer als in der Rhizosphäre eines schlecht mit Nährstoff versorgten Bodens. Der zweite wichtige Einflussfaktor für die Diffusion ist der Abstand x von der Wurzel. Je intensiver ein Boden durchwurzelt ist, desto geringer ist der mittlere Abstand eines Nährstoffs von der Bodenoberfläche.

Pflanzen, die ein fein verzweigtes **Faserwurzelsystem** (z.B. Gräser) ausbilden, können sich daher Nährstoffe, die über Diffusion angeliefert werden, besser aneignen als Pflanzen, die mit einem **Pfahlwurzelsystem** (z.B. Zuckerrübe) den Boden schlechter erschließen können. Ein Beispiel wird in Abb. 59 gezeigt. Während Weizen sowohl auf der Braunerde (gute K-Verfügbarkeit) als auch auf dem Auenboden (schlechte K-Verfügbarkeit) gutes Wachstum zeigt, ist das Wachstum von Lein auf dem Auenboden deutlich eingeschränkt. Ursache ist die unterschiedliche Durchwurzelungsintensität, die beim Weizen kürzere Diffusionswege für $K^+$ ermöglicht. Weizen kann sich daher $K^+$, das in den Zwischenschichten von 2:1-Tonmineralen des Auenbodens spezifisch gebunden ist (s.u.), besser aneignen.

**Abb. 59:** Wachstum von Weizen und Lein auf einem Auenboden (links) und einer Braunerde (rechts) (A). Während die Braunerde eine gute K-Verfügbarkeit aufweist, ist die Gesamtkonzentration im Auenboden zwar hoch, aber der größte Teil des Kaliums ist in Zwischenschichten von 2:1-Tonmineralen spezifisch gebunden. Aufgrund der besseren Durchwurzelung des Bodens kann sich der Weizen auch auf dem Auenboden genügend K aneignen (B), so dass er dem Lein auf diesem Boden überlegen ist (Photos: Schubert).

Da für die Nährstoffaneignung über Diffusion die Durchwurzelungsintensität von großer Bedeutung ist, spielt für die tatsächliche Nährstoffverfügbarkeit die **Bodenstruktur** eine wichtige Rolle. Ein verdichteter Boden behindert nicht nur den Wasser- und Lufthaushalt eines Bodens und beeinträchtigt so die Wurzelatmung, sondern kann auch das Eindringen der Wurzeln in den Boden verhindern. Folge ist, dass bestimmte Bereiche des Bodens von den Wurzeln nicht erschlossen werden können, so dass der mittlere Diffusionsweg für einen Nährstoff ansteigt. Auf verdichteten Böden muss daher mit einer schlechteren Verfügbarkeit von P und K gerechnet werden, als sie von der Bodenanalyse prognostiziert wird (s.u.).

Der dritte Einflussfaktor, der die Diffusion bestimmt, ist der **Diffusionskoeffizient**. Er beschreibt die Diffusivität eines Stoffes in einem Medium. In reinem Wasser ist der Wert für $Cl^-$ relativ hoch: $10^{-9}$ $m^2$ $s^{-1}$. Durch Interaktionen mit Bodenteilchen ist er im feuchten Boden eine Größenordnung niedriger: $10^{-10}$ $m^2$ $s^{-1}$ und kann bei Austrocknung des Bodens Werte von $10^{-13}$ $m^2$ $s^{-1}$ annehmen. Gegenüber reinem Wasser wäre somit die Diffusion von $Cl^-$ in einem trockenen Boden tausendfach langsamer. Hinzu kommt, dass die Wasserhüllen um Bodenteilchen mit der Austrocknung schrumpfen, und so die Diffusionswege länger werden (Abb. 60). Es verwundert daher nicht, dass die Diffusion von Nährstoffen aus diesen beiden Gründen in einem trockenen Boden erheblich eingeschränkt ist.

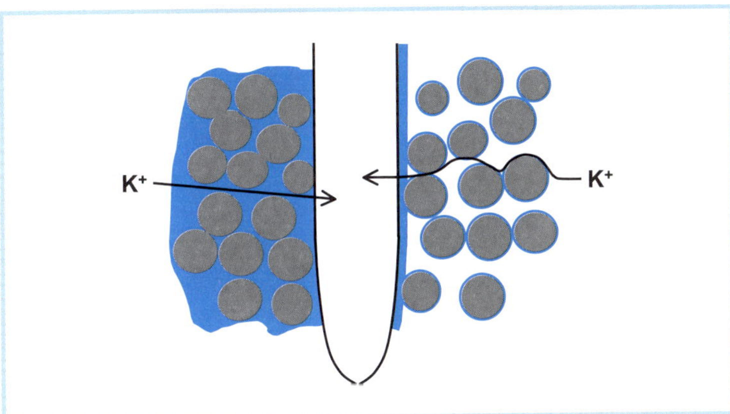


**Abb. 60:** Verlängerung des Diffusionsweges für $K^+$ bei Austrocknung des Bodens. Links: gute Wassersättigung, rechts: geringe Wassersättigung.

**Definition 4.3: Strategien der Nährstoffaneignung sind Anpassungen der Pflanze auf verschiedenen organisatorischen Stufen, mit deren Hilfe eine Verbesserung der Nährstoffverfügbarkeit und/oder der Nährstoffaufnahme erreicht wird (Beispiel: Ausbildung von Proteoidwurzeln). Mechanismen der Nährstoffaneignung sind molekulare Vorgänge, mit deren Hilfe die Pflanze die Nährstoffverfügbarkeit und/oder die Nährstoffaufnahme verbessert (Beispiel: Sekretion von Protonen).**

## 4.3 Nährstoffmobilisierung

Pflanzen reagieren nicht nur passiv auf die Anlieferung von Nährstoffen an die Wurzeloberfläche, sondern können sie auch beeinflussen. Im Laufe der Evolution haben Pflanzen sehr unterschiedliche **Strategien** entwickelt, um sich Nährstoffe anzueignen (Def. 4.3). Im Allgemeinen reflektieren diese Strategien physiologische Antworten auf ökologische Probleme, mit denen Wildpflanzen auf bestimmten Standorten konfrontiert wurden. Bestimmte **Mechanismen** erlaubten es diesen Wildpflanzen, sich trotz schlechter Verfügbarkeit von Nährstoffen zu etablieren und gegenüber Konkurrenten durchzusetzen. Das Verständnis der Mechanismen und die Ausnutzung von Strategien der Nährstoffaneignung stellen wichtige Aspekte moderner ökophysiologischer Forschung im Bereich der Pflanzenernährung dar.

**Abb. 61:** Intensive Durchwurzelung des Bodenvolumens durch eine junge Topinamburpflanze in einem Rhizotronversuch (Photo: Schubert).

Die wichtigste Strategie, die Nährstoffaneignung zu verbessern, besteht in der Anlage einer ausgedehnten **Wurzeloberfläche**. Während Pflanzen in einer Nährlösung auch mit extrem kleinem Wurzelsystem ausreichend mit Nährstoffen versorgt werden können, kann man je nach genetischer Veranlagung der Pflanzen bei limitiertem Nährstoffangebot im Boden beobachten, dass sie mit unterschiedlichen Strategien die Wurzeloberfläche vergrößern. Untersuchungen zu dieser Problematik lassen sich nicht in Wasserkulturtechnik, sondern nur in Bodenkulturen, möglichst mit ausreichend großem Bodenvolumen und natürlicher Struktur des Bodens untersuchen. In **Rhizotronen** lässt sich zeigen, dass Topinambur schon vor der Entwicklung eines großen Sprosses ein tief reichendes feines Wurzelsystem bildet (Abb. 61). Die hohe Nährstoff-Aneignungseffizienz dieser Pflanze lässt sich damit erklären.

Artspezifische Unterschiede gibt es nicht nur in der Wurzellänge, im Wurzeldurchmesser und im Verzweigungsgrad des Wurzelsystems, sondern auch in der Ausprägung und Länge von **Wurzelhaaren** (Abb. 62). Dabei handelt es sich im Gegensatz zu Seitenwurzeln, die aus dem Perizykel im Zentralzylinder der Hauptwurzel entstehen und mit den Ferntransport-Leitbahnen verbunden sind, um Ausstülpungen der Exodermis (s.u.). Lange Wurzelhaare können eine geringe Wurzellänge bei der Aneignung von Nährstoffen über Diffusion zum Teil kompensieren.

**Definition 4.4: Eine Symbiose ist eine enge Lebensgemeinschaft zwischen zwei (oder mehr) unterschiedlichen Organismen, aus der beide einen Vorteil ziehen.**

Mit Ausnahme von Vertretern der Chenopodiaceen und Cruciferen, wie z.B. Zuckerrübe und Raps, bildet eine Reihe von Kulturpflanzen eine **Mykorrhiza** aus. Darunter versteht man eine Symbiose (Def. 4.4) zwischen einer höheren Pflanze und einem Pilz. Während man bei Bäumen eine ektotrophe Mykorrhiza findet, bei der die Pilzhyphen nicht in die Wurzelzellen, sondern nur in die Apoplasten des Cortexgewebes eindringen, findet man bei landwirtschaftlichen Kulturpflanzen eine endotrophe Mykorrhiza (Abb. 63). Bei der endotrophen Mykorrhiza dringt der Pilz (z.B. *Glomus mosseae*) in die Cortexzellen ein und bildet neben Vesikeln arbuskuläre Verzweigungen im Cytoplasma aus, die dem Stoffaustausch dienen. Besonders für die Mobilisie-

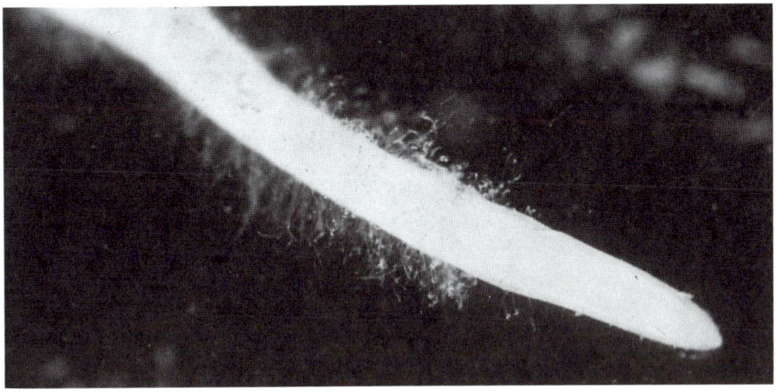

**Abb. 62:**
Wurzelhaare tragen zur Vergrößerung der Wurzeloberfläche bei (Photo: Schubert).

rung von Phosphat spielt die Mykorrhiza eine wichtige Rolle. Durch die große Oberfläche der Pilzhyphen sind die Diffusionswege für Phosphat verkürzt, so dass das Phosphat vom Pilz aufgenommen und an die Wurzelzellen abgegeben werden kann. Die Pflanze versorgt den Pilz im Gegenzug mit Assimilaten. Aufgrund des geringen Durchmessers der Pilzhyphen ist die Mykorrhizierung ein besonders effektiver Weg, die Oberfläche des Wurzelsystems indirekt zu erhöhen.

**Definition 4.5: Wurzelexsudate sind Ausscheidungen der Wurzel. Je nach Zweck der Ausscheidung unterscheidet man Exkrete und Sekrete. Handelt es sich um Stoffe, die im pflanzlichen Stoffwechsel nicht mehr benötigt werden (Abfallstoffe), spricht man von Exkreten. Sekrete sind Stoffe, die abgegeben werden, um außerhalb der Pflanze für die Pflanze etwas Nützliches zu bewirken. Viele Sekrete tragen zur Nährstoffmobilisierung bei.**

Neben morphologischen spielen auch physiologische Anpassungsmechanismen eine wichtige Rolle. Dabei werden spezielle **Wurzelexsudate** (Def. 4.5) in die Rhizosphäre abgegeben, die die chemischen Bedingungen des Bodens je nach Pufferung (s.u.) bis zu mehreren Millimetern von der Wurzeloberfläche entfernt beeinflussen können. Zu den wichtigsten Exsudaten zählen Protonen, die die Rhizosphäre ansäuern und auf diese Weise schwer lösliche Nährstoffe, wie z.B. Mikronährstoffe oder P, in Form von Calciumphosphaten mobilisieren. Besonders starke Ansäuerung der Rhizosphäre lässt sich bei $N_2$-fixierenden Leguminosen und Raps beobachten. Im letzteren Fall kommt es auch zu einer starken Ca-Aufnahme, die die Lösung von Calciumphosphaten zusätzlich begünstigt, so dass Raps als eine P-effiziente Kulturpflanze anzusehen ist.

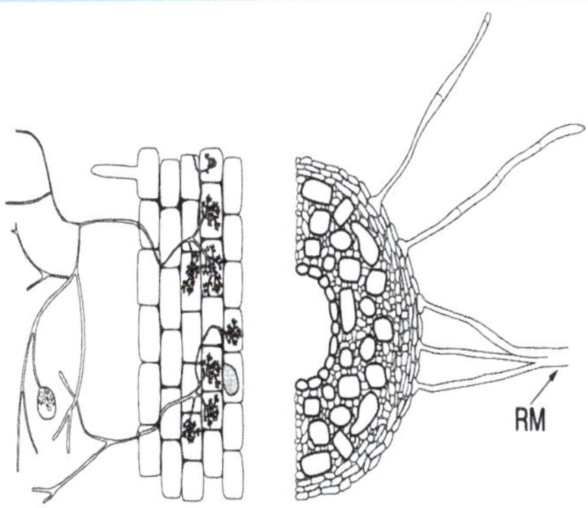


**Abb. 63:**
Vergleich zwischen endotropher (links) und ektotropher (rechts) Mykorrhiza.
RM = Rhiziomorphe (nach MARSCHNER 1995).

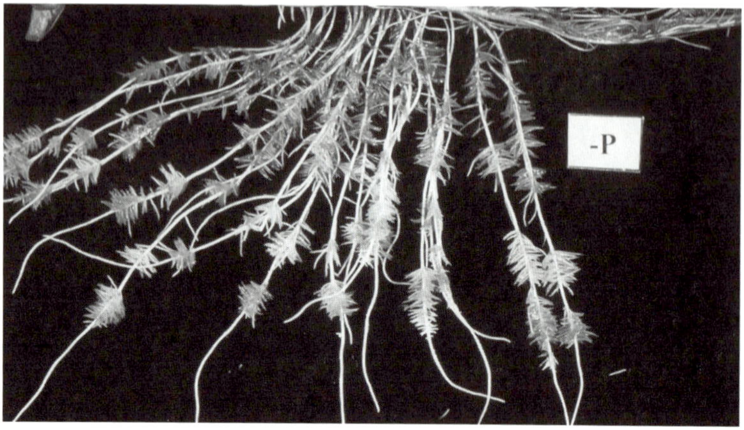


**Abb. 64:** Proteoidwurzeln der Weißlupine, induziert durch P-Mangel (Photo: Yan).

Eine besondere Strategie der Nährstoffmobilisierung stellt die Induktion von **Proteoidwurzeln** dar. Der Name Proteoidwurzel leitet sich von der Pflanzenfamilie der Proteaceae ab. Vertreter dieser Pflanzenfamilie gedeihen in Australien auf Böden mit extrem geringer P-Verfügbarkeit. Unter diesen Bedingungen bilden sie Seitenwurzeln zweiter Ordnung mit begrenztem Wachstum aus. Diese Seitenwurzeln entstehen nicht entlang der gesamten Seitenwurzel erster Ordnung, sondern büschelförmig. Als einzige heimische Kulturpflanze bildet auch die Weißlupine Proteoidwurzeln (Abb. 61). Die besondere Leistungsfähigkeit der Proteoidwurzeln besteht nicht allein in den morphologischen Veränderungen, sondern auch in einer besonderen physiologischen Anpassung. Durch die Abscheidung einer ganzen Reihe von Wurzelexsudaten sind Proteoidwurzeln in besonderer Weise befähigt, schlecht verfügbare Phosphatformen zu mobilisieren (Tab. 4.1).

**Tab. 4.1:** **Wurzelexsudate von Proteoidwurzeln der Weißlupine und ihre Funktionen bei der Mobilisierung von Phosphaten.**

| Wurzelexsudate | Funktionen |
|---|---|
| Protonen | Mobilisierung von Calciumphosphaten und Mikronährstoffen durch pH-Absenkung |
| Organische Anionen | Austausch von adsorbierten Phosphaten, Chelatisierung von Ca, Al und Fe und dadurch Mobilisierung von Calciumphosphaten und adsorbierten Phosphaten |
| Saure Phosphatase | Hydrolytische Spaltung von organisch gebundenen Phosphaten und dadurch Mineralisation von Phosphat |
| Phenole | Reduktion von $Fe^{III}$ und dadurch Mobilisierung von adsorbierten und okkludierten Phosphaten, antibakterielle Wirkung und dadurch Schutz der Phosphatase vor mikrobiellem Abbau |

Aufgrund der morphologischen Besonderheiten wird mit den Wurzelexsudaten ein begrenztes Bodenvolumen intensiv erschlossen. Dadurch können in diesem Bodenkompartiment die freie Protonenkonzentration, die Konzentration an chelatisierenden organischen Anionen, an saurer Phosphatase sowie an Phenolen besonders effizient erhöht werden (Abb. 65). Während Protonen helfen, Calciumphosphate und bestimmte Mikronährstoffe zu mobilisieren, tragen organische Anionen zu einem Austausch von adsorbierten Phosphaten bei. Organische Phosphate werden mittels saurer Phosphatase hydrolytisch aufgeschlossen und damit der Pflanze zur Verfügung gestellt. Phenole wirken nicht nur antibakteriell und hemmen so den Abbau von Exsudaten, sondern können auch mit ihren reduzierenden Eigenschaften zur Lösung von okkludierten Phosphaten beitragen. Auf diese Weise sind Proteoidwurzeln in der Lage, chemisch sehr unterschiedliche Phosphatfraktionen zu mobilisieren.

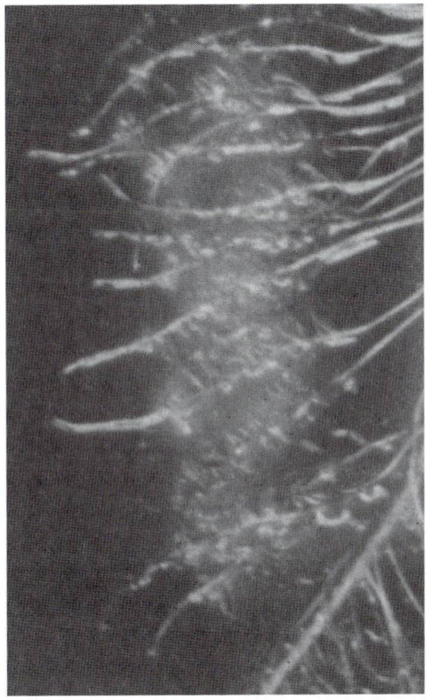

**Abb. 65:** Protonenabscheidung von Proteoidwurzeln der Weißlupine in einem Agarmedium. Der pH-Indikator Bromkresolpurpur verfärbt sich bei Ansäuerung der Rhizosphäre gelb (Photo: Schubert).

## 4.4 Nährstoffaufnahme

Betrachtet man die Entwicklung einer Wurzel, so kann man mit fortschreitendem Alter eine Differenzierung feststellen, die dazu führt, dass die Wurzel vier Hauptabschnitte umfasst, die für die Pflanzenernährung wichtig sind (Abb. 66):

- Wurzelhaube
- Meristem
- Streckungszone
- Wurzelhaarzone

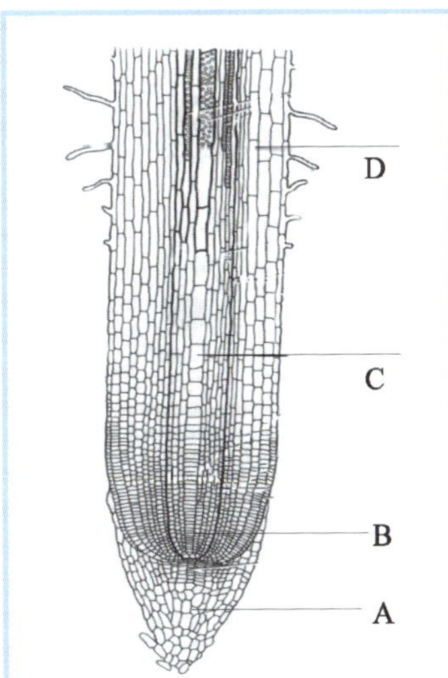


**Abb. 66:** Längsschnitt und Differenzierung einer Wurzel in vier Hauptabschnitte: A Wurzelhaube, B Meristem, C Streckungszone, D Wurzelhaarzone (nach OEHLKERS 1956).

An der Wurzelspitze befindet sich die **Wurzelhaube** (Kalyptra), die Schleimstoffe abscheidet und so der Wurzel das Vordringen im Boden erleichtert. Sie ist aber auch Syntheseort von Phytohormonen, die Signale für den Spross darstellen. So wird z.B. bei

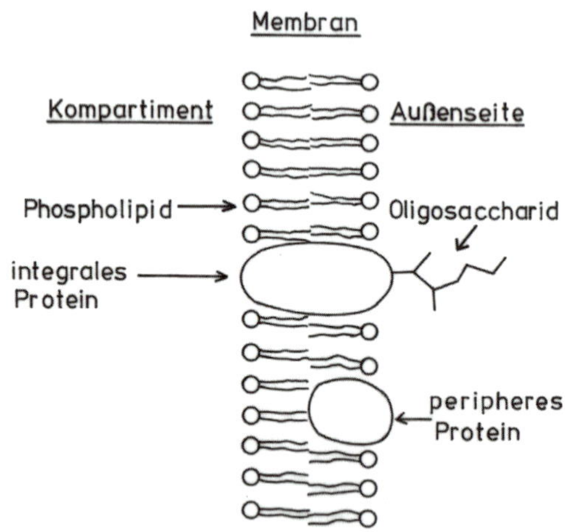


**Abb. 67:** Aufbau einer Biomembran.

Trockenheit Abscisinsäure gebildet, die im Spross zu Anpassungsreaktionen führen kann. Die Wurzelhaube wird aus Zellen gebildet, die von dem angrenzenden **Meristem** durch Zellteilung ständig neu gebildet und abgeschieden werden.

Das Meristem gibt auch in basaler Richtung Zellen ab, die sich anschließend in der **Streckungszone** strecken und differenzieren. Es schließt sich die **Wurzelhaarzone** an, die mit ihrer großen Oberfläche auf die Aufnahme von Nährstoffen spezialisiert ist. Wurzelhaare werden meistens nur für einige Tage gebildet. Sie sterben dann ab und werden durch neue Wurzelhaare in den nachwachsenden Abschnitten der Exodermis ersetzt. Auf diese Weise altert die Wurzelhaarzone und geht in den letzten Wurzelabschnitt über, in dem schließlich keine Nährstoffaufnahme mehr erfolgt.

**Definition 4.6: Ein Nährstoff gilt als aufgenommen, wenn er das Plasmalemma überwunden hat.**

Wie alle Zellen werden Wurzelzellen von einer biologischen Membran, dem **Plasmalemma**, von ihrer Umgebung abgegrenzt. Das Plasmalemma ist der Ort der Nährstoffabsorption (Def. 4.6).

Eine biologische Membran besteht aus einer **Lipoiddoppelschicht**, in die Proteine eingelagert sind (Abb. 67). Die Lipoiddoppelschicht besteht u.a. aus Phospholipiden, Glycolipiden und Sulfolipiden. Alle diese Komponenten haben die gemeinsame Eigenschaft, dass sie aus einem Diglycerid bestehen, das zwei lipophile (= hydrophobe, wasserabweisende) Fettsäureschwänze enthält. Diese zwei Fettsäureschwänze ragen in das Innere der Membran, wo sie mit gegenüberstehenden Fettsäureschwänzen der zweiten Lipoidschicht hydrophobe Bindungen eingehen. Auf der anderen Seite trägt das Diglycerid ein hydrophiles (= lipophobes, fettabweisendes) Köpfchen, das in das wässrige Medium ragt. Dieses hydrophile Köpfchen besteht aus Alkoholen, Phosphat, Zuckern oder Sulfongruppen, die mit den Wasserdipolen interagieren.

Die Lipoiddoppelschicht stellt eine natürliche **Barriere** für alle wasserlöslichen (hydrophilen) Verbindungen dar. In dieser Form liegen fast alle Nährstoffe vor. Diese Barriere ist die Grundlage dafür, dass Nährstoffe selektiv aufgenommen werden können. Eine Ausnahme stellen Nährstoffe dar, die nicht in Ionenform vorliegen. Das wichtigste Beispiel ist N in Ammoniakform. Bei hohen pH-Werten dissoziiert $NH_4^+$ in $NH_3$ und $H^+$. Das Ammoniak kann als ungeladenes Molekül die Lipoiddoppelschicht ungehindert passieren, so dass die Zelle nicht selektieren kann. Als Folge hiervon kann bei hohen pH-Werten des Wurzelmediums Ammoniaktoxizität auftreten.

**Definition 4.7: Ein aktiver Transport ist der Transport eines Stoffes entgegen einem elektrochemischen Gradienten. Ein passiver Transport ist der Transport eines Stoffes mit dem elektrochemischen Gradienten.**

Der **selektive Transport** von Ionen wird durch Transportproteine ermöglicht, die in die Lipoiddoppelschicht integriert sind (Abb. 67). Dabei ist ein passiver von einem aktiven Transport zu unterscheiden (Def. 4.7). Ein **aktiver Transport** bedeutet einen Transport gegen ein elektrochemisches Gefälle. Für Ionen muss nicht nur der Unterschied in der Aktivität beiderseits der Membran berücksichtigt werden, sondern auch das Membranpotential (Abb. 68). Für einen aktiven Transport muss in jedem Fall Energie aufgewandt werden. Für einen passiven Transport ist nicht unbedingt eine Energiezufuhr notwendig. Wird in einen passiven Transport Energie eingebracht, so kann der Transport jedoch beschleunigt werden.

$$\Delta\mu_{H^+} = -R\ T \ln [a_a]/[a_i] + F\ E_m$$

Abb. 68: Elektrochemischer Gradient für Protonen. $\Delta\mu_{H^+}$ = elektrochemischer Protonengradient, $E_m$ = Membranpotential, F = Faraday-Konstante, R = Gaskonstante, T = Temperatur, $a_a$ = Ionenaktivität außen, $a_i$ = Ionenaktivität innen.

Drei Gruppen von **Transportproteinen** lassen sich unterscheiden:

- Ionenpumpen
- Carrier
- Ionenkanäle

**Ionenpumpen** sind Transportproteine, die durch hydrolytische Spaltung von ATP (oder Pyrophosphat) Energie freisetzen und dadurch Ionen aktiv transportieren. Die Transportrate ist relativ klein: Eine Ionenpumpe vermag pro Sekunde ca. 500 Ionen zu transportieren. Das typische Beispiel einer Ionenpumpe ist die im Plasmalemma von Pflanzenzellen lokalisierte $H^+$-ATPase, die unter hydrolytischer Spaltung von ATP in ADP und anorganisches Phosphat aktiv Protonen aus den Zellen herauspumpt (Abb. 69). Dieses Enzym ist für die Ansäuerung der Rhizosphäre verantwort-

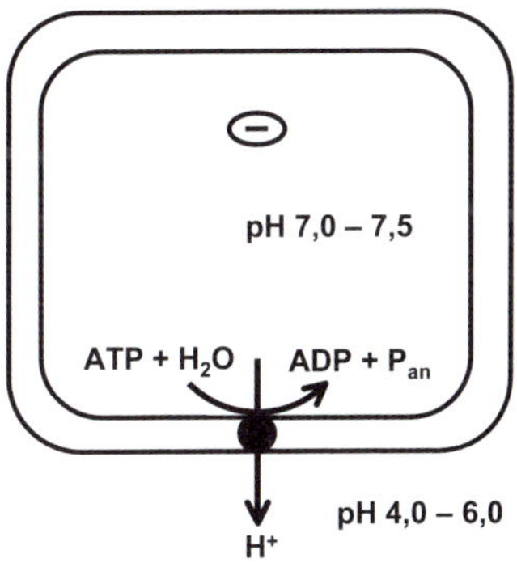


Abb. 69: Modell der Protonenabgabe von Pflanzenzellen durch die im Plasmalemma gebundene $H^+$-ATPase.

**Abb. 70:**
Kinetik eines durch Carrier vermittelten Ionentransports.
v = Transportgeschwindigkeit,
a = Ionenaktivität,
$V_{max}$ = maximale Transportgeschwindigkeit,
$k_m$ = Michaeliskonstante.

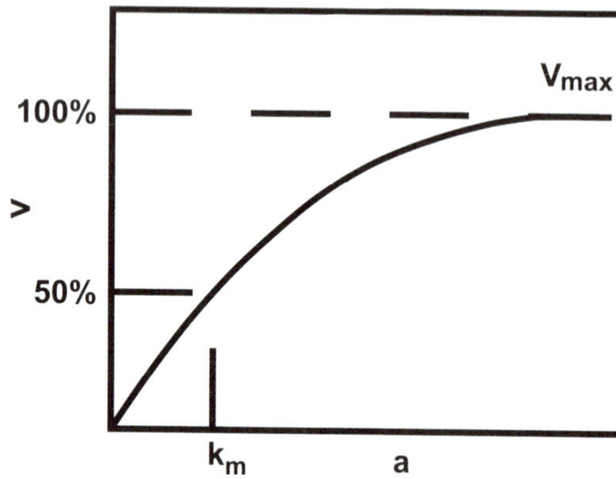


lich (vgl. Kapitel 1.3) und baut einen elektrochemischen Protonengradienten am Plasmalemma auf, der aus einem pH-Unterschied beiderseits der Membran (innen ca. pH 7, außen ca. pH 5) und einem Membranpotential (ca. −150 mV) besteht.

Eine weitere wichtige Ionenpumpe im Plasmalemma ist die $Ca^{2+}$-ATPase, die $Ca^{2+}$ aktiv aus dem Cytosol pumpt (Abb. 34). Ihre Aktivität ist jedoch etwa 100-fach geringer als diejenige der $H^+$-ATPase. Im Tonoplasten gibt es zwei Ionenpumpen, die Protonen in die Vakuole pumpen: Die $H^+$-ATPase (die andere Eigenschaften als die im Plasmalemma gebundene $H^+$-ATPase hat) und die $H^+$-Pyrophosphatase (Abb. 38). Ionenpumpen bauen Ionengradienten auf, die eine besondere Form von Energie darstellen, die von anderen Transportmolekülen, den Carriern, genutzt werden kann.

**Carrier** sind Transportproteine, die schneller als Ionenpumpen arbeiten. Ein Carrier kann pro Sekunde etwa 10.000 Ionen transportieren. Dieser Transport setzt immer die Bindung des Ions an den Carrier voraus. Daraus folgt, dass man die Gesetze der Enzymkinetik auf Carrier anwenden und so den Ionentransport durch die Membran beschreiben kann. Ein einfacher Carriertransport lässt sich daher mit der Michaelis-Menten-Kinetik charakterisieren (Abb. 70). Die Transportrate steigt mit zunehmender freier Konzentration (Aktivität) des zu transportierenden Ions. Da der Transport aber die Bindung des Ions zur Voraussetzung hat, sind ab einer bestimmten freien Konzentration alle Carrier besetzt, und die Transportrate lässt sich durch Erhöhung der freien Konzentration nicht weiter steigern.

Die zweite Konsequenz, die sich aus der Notwendigkeit der Bindung des Ions an den Carrier ergibt, ist die Möglichkeit eines aktiven Ionentransports. Durch Kopplung des Transports mit einem Ion, das mit dem elektrochemischen Gefälle durch den Carrier transportiert wird, kann der Transport energetisch angetrieben werden. Ein solcher Transport wird **Cotransport** oder

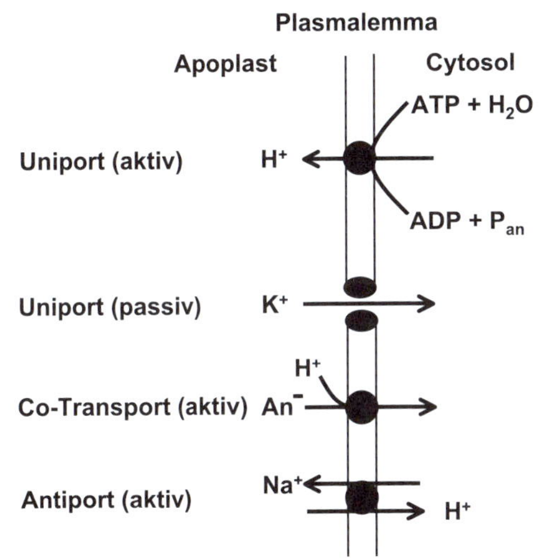


**Abb. 71:**
Die $H^+$-ATPase im Plasmalemma treibt als Masterenzym den Uniport, Cotransport und Antiport von Ionen an.

Symport genannt (Def. 4.8). In pflanzlichen Zellen ist das cotransportierte Ion $H^+$, das zuvor durch $H^+$-ATPase-Aktivität ausgeschieden wurde. Die im elektrochemischen Protonengradienten gespeicherte Energie wird dabei genutzt, um ein anderes Ion aktiv zu transportieren. Da die Energie nicht direkt aus der hydrolytischen Spaltung von ATP bezogen wird, spricht man auch von einem sekundär aktiven Transport. In Abb. 71 erfolgt die Anionenaufnahme in einem Cotransport mit Protonen. Während das Anion sekundär aktiv aufgenommen wird, gelangen die Protonen passiv in die Zelle. Unerwünschte Ionen wie $Na^+$ können über einen $H^+/Na^+$-Antiport aktiv aus der Zelle tranportiert werden. Aufgrund der vielfältigen Aufgaben, die die $H^+$-ATPase im Ionentransport und anderen physiologischen Prozessen hat, ist sie als **Masterenzym** bezeichnet worden.

**Definition 4.8:**
**Ein Cotransport liegt vor, wenn zwei Ionen von einem Transportprotein gebunden werden und gleichzeitig in die gleiche Richtung (in entgegengesetzter Richtung: Antiport) transportiert werden. Der gleichzeitige Transport über verschiedene Transporter ist kein Cotransport oder Antiport.**

**Ionenkanäle** stellen die dritte Gruppe von Transportproteinen dar. Man kann sie sich als porenbildende Strukturen vorstellen, die die Membran selektiv für bestimmte Ionen durchlässig machen. Aufgrund dieser Eigenschaft ist der Ionentransport durch Kanäle eine Diffusion. Dies ist der Grund dafür, dass ein Transport durch Kanäle nur passiv erfolgen kann. Im Gegensatz zum durch Carrier vermittelten Transport folgt der Transport durch Kanäle einer linearen Kinetik (Abb. 72). Die Transportrate ist die schnellste von allen drei Gruppen von Transportmo-

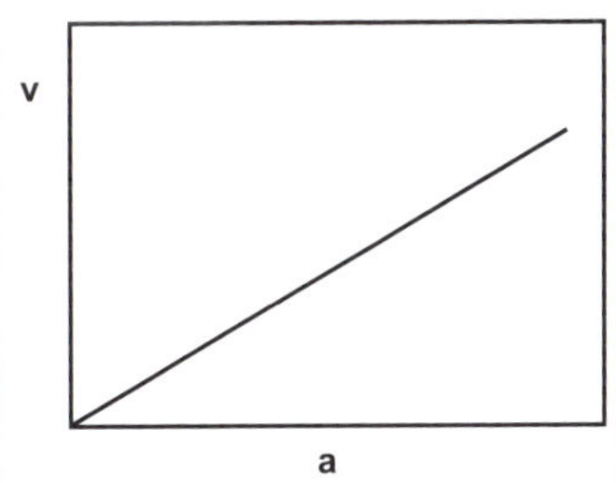


**Abb. 72:**
Kinetik eines durch Kanäle vermittelten Ionentransports.
V = Transportgeschwindigkeit,
a = Ionenaktivität.

**Abb. 73:**
Die Nährstoffabsorption (A) ist ein Nettoprozess aus Influx (I) und Efflux (E).

$$A = I - E$$

lekülen und kann in einem Kanal über eine Million Ionen pro Sekunde erreichen. Dennoch kann ein Kanal ebenso selektiv wie ein Carrier wirken.

Die treibende Kraft für den Transport durch Kanäle resultiert aus dem elektrochemischen Gradienten für das zu transportierende Ion (Abb. 68). Ein Ion kann mit Hilfe des elektrischen Membranpotentials gegen ein Konzentrationsgefälle angereichert werden, ohne dass ein aktiver Transport vorliegt. Dies ist häufig für Kalium der Fall, das bei einer Außenkonzentration von 1 mM auf > 100 mM im Cytosol passiv akkumuliert werden kann. Auch für den passiven Transport von Ionen durch Kanäle ist die im Plasmalemma gebundene $H^+$-ATPase der treibende Motor (Abb. 71). Das durch die $H^+$-Abgabe aufgebaute elektrische Membranpotential kann eine passive Akkumulation von Kationen bewirken.

Die **Absorption** (Aufnahme) von Nährstoffen stellt einen Nettoprozess dar, der aus einem **Influx** und einem **Efflux** besteht (Abb. 73). Experimentell erfasst man meistens die Absorption. Die Bestimmung des Influx setzt Kurzzeitexperimente, meistens in Verbindung mit (radioaktiven) Tracer-Ionen, voraus. Die Unterscheidung von Absorption und Influx ist wichtig. Selbst bei einer Absorption von Nährstoffen findet ein ständiger Efflux statt, der von einem größeren Influx überlagert wird. Die Retention von Nährstoffen beruht daher nicht, wie oft angenommen, allein auf einer Selektivität der Membran, sondern auf dem elektrochemischen Protonengradienten. Wird die $H^+$-ATPase gehemmt, so kommt es zur Nettoabgabe von Nährstoffen, obwohl weiterhin ein Influx stattfindet. In diesem Fall überwiegt jedoch der Efflux, so dass die Zelle netto Nährstoffe verliert.

Nicht nur Pflanzennährstoffe, sondern auch Metaboliten wie Zucker, organische Anionen und Aminosäuren werden mit Hilfe eines **Retrieval**-Mechanismus in den Wurzelzellen zurückgehalten (Abb. 74). Die Bedeutung des elektrochemischen Protonengradienten wird deutlich, wenn dieser z.B. durch Hemmung der $H^+$-ATPase abgebaut wird: Es kommt sofort zu einer massiven Abgabe von Metaboliten. Dies machen sich manche Pathogene zunutze, die gezielt Toxine ausscheiden, mit denen sie die $H^+$-ATPase hemmen und sich von den abgegebenen Assimilaten ernähren.

Folge der selektiven Nährstoffaufnahme und -abgabe ist eine charakteristische Ionenverteilung zwischen Außenmedium und Zelle einerseits und Cytosol und den übrigen Zellkompartimenten andererseits. Während die cytosolischen $H^+$- und $Ca^{2+}$-Aktivitäten extrem niedrig sind und bei ca. 0,1 µM liegen, sind die apoplastischen meistens 100 ($H^+$) bis 10.000fach ($Ca^{2+}$) höher. Phosphat liegt in der Rhizosphäre häufig nur in mikromolaren freien Konzentrationen vor. In der Zelle erfolgt eine Konzentrierung auf millimolare Größenordnungen. Auch Kalium kommt in der Rhizosphäre meistens im mikromolaren bis unteren millimolaren Bereich vor und wird in der Zelle auf > 100 mM angereichert. Die verschiedenen zellulären Kompartimente sind bestrebt, charakteristische freie Ionenkonzentrationen aufrecht zu erhalten, da diese für bestimmte metabolische Prozesse erforderlich sind. Auf diese Weise können die einzelnen Nährstoffe ihre speziellen Funktionen erfüllen (vgl. Kapitel 3).

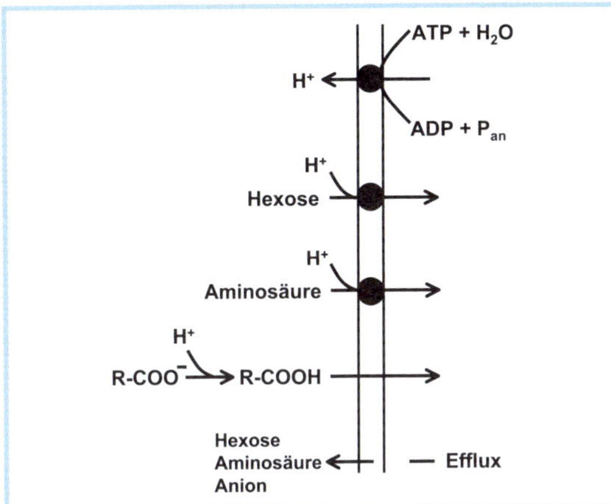


**Abb. 74:**
Retrieval von Zuckern, Aminosäuren und organischen Anionen. Der elektrochemische Protonengradient ist dafür verantwortlich, dass abgegebene Stoffe im Cotransport mit Protonen über spezielle Carrier wieder aufgenommen werden. Protonierung von organischen Anionen bei niedrigem Außen-pH verleiht den Säuren lipophile Eigenschaften, so dass sie die Membran permeieren können. Der hohe pH-Wert im Cytosol lässt die Säuren dissoziieren, so dass die Anionen nicht zurück wandern können (Anionenfalle).

## Weiterführende Literatur:

Epstein, E. und A. J. Bloom: Mineral Nutrition of Plants: Principles and Perspectives. 2. Auflage, Sinauer Associates, Sunderland, USA (2005)

Uren, N. C. und H. M. Reisenauer: The role of root exudates in nutrient acquisition. In: Advances in Plant Nutrition, Band 3 (Bernhard Tinker und André Läuchli, Hrsg.), Praeger, New York, S. 79-114 (1988)

## Fragen:

- Wie wird P, wie Ca hauptsächlich zur Wurzel transportiert?
- Was ist jeweils die treibende Kraft für die Diffusion bzw. für den Massenfluss eines Nährstoffs zur Wurzel?
- Wie kommt es zu einem Verarmungsprofil in der Rhizosphäre?
- Wie kann sich eine Pflanze effizient Kalium aneignen?
- Was sind Wurzelexsudate?
- Worin bestehen die besonderen Vorteile von Proteoidwurzeln bei der P-Mobilisierung?
- Wie wird die Selektivität der Nährstoffaufnahme ermöglicht?
- Was ist ein aktiver Nährstofftransport?
- Warum ist meistens eine passive Aufnahme von Kalium in die Zelle möglich, obwohl die Konzentration im Cytosol > 100fach größer ist als in der Rhizosphäre?
- Wie unterscheiden sich Ionenkanäle von Carriern?
- Was versteht man unter Nährstoffabsorption?
- Nennen Sie pflanzliche Ionenpumpen!

# 5 Nährstoffverlagerung in der Pflanze

**Inhalt Kapitel 5**



## 5.1 Langstreckentransport in der Pflanze

Mit der Differenzierung von Wurzelzellen werden Gewebe gebildet, die für die Verlagerung von Nährstoffen über größere Entfernungen in der Pflanze Bedeutung haben. Neben speziellen **Barrieren**, die Einfluss auf die Selektivität der Verlagerung haben, werden zwei Leitbahnen angelegt, die unterschiedliche Aufgaben übernehmen und daher auch unterschiedlich strukturiert sind:

- Xylem
- Phloem

**Definition 5.1: Der Apoplast beschreibt auf Gewebebene den Raum außerhalb des Plasmalemmas. Auch das Xylem ist eine apoplastisches Kompartiment.**

**Definition 5.2: Der Symplast beschreibt auf Gewebeebene den Raum innerhalb des Plasmalemmas. Durch Plasmodesmen werden einzelne Zellen zu einem Gewebeverband verbunden. Auch das Phloem ist ein symplastitisches Kompartiment.**

**Das Xylem** besteht aus abgestorbenen Zellen, deren übrig gebliebene Zellwände Röhren bilden und einen Massenfluss von Wasser und darin gelösten Nährstoffen und Assimilaten ermöglichen. Xylemelemente werden dem **Apoplasten** zugerechnet (Def. 5.1). Das **Phloem** wird dagegen aus lebenden Zellen gebildet, die sich zu Leitgeweben vereinigt haben. Sie bilden ein symplastisches Kontinuum, das ebenfalls der Verlagerung von Nährstoffen und Assimilaten dient. Phloemzellen werden dem **Symplasten** zugerechnet (Def. 5.2). In beiden Typen von Leitbahnen werden auch **Phytohormone** verlagert, die damit neben anderen Signalen zu einer Kommunikation zwischen Wurzel und Spross beitragen. Auch Pflanzennährstoffe dienen als Signalträger und ermöglichen damit beispielsweise eine Regulation der Nährstoffaufnahme von der Wurzel in Abhängigkeit vom Bedarf des Sprosses.

Bevor ein beschleunigter Transport von Nährstoffen über die spezialisierten Leitbahnen von Xylem und Phloem erfolgen kann, müssen die Nährstoffe von Zelle zu Zelle bis in den **Zentralzylinder** (Stele) der Wurzel transportiert werden. Dabei sind unterschiedliche Gewebe zu überwinden (Abb. 75). Die äußere Schicht der Wurzel zur Rhizosphäre hin wird als **Exodermis** (Epidermis, Rhizodermis) bezeichnet, deren Zellen Wurzelhaare bilden und so die aufnehmende Oberfläche vergrößern können. Es schließt sich der **Cortex** (Rindenparenchymgewebe) mit mehreren Schichten an, der nach innen von einer **Endodermis** abgegrenzt wird. Die Endodermis umgibt den Zentralzylinder. Innerhalb der Endodermis befindet sich der **Perizykel**, aus dem durch Zellteilung und Zelldifferenzierung Seitenwurzeln gebildet werden können. Im

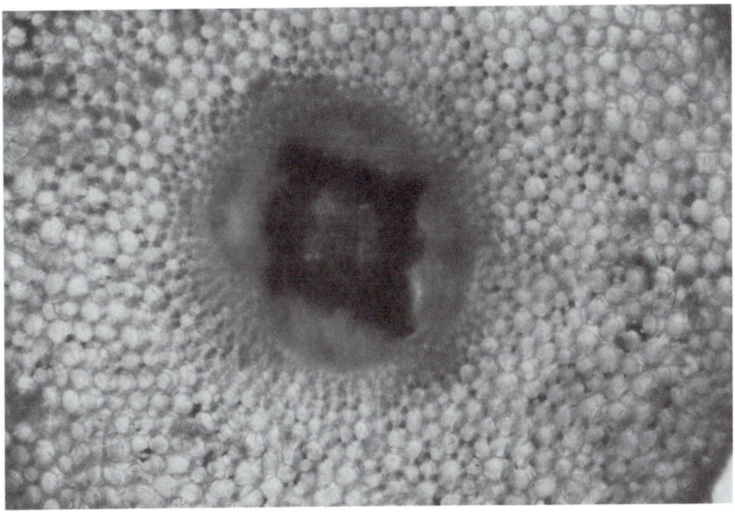

**Abb. 75:** Mikroskopische Aufnahme des Querschnitts durch eine Ackerbohnenwurzel (Photo: Masalha).

Zentralzylinder sind verschiedene Typen von Geweben angeordnet. Für den Langstreckentransport sind die toten Xylemleitbahnen, die Xylemparenchymzellen, sowie die Siebelemente mit ihren Geleitzellen, die das Phloemgewebe bilden, von besonderer Bedeutung.

Nährstoffe können direkt von den Exodermiszellen oder, nach apoplastischem Eindringen in das Cortexgewebe, von den Cortexzellen oder den Endodermiszellen aufgenommen werden. Für den Transport bis zu den Endodermiszellen ergeben sich somit zwei Möglichkeiten (Abb. 76):

- symplastischer Transport
- apoplastischer Transport

Der **apoplastische Transport** wird durch zwei Prozesse ermöglicht, nämlich durch den Massenfluss, der durch die Transpiration angetrieben wird und durch die Diffusion, die aufgrund der Nährstoffaufnahme am Plasmalemma der Exodermis-, Cortex- und Endodermiszellen erfolgt. Der **symplastische Transport** von Nährstoffen von der Exodermis bis in die Endodermis wird durch Plasmodesmen ermöglicht, die ein symplastisches Kontinuum schaffen. Der symplastische Transport wird durch Diffusion und Cytoplasmaströmung angetrieben. Potentiell schädliche Ionen können auf dem symplastischen Weg von Vakuolen aufgenommen und an ihrem Weitertransport gehindert werden. So zeigen salzresistente Maisgenotypen eine starke Anreicherung von Na in den Cortexvakuolen. Genotypen, die das toxische Schwermetall Cadmium aus dem Spross ausschließen, reichern es u.a. in den Wurzelvakuolen an.

Spätestens an der Endodermis muss die Aufnahme der Nährstoffe erfolgen, d.h. es muss ein Übergang in den Symplasten stattfinden. Ursache ist eine Barriere in Form des **Casparyschen Streifens**, der lipohile Ablagerungen wie

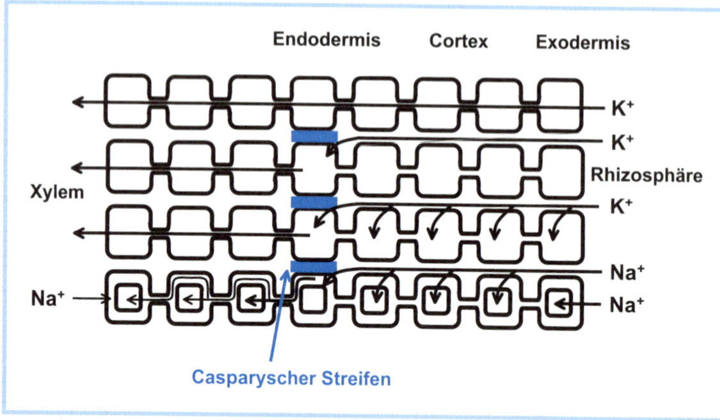


**Abb. 76:** Vergleich des apoplastischen und des symplastischen Transportweges von Kalium zur Endodermis. Natrium wird aus dem Xylem ausgeschlossen.

Suberin enthält und so die Zellwände der Endodermis in radialer Richtung für hydrophile Stoffe undurchlässig macht (Abb. 76). Eine ähnliche Barriere kann auch in der Hypodermis (Zellschicht hinter der Exodermis) auftreten und bereits dort den apoplastischen Nährstofftransport einschränken. Ziel dieser apoplastischen Barrieren ist es, die Nährstoffaufnahme in den Symplasten zu erzwingen. Dies ermöglicht eine **Selektivität** in der Aufnahme und im Weitertransport der Nährstoffe, die auf die Eigenschaften des Plasmalemmas zurückzuführen ist (vgl. Kapitel 4.4). Der weitere Transport der Nährstoffe erfolgt zunächst symplastisch bis zu den Xylemparenchymzellen, wobei eine Abgabe in den Apoplasten jederzeit möglich ist.

## 5.2 Xylemtransport

Der Xylemtransport beginnt mit der Abscheidung von Nährstoffen aus den Xylemparenchymzellen (Abb. 77). Da dieser Prozess die Überwindung des Plasmalemmas erfordert, ergibt sich hier erneut die Möglichkeit der Selektivität. Die Nährstoffabgabe von den Xylemparenchymzellen wird durch die Aktivität von $H^+$-ATPasen energetisch angetrieben. Ähnlich wie in Exodermis-, Cortex- und Endodermiszellen können diese Ionenpumpen unter hydrolytischer Spaltung von ATP aktiv Protonen in den Apoplasten abscheiden und am Plasmalemma der Xylemparenchmzellen einen elektrochemischen Protonengradienten aufbauen (Abb. 78). Das Membranpotential ermöglicht die passive Abgabe von Anionen über Kanäle. Da $Ca^{2+}$ auch hier über $Ca^{2+}$-ATPasen in den Apoplasten abgeschieden wird, ist zumindest ein teilweiser symplastischer $Ca^{2+}$-Transport von der Exodermis bis zum Xylem denk-

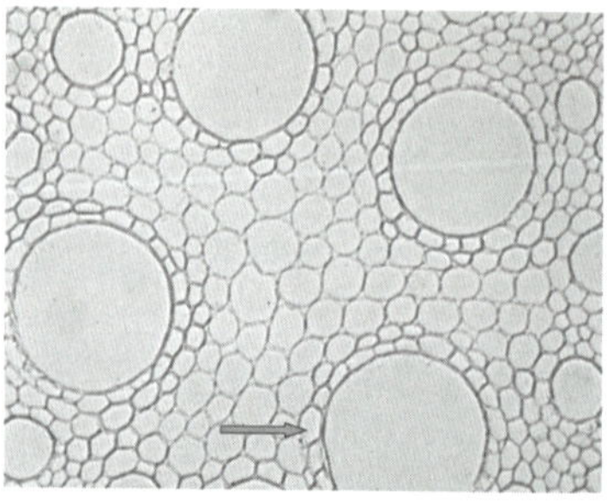

**Abb. 77:** Mikroskopische Aufnahme des Querschnitts durch eine Maiswurzel. Xylemparenchymzellen (Pfeil) scheiden Nährstoffe in die Xylemgefäße ab (Photo: Fortmeier).

bar. Als problematisch wird die sehr geringe $Ca^{2+}$-Aktivität im Cytososl für diesen Transport angesehen. Daher wird alternativ ein apoplastischer Transport über die Wurzelspitzen (Casparyscher Streifen fehlt) und an den Austrittstellen der Seitenwurzeln (Casparyscher Streifen wird unterbrochen) diskutiert. Eine aktive Abgabe von Kationen in das Xylem über $H^+$-Antiporter ist wahrscheinlich, aber mit Ausnahme von $Ca^{2+}$ nicht experimentell belegt. Dagegen gibt es experimentelle Beweise, dass auch $K^+$ über Ionenkanäle passiv in das Xylem abgeschieden wird.

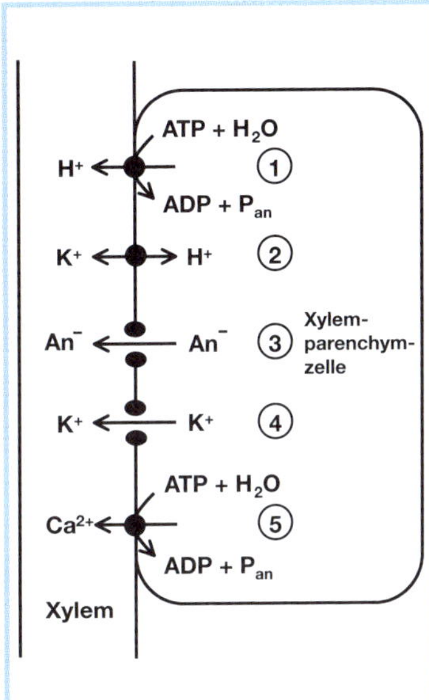


**Abb. 78:** Modell der Nährstoffabgabe von Xylemparenchymzellen in Xylemgefäße. 1. $H^+$-ATPase, 2. Kationen-Protonen-Antiporter, 3. Anionenkanal, 4. Kaliumkanal, 5. $Ca^{2+}$-ATPase.

Der weitere Transport im Xylem erfolgt über **Massenfluss**. Wenngleich Diffusionvorgänge nicht auszuschließen sind, ergeben sich mit dem Massenfluss größere Transportraten. Zwei unterschiedliche Antriebskräfte sind für den Xylemtransport verantwortlich:

- Transpiration
- Wurzeldruck

Durch die **Transpiration** entsteht ein Sog, der aufgrund von Kohäsionskräften (Def. 5.3) zwischen den Wassermolekülen dazu führt, dass Wasser aus den Nachbargeweben nachgezogen wird. Der auf diese Weise angetriebene Massenfluss transportiert Nährstoffe durch das Xylem in Richtung der transpirierenden Organe (Abb. 79). Blätter mit hoher Transpirationsrate werden naturgemäß stärker mit Nährstoffen über diesen Weg versorgt als Meristeme oder Früchte, deren Transpiration z.T. durch eine dicke Cuticula gehemmt wird.

**Definition 5.3:**
**Unter Kohäsion versteht man die Wasserstoffbrückenbindungen zwischen den O- und H-Atomen der Wassermoleküle aufgrund ihres Dipolcharakters.**

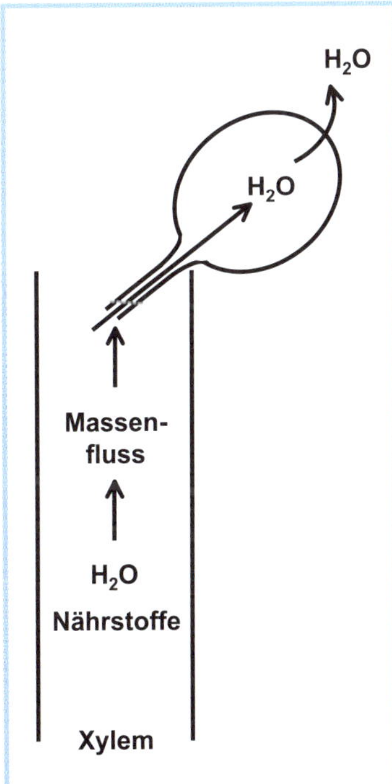


**Abb. 79:** Nährstofftransport im Xylem: Massenfluss, angetrieben durch Transpiration.

Die zweite Möglichkeit, den Massenfluss im Xylem anzutreiben, besteht im Aufbau eines **Wurzeldrucks**. Die Abscheidung von Ionen in die Xylemelemente führt dazu, dass os-

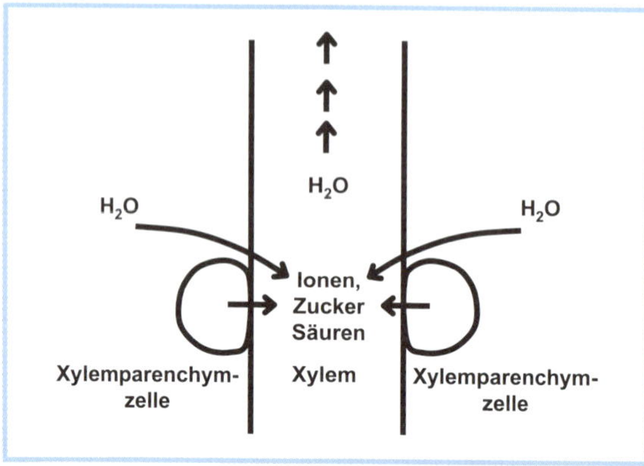


**Abb. 80:**
Nährstofftransport im Xylem: Massenfluss, angetrieben durch Wurzeldruck.

motisch wirksame Substanzen angereichert werden, die Wasser in das Xylem anziehen. Dies führt zum Aufbau eines hydrostatischen Drucks, der zunächst nach allen Seiten gleichmäßig wirkt. Da die Xylemelemente an den Seiten aus steifen Zellwänden bestehen, kann der Wasserdruck nur nach oben oder unten entweichen. Die Wurzelspitze besitzt eine geringe hydraulische Leitfähigkeit, so dass das Wasser in den Spross gedrückt wird (Abb. 80). Wurzeldruck äußert sich in Form von Guttationströpfchen, die an den Blatträndern über Hydathoden abgegeben werden (Abb. 81). Besonders bei hoher Wasserdampfsättigung der Atmosphäre, die die Transpiration hemmt, lässt sich die Guttation beobachten. Schneidet man den Spross einer Pflanze an der Basis ab, so lässt der Wurzeldruck Xylemexsudat austreten, das als Xylemsaft gesammelt und analysiert werden kann.

Tab. 5. 1 gibt einen Überblick über die Zusammensetzung des Xylemsaftes. Alle Pflanzennährstoffe sind anzutreffen, so dass prinzipiell bei ausreichender Transpiration die Versorgung der transpirierenden Organe gewährleistet ist. Einige Nährstoffe, wie z.B. N, P, K und Mg treten allerdings in so hohen Konzentrationen auf, dass es zur Toxizität in den importierenden Organen käme, würden diese Nährstoffe nicht wieder exportiert. Hierfür ist das Phloem unverzichtbar (s.u.). Ein weiterer wichtiger Grund, weshalb das Phoem zusätzliche Transportaufgaben übernehmen muss, ist die Tatsache, dass Xylemtransport in den Wurzeln fast ausschließlich basipetal und im Spross akropetal erfolgt (Def. 3.3).

**Abb. 81:**
Guttationströpfchen am Blatt einer Maispflanze (Photo: Schubert).

Ein akropetaler Transport in der Wurzel bzw. ein basipetaler Transport im Spross wäre daher fast nur von Zelle zu Zelle und damit sehr langsam möglich. Andererseits spielt der gerichtete Transport von Phytohormonen und wahrscheinlich Proteinen von der Wurzelspitze in die Blätter eine wichtige Rolle bei der Anpassung der Pflanze an verschiedene Stressbedingungen. Obwohl es nicht die Hauptaufgabe des Xylems ist, Assimilate zu verlagern, werden im Xylemsaft auch größere Konzentrationen an Zuckern und Aminosäuren gefunden, die in die Wurzel über das Phloem exportiert und teilweise in den Spross zurück transportiert werden.

| Ion | Konzentration (mM) |
|---|---|
| Nitrat | 16,5 |
| Phosphat | 2,6 |
| Chlorid | 1,6 |
| Sulfat | 0,4 |
| Malat | 0,01 |
| Citrat | 0,01 |
| Kalium | 15,8 |
| Calcium | 0,9 |
| Magnesium | 0,6 |
| Ammonium | 1,3 |

**Tab. 5.1: Zusammensetzung des Xylemsaftes von Maispflanzen (nach ENGELS und MARSCHNER 1993).**

## 5.3 Phloemtransport

Im Gegensatz zum Xylem besteht das Phloem aus lebenden Zellen. Es ist aus zwei Zelltypen aufgebaut:

- Siebröhren
- Geleitzellen

Beide Zelltypen gehen aus einer gemeinsamen Mutterzelle hervor und sind durch zahlreiche Plasmodesmen miteinander verbunden. Im Phloem sind viele Siebröhren miteinander über Siebplatten verbunden und bilden auf diese Weise ein langes, zusammenhängendes Leitgewebe (Abb. 82). Die Siebplatten enthalten Siebporen, die *in vivo* offen sind und einen Massenfluss von einer Siebzelle in die nächste erlauben. Kommt es zur Verletzung des Phloemelements, so werden die Siebporen in einer Wundreaktion mit Kallose verstopft, so dass es zu keinen größeren Verlusten an Phloemsaft kommt.

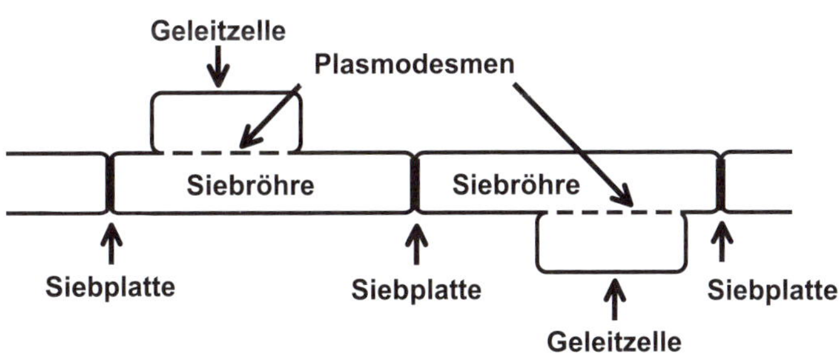


**Abb. 82:** Schematische Darstellung des Phloemaufbaus (nach HELDT 2003).

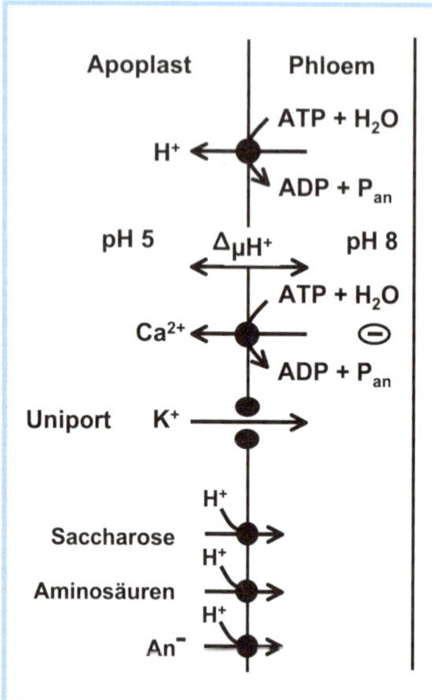


**Abb. 83:** Schematische Darstellung der Phloembeladung: Die $H^+$-ATPase baut einen elektrochemischen Protonengradienten auf. $K^+$ kann aufgrund des elektrischen Membranpotentials passiv angereichert werden. Saccharose, Aminosäuren und Anionen werden mittels $H^+$-Cotransport aktiv akkumuliert. Die $Ca^{2+}$-ATPase schließt $Ca^{2+}$ aktiv aus dem Phloemsaft aus.

Im Folgenden soll die **Beladung des Phloems** vereinfachend dargestellt werden, indem Siebröhren und Geleitzellen als Einheit betrachtet werden. Dies ist insofern gerechtfertigt, als beide Zelltypen durch zahlreiche Plasmodesmen verbunden sind. Wie alle pflanzlichen Zellen besitzen auch die Phloemzellen im Plasmalemma $H^+$-ATPasen, die den pH-Wert im Phloem auf > 8 anheben, während es im Apoplasten zu einer Ansäuerung kommt. Darüber hinaus wird ein elektrisches Membranpotential aufgebaut. $Ca^{2+}$-ATPasen senken die freie $Ca^{2+}$-Konzentration im Phloemsaft auf submikromolare Konzentrationen ab (Abb. 83).

Für $K^+$ gibt es spezifische Ionenkanäle, die eine hohe Transportrate über das Plasmalemma ermöglichen. Aufgrund des Membranpotentials wird $K^+$ passiv in die Phloemzellen aufgenommen. Auch andere Kationen, wie z.B. $Mg^{2+}$, werden passiv über Kanäle aufgenommen, während Anionen, Aminosäuren und Saccharose im Co-Transport mit Protonen aktiv im Phloemsaft angereichert werden. Diese osmotisch wirkenden Substanzen ziehen ihrerseits Wasser an, das einen hydrostatischen Druck aufbaut. Da die Phloemelemente von Zellwänden umgeben sind, die dem Druck kaum nachgeben, wird der Phloemsaft in akropetale und basipetale Richtung gedrückt. Auf diese Weise kommt ein Massenfluss vom **Source** zum **Sink** zustande, mit dem Nährstoffe und Assimilate (einschließlich Phytohormone) verlagert werden (Def. 5.4, Abb. 84). Die Richtung dieses Transports hängt von der Sinkaktivität und damit von dem Ort der Entladung des Phloems ab. Aus diesem Grund kann es sowohl im Spross als auch in der Wurzel einen akropetalen und basipetalen Transport von Nährstoffen im Phloem geben. Die apoplastische Entladung von Nährstoffen aus dem Phloem im Sinkgewebe erfolgt durch Ausbildung spezieller Transporter und

**Definition 5.4: Unter Source (Quelle) versteht man den Ursprungsort von Nährstoffen bzw. Assimilaten. Sink ist der Zielort der Nährstoffe bzw. Assimilate.**

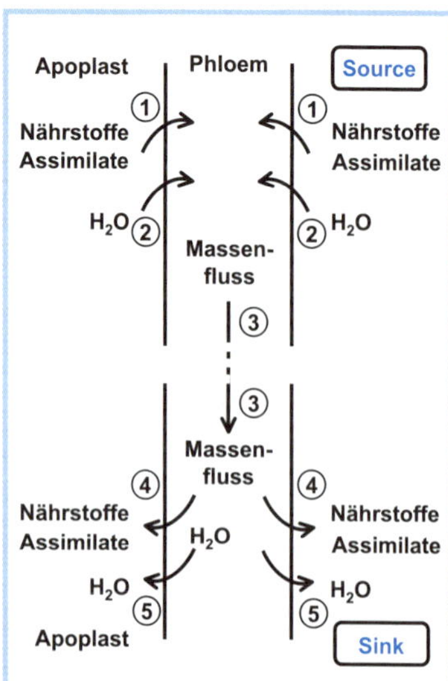


**Abb. 84:** Modell des Phloemtransports vom Source zum Sink. Der Phloemtransport ist ein Massenfluss.

ist vergleichbar mit der Abgabe von Nährstoffen durch Xylemparenchymzellen (vgl. Kapitel 5.2). Daneben gibt es auch Fälle symplastischer Phloementladung.

| Verbindung / Ion | Konzentration (mM) |
|---|---|
| Saccharose | 300 |
| Aminosäuren | 35 |
| Ketosäuren | 20 |
| Phosphat | 3 |
| Sulfat | 0,4 |
| Chlorid | 15 |
| Bicarbonat | 2 |
| Kalium | 100 |
| Natrium | 10 |
| Calcium | 2 |
| Magnesium | 5 |
| Ammonium | 2 |
| ATP | 0,5 |
| Nitrat | 0 |
| Reduzierende Zucker | 0 |

Tab. 5.2: **Zusammensetzung des Phloemsaftes von *Ricinus communis* (nach HALL und BAKER 1992, zit. in MENGEL und KIRKBY 2001).**

Tab. 5.2 fasst die wichtigsten Inhaltsstoffe des Phloemsaftes zusammen. Er ist gekennzeichnet durch sehr hohe Konzentrationen an K, Saccharose und Aminosäuren. Darüber hinaus finden sich sehr niedrige Konzentrationen an Ca, B, und Fe, so dass die Verlagerung dieser Nährstoffe im Phloem meistens nicht ausreicht, um ein Gewebe ausreichend zu ernähren. In Kapitel 3 wurde angesprochen, dass es aufgrund der schlechten Verlagerbarkeit dieser Nährstoffe im Phloem zu physiologischen Mangelkrankheiten wie Stippigkeit, Fruchtendfäule, und Spitzendürre (Ca-Mangel), Herz-und Trockenfäule (B-Mangel) sowie Chlorosen (Fe-Mangel) kommen kann. Für die Ausreifung von Kartoffelknollen oder Erdnussfrüchten in einer Nährlösungskultur bedeutet dies, dass diese Organe von außen mit Ca versorgt werden müssen, um eine ausreichende Ca-Versorgung sicherzustellen. Auch junge, wachsende Wurzelspitzen sind auf eine ständige Versorgung mit Ca und B angewiesen, da sie diese Nährstoffe nicht akropetal in der Wurzel transportieren können.

## 5.4 Regulation der Nährstoffaufnahme

Es wurde wiederholt angesprochen, dass Wurzelzellen Nährstoffe selektiv aufnehmen können. Dies ist auf die Aktivität der verschiedenen Transportproteine zurückzuführen. Wird ein Nährstoff im Cytosol einer Zelle angereichert, so können die für die Aufnahme zuständigen Transportsysteme gedrosselt werden. Ähnlich wie die Enzymaktivität durch das entstandene Produkt direkt (Produkt-Hemmung) oder indirekt (Feedback-Hemmung) reduziert werden kann, können auch Transportproteine bei Akkumulation des transportierten Nährstoffs von diesem gehemmt werden. Eine indirekte und verzögerte Wirkung tritt auf, wenn die **Expression von Genen**, die für spezifische Transporter codieren, reduziert wird. Umgekehrt bilden Pflanzenzellen, die längere Zeit unter Nährstoffentzug leiden, verstärkt Transporter im Plasmalemma aus. Setzt man solche auf $CaSO_4$-Lösung kultivierten Pflanzen plötzlich einer hoch konzentrierten Nährlösung aus, kann es zu einer unkontrollierten Nährstoffakkumulation in den Zellen und Ionentoxizität kommen. Daher werden Pflanzen nach Keimung und Anzucht in $CaSO_4$-Lösung zunächst allmählich an höher konzentrierte Nährlösungen adaptiert.

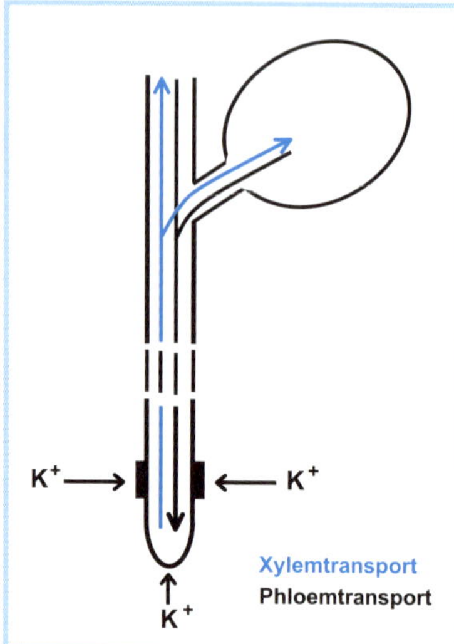


**Abb. 85:**
Modell der Regulation der Kaliumaufnahme durch die Wurzel über die im Phloem zurück verlagerten Kaliumionen.

Komplizierter ist die Ausrichtung der Nährstoffaufnahme nach dem Bedarf des Sprosses. Hier geht man heute davon aus, dass der Nährstoffbedarf des Sprosses von den über das Phloem in die Wurzel zurück transportierten Nährstoffmengen signalisiert wird. Dies soll am Beispiel von K näher erläutert werden (Abb. 85).

Kalium wird über die Zellen der Wurzeloberfläche aufgenommen, symplastisch bis zu den Xylemparenchymzellen im Zentralzylinder transportiert und dort in das Xylem abgeschieden (vgl. Kapitel 5.1). Angetrieben durch Transpiration oder Wurzeldruck gelangt es in die Blätter (vgl. Kapitel 5.2). Dort kann es entweder zum Streckungswachstum von Blattzellen beitragen oder in das Phloem geladen werden (Kapitel 5.3). Über das Phloem wird es dann in apikale Meristeme des Sprosses transportiert und trägt dort zum meristematischen Wachstum bei. Wenn zuviel K in den Spross gelangt, wird es über das Phloem wieder in die Wurzel verlagert, wo es im Zentralzylinder in den Apoplasten entladen wird. Die dadurch entstandene hohe K-Konzentration führt dazu, dass kein K aus den Xylemparenchymzellen entladen werden kann. Dadurch steigt die symplastische K-Konzentration in den Wurzelzellen an und hemmt die weitere K-Aufnahme. Da für diese Regulation eine Rückverlagerung über das Phloem Voraussetzung ist, kann die Aufnahme von den im Phloem schlecht verlagerbaren Nährstoffen wie Ca, B und Fe nicht kontrolliert werden. Dies kann unter bestimmten Bedingungen zur Toxizität dieser Nährstoffe im Spross führen.

## Weiterführende Literatur:

Heldt, H. W.: Pflanzenbiochemie. 3. Auflage, Spektrum Akademischer Verlag, Heidelberg (2003)

**Fragen:**

- Beschreiben Sie den Transport eines Nährstoffs von der Wurzeloberfläche in das Xylem!
- Welche Funktion hat der Casparysche Streifen?
- Welches sind die treibenden Kräfte für den Xylem- und Phloemtransport?
- Wie werden Xylem und Phloem mit Nährstoffen beladen?
- Wie werden Nährstoffe im Xylem und Phloem transportiert?
- Worin bestehen die Unterschiede zwischen Xylem- und Phloemtransport?
- Welche Nährstoffe werden nur begrenzt über das Phloem verlagert?
- Wie entsteht Guttation?
- Wie kann die Nährstoffaufnahme der Wurzel dem Bedarf des Sprosses angepasst werden?

# 6 Pflanzenwachstum, Ertrag und Qualität

**Inhalt Kapitel 6**



## 6.1 Ertrag und Qualität

**Definition 6.1: Ein Katalysator beschleunigt eine chemische Reaktion, indem er die Aktivierungsenergie herabsetzt. Er wird bei der Reaktion nicht verbraucht.**

Pflanzennährstoffe dienen als **Bausteine** im pflanzlichen Stoffwechsel. Daher überrascht es nicht, dass die Verfügbarkeit von diesen Nährstoffen die Ertragsleistung von Pflanzenbeständen bestimmt. Besonders trifft dies für die beiden Nährstoffe C und N zu, die sich Pflanzen aus einer geringen Konzentration der Umwelt aneignen und assimilieren müssen (vgl. Kapitel 3 und 4). In vielen Fällen limitieren C und N daher das Pflanzenwachstum. Aber auch Pflanzennährstoffe, die eher **katalytische Funktionen** (Def. 6.1) haben, können in geringer Konzentration die Ertragsbildung entscheidend beeinflussen. Die **Qualität** der Ernteprodukte kann durch die Düngung sowohl positiv als auch negativ beeinflusst werden. Eine Verallgemeinerung ist nicht möglich, zumal die Qualitätsanforderungen vom Verwendungszweck abhängen und daher variabel sind. Einige Pflanzennährstoffe sind auch essentielle und limitierende Elemente in der Ernährung von Mensch und Tier. Die Konzentrationen an solchen Elementen haben daher für die **Nahrungs- und Futtermittelqualität** eine unmittelbare Bedeutung.

## 6.2 Wachstums- und Ertragsgesetze

**Definition 6.2: Minimumgesetz: Der Wachstumsfaktor im Minimum (z.B. ein Pflanzennährstoff) limitiert den pflanzlichen Ertrag.**

Das **Gesetz vom Minimum** wurde erstmals 1828 von SPRENGEL formuliert (Def. 6.2). Mit zunehmender Düngung eines limitierenden Nährstoffs steigt das Pflanzenwachstum bzw. der Ertrag an. Nach LIEBIGS Vorstellungen sollte dieser Anstieg linear verlaufen, bis dieser Nährstoff in ausreichender Menge vorlag (Abb. 86). Mit dem Ende der Limitierung sollte das Wachstum (bzw. der Ertrag) konstant bleiben. Der Übergang von der Limitierung in den nicht limitierenden Bereich war danach durch ein Abknicken der

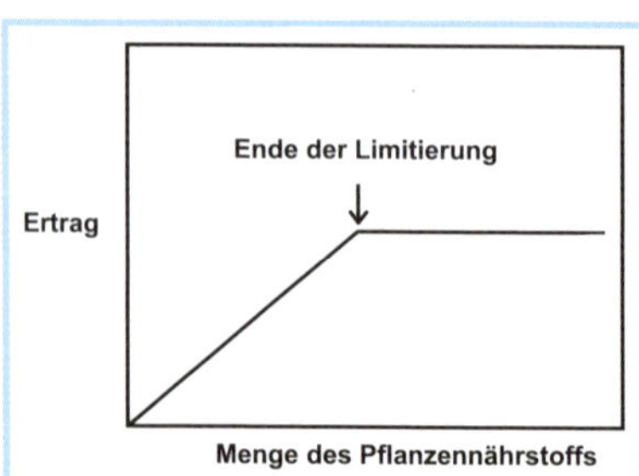


**Abb. 86:** Einfluss der Düngung eines limitierenden Pflanzenährstoffs auf das Pflanzenwachstum bzw. den Ertrag (nach LIEBIG).

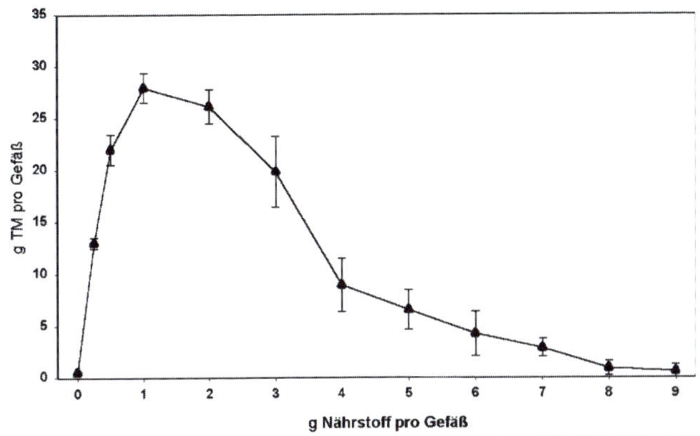


**Abb. 87:** Einfluss der N-Düngung auf das Wachstum von Deutschem Weidelgras in kleinen Mitscherlichgefäßen (SCHUBERT unveröffentlicht).

Ertragsgeraden gekennzeichnet. Die praktischen Erfahrungen in Gefäß- und Feldversuchen ließen in der Folgezeit allerdings zwei Diskrepanzen sichtbar werden, die mit dem ursprünglichen Konzept nicht übereinstimmten.

**Definition 6.3: Optimumgesetz: Mit Zunahme eines limitierenden Wachstumsfaktors tritt zunächst eine Ertragserhöhung ein, die aber nach Überschreiten eines Optimums in eine Ertragsminderung übergeht.**

Wurde die Düngung weiter erhöht, so blieb das Wachstum nicht auf einem einmal erreichten Plateau, sondern fiel wieder ab (Abb. 87). Diese Ergebnisse veranlassten WOLLNY (1897) zur Formulierung des **Optimumgesetzes** (Def. 6.3). Diese in vielen Versuchen für verschiedenste Wachstumsfaktoren (nicht nur Nährstoffe) gefundene Beziehung zeigt, dass prinzipiell jeder Wachstumsfaktor bei Überangebot auch als **Stressfaktor** wirken kann. So beeinträchtigt eine unzureichende Wasserversorgung der Pflanze durch Dürrestress das Wachstum. Aber auch eine übermäßige Wasserzufuhr kann das Wachstum durch Staunässe hemmen. Solche Schädigungen sind auf verschiedene Ursachen wie Sauerstoffmangel der Wurzeln, Ionentoxizität und Nährstoffmangel zurückzuführen. Jeder Stressfaktor lässt sich daher in Unterfaktoren aufteilen. Je nachdem wie stark man diese Untergliederung vornimmt, resultiert eine große Anzahl von Stressfakoren. Geht man von den primären Faktoren aus, so sind etwa 30 verschiedene abiotische Stressfaktoren zu unterscheiden.

**Definition 6.4: Gesetz vom abnehmendem Ertragszuwachs (Mitscherlichsches Ertragsgesetz): Bis zum Optimum steigert die Zunahme eines limitierenden Wachstumsfaktors den Ertrag nicht linear, sondern in Form einer Sättigungskurve.**

Die zweite Diskrepanz, die sich in den verschiedensten Versuchen zeigte, war, dass das Wachstum (bzw. der Ertrag) nicht linear mit zunehmender Düngermenge zunahm, sondern in Form einer Sättigungskurve (Abb. 88). Aus diesem Befund leitete MITSCHERLICH (1909) sein **Gesetz vom abnehmenden Ertragszuwachs** ab (Def. 6.4). Der logarithmische Kurvenverlauf wird damit begründet, dass es zu Wechselwirkungen zwischen einzelnen Wachstumsfaktoren kommt und dass sich manche Wachstumsfaktoren in bestimmten physiologischen Grenzen gegenseitig substituieren können. So kann Na selbst in Glycophyten unspezifische Aufgaben von K im Wasserhaushalt übernehmen. Der Wirkungswert c unterscheidet sich für die einzelnen Nährstoffe, hängt aber auch von den Umweltbedingungen ab. Generell ist er für die Mikronährstoffe höher als für die Makronährstoffe. Das bedeutet beispielsweise, dass die Wirkung des Nährstoffs Cu, bezogen auf seinen mengenmäßigen Einsatz, etwa 100-fach größer ist als diejenige von N.

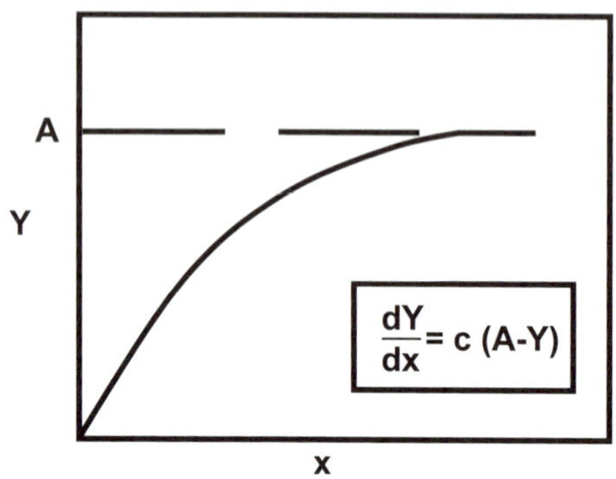


**Abb. 88:**
Graphische Darstellung des Gesetzes vom abnehmenden Ertragszuwachs (Mitscherlich 1909).
Y = Ertrag, x = Menge des Wachstumsfaktors, A = Höchstertrag, c = Wirkungswert.

Unter natürlichen Bedingungen limitiert selten nur ein Wachstumsfaktor den Ertrag. Die quantitative Abhängigkeit des Pflanzenertrags von zwei Pflanzennährstoffen (N und P) ist in Abb. 89 dargestellt. Sie lässt sich in Form eines Ertragsgebirges noch gut visualisieren. Schwieriger ist bereits die Darstellung der quantitativen Wirkung von drei limitierenden Wachstumsfaktoren. Eine schichtweise Darstellung des Ertragsgebirges mit unterschiedlichem Niveau der Wasserversorgung ließe sich noch dreidimensional darstellen. Weitere Dimensionen sind jenseits des menschlichen Vorstellungsvermögens, lassen sich aber in Computermodellen simulieren. Damit ist zwar eine quantitative Auswertung noch möglich, eine kausale Beziehung zwischen der Düngung der einzelnen Nährstoffe und dem Ertrag lässt sich jedoch aufgrund der komplexen Wechselwirkungen bei der Variation von mehr als drei Wachstumsfaktoren allgemein nicht mehr nachweisen.

## 6.3 Ernährungsphysiologische Qualität

Eine optimale Versorgung der Kulturpflanzen mit Nährstoffen ist nicht nur für das Wachstum und die Ertragsbildung im Sinne des Mitscherlichschen Ertragsgesetztes (Def. 6.4) wichtig, sondern auch für die bedarfsgerechte Zufuhr von Nährstoffen in **Nahrungs- und Futtermitteln**. Die Versorgung von Mensch und Tier ist auf die optimale Versorgung mit Mineralstoffen in pflanzlichen Produkten angewiesen. Teilweise, wie im Fall von Iod oder Selen, handelt es sich um Spurenelemente, die für Pflanzen nicht essentiell sind. Die Sicherstellung der Mikronährstoffversorgung von Pflanze, Tier und Mensch kann verbessert werden, wenn Düngemittel eingesetzt werden, die Nebenbestandteile enthalten (vgl. Kapitel 22). So wurde **Chilesalpeter** früher gerne zu Zucker- und Futterrüben eingesetzt, weil auch der größere Bedarf der Rüben an B hiermit sichergestellt werden konnte. Da Chilesalpeter auch Jod enthält, konnten damit auch die Jodkonzentrationen in Nahrungspflanzen gesteigert werden.

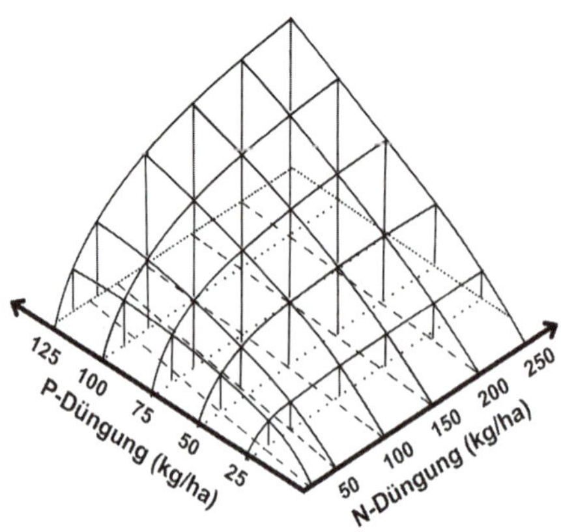


**Abb. 89:**
Darstellung der quantitativen Wirkung von zwei Pflanzennährstoffen (N und P) auf den Getreideertrag (nach Mengel 1991).

| Produkt | Nitratkonzentration |
|---|---|
| Diät- und Babynahrung | 250* |
| Kopf- und Eissalat | 3000 |
| Spinat | 2000 |
| Rote Rüben | 3000 |
| Radieschen und Rettich | 3000 |
| Feldsalat | 2500 |

**Tab. 6.1:** **Deutsche Richt- und Grenzwerte* für die Nitratkonzentration in Gemüse (mg $NO_3$/kg Frischmasse).**

Auf **Grünland** ist es vorteilhaft, keine reinen Kalidüngemittel einzusetzen, sondern solche wie Kainit, die auch Natrium und Magnesium in größeren Anteilen enthalten. Neben dem günstigeren Preis spricht hierfür die Versorgung der Wiederkäuer mit diesen Elementen. Der Einsatz Mg-haltiger Düngemittel kann helfen, der **Weidetetanie** vorzubeugen. Sowohl in der Tierernährung, besonders aber in der Humanernährung, wird die übermäßige Zufuhr von **Nitrat** über Futter- und Nahrungsmittel kritisch gesehen. Aus diesem Grund wurden für Baby- und Diätnahrung strenge Richt- und Grenzwerte erlassen (Tab. 6.1). Manche Pflanzenarten, wie z.B. Spinat und einige Salatarten, reichern das Nitration bevorzugt in den Vakuolen an; deswegen ist bei der Herstellung von Babynahrung eine besondere Düngestrategie zu befolgen. Hierzu zählt beispielsweise eine $Cl^-$-betonte Düngung, da $NO_3^-$ und $Cl^-$ einen ausgeprägten Antagonismus zeigen (Def. 6.5). Auch der Einsatz von stabilisierten Ammoniumdüngern (ENTEC, s.u.), gehört dazu. Die Ernte von Produkten für die Baby- und Diätnahrung sollte vorzugsweise nach guter Belichtung, also abends erfolgen, da dann die Verstoffwechselung von Nitrat und Nitrit vorangeschritten ist.

**Definition 6.5:** **Ionenantagonismus:** Verdrängung eines Ions durch ein anderes beim Transport durch eine Membran. Ionenantagonismus tritt besonders zwischen ähnlichen Ionen auf, die um gemeinsame Transporter konkurrieren (z.B. $Cl^-/NO_3^-$ oder $K^+/Na^+$). **Ionensynergismus:** Förderung des Transports eines Ions durch ein anderes aufgrund des elektrostatischen Ausgleichs (Kationen und Anionen fördern sich gegenseitig im Transport).

Ursache für die Toxizität ist nicht das Nitrat ($NO_3^-$) selbst, sondern das Nitrit ($NO_2^-$), das durch die Aktivität der Nitratreduktase der Pflanze (Abb. 19) oder der Bakterien aus Nitrat entsteht. Dieses $NO_2^-$ kann als Anion einer schwachen Säure zu salpetriger Säure protoniert werden und dissoziiert dann in das Nitrosyl-Kation und Hydroxyl-Anion (Abb. 90). Das Nitrosyl-Kation kann den roten Blutfarbstoff, das Hämoglobin, oxidieren, so dass dieses keinen Sauerstoff mehr anlagern und im Blut transportieren kann. Säuglinge, die das Hämoglobin nicht wieder reduzieren können, leiden unter Sauerstoffmangel, der im Extremfall zum Tod führen kann. Da der Sauerstoffmangel zu einer Blaufärbung der Patienten führt, wird diese Erkrankung als **Blausucht** (Methämoglobinämie) bezeichnet.

Besondere Bedeutung für die menschliche Ernährung hat die Versorgung mit Proteinen. Obwohl Leguminosen in erster Linie für die Erzeugung von

$$NO_2^- + H^+ \rightarrow HNO_2 \rightarrow NO^+ + OH^-$$

$$\text{Häm-Fe}^{II} + NO^+ \rightarrow \text{Häm-Fe}^{III} + NO$$

**Abb. 90:** Nach Protonierung von Nitrit zu Salpetriger Säure entstehen das Nitrosyl-Kation und das Hydroxyl-Anion. Oxidation von Hämoglobin durch Nitrosyl unterbindet den $O_2$-Transport im Blut.

| N-Düngung | Rohprotein (%) |
|---|---|
| $N_1$ | 7,5 |
| $N_2$ | 12,3 |
| $N_3$ | 23,1 |

**Tab. 6.2:**
**Einfluss einer N-Spätdüngung auf die Rohproteinkonzentration im Korn von Futtergerste (RHODES und JENKINS 1975).**

Proteinen angebaut werden, ist die jährliche Proteinproduktion über Leguminosen mit ca. 100 Millionen Tonnen Protein nur etwa halb so groß wie die Proteinproduktion über Getreide. Mit den acht wichtigsten Getreidearten (Weizen > Mais > Reis > Gerste > Sorghum > Hafer > Millet-Hirsen > Roggen) werden jährlich etwa 200 Millionen Tonnen Protein erzeugt. Eine ausreichende Stickstoffernährung ist notwendig, um hohe Proteinkonzentrationen im Getreidekorn zu erzielen. Aus diesem Grund wird zur Erzeugung von Futtergetreide zum Ährenschieben eine **N-Spätdüngung** durchgeführt (Tab. 6.2). Durch die N-Spätdüngung lässt sich die **Rohproteinkonzentration** im Getreidekorn steigern (Def. 6.6). Die rechnerisch aus der N-Konzentration ermittelte erhöhte Rohproteinkonzentration bedeutet nicht zwangsläufig, dass die Proteinkonzentration zunimmt, da auf diese Weise beispielsweise auch freie, nicht in Proteine eingebaute Aminosäuren erfasst werden. Da diese aber auch vom menschlichen oder tierischen Organismus verwertet werden können, ist die Vorgehensweise gerechtfertigt.

**Definition 6.6:**
Unter Rohprotein versteht man ein rechnerisch ermitteltes Maß für das Protein. Es handelt sich dabei um das Produkt aus N-Konzentration und einem Faktor (meist 6,25, je nach durchschnittlichem Anteil des N am Protein).

Allerdings ist zu berücksichtigen, dass durch die N-Spätdüngung nicht nur die Rohproteinkonzentration ansteigt, sondern dass sich auch die Zusammensetzung des Proteins ändert. Dies ist insofern von Bedeutung, als nicht alle Aminosäuren vom menschlichen Organismus oder vom Schwein synthetisiert werden können. Solche Aminosäuren werden als **essentielle Aminosäuren** bezeichnet (Tab. 6.3). Nicht alle essentiellen Aminosäuren sind für die Zusammensetzung der Nahrung oder Futtermittelration gleichermaßen wichtig, da sie in unterschiedlicher Konzentration in den verschiedenen Nahrungs- und Futtermitteln vorkommen. Während Lysin die **biologische Wertigkeit** des Getreideproteins limitiert, limitiert Tryptophan die biologische Wertigkeit des Maisproteins und Methionin diejenige des Sojaproteins (Def. 6.7). Durch gezielte Zusammenstellung der Nahrung mit unterschiedlichen Proteinträgern **(Aufmischeffekt)** lässt sich eine vollwertige Versorgung mit allen essentiellen Aminosäuren sicherstellen (Def. 6.8).

**Definition 6.7:**
Die biologische Wertigkeit gibt den Anteil des absorbierten Stickstoffs an, der im Körper für den N-Erhaltungsstoffwechsel und für die Neusynthese N-haltiger Körperbestandteile Verwendung findet.

**Definition 6.8:**
Ein Aufmischeffekt wird erzielt, wenn Nahrungs- bzw. Futtermittel mit unterschiedlich limitierenden Aminosäuren kombiniert werden, so dass sich die essentiellen Aminosäuren gegenseitig ergänzen.

**Tab. 6.3:**
**Für den Menschen essentielle Aminosäuren.**

| Essentielle Aminosäuren | Limitiert die biologische Wertigkeit von: |
|---|---|
| Lysin | Getreideprotein |
| Tryptophan | Maisprotein |
| Methionin | Sojaprotein |
| Leucin | – |
| Isoleucin | – |
| Threonin | – |
| Valin | – |
| Phenylalanin | – |

So besteht die traditionelle Hauptnahrung süd- und mittelamerikanischer Völker aus einer Kombination von Mais und Bohnen. Dabei wird die in Mais limitierende Aminosäure Tryptophan durch Bohnen geliefert und die in Bohnen limitierende Aminosäure Methionin durch den Mais. In der Schweinemast wird die in Getreide limitierende Aminosäure Lysin durch Sojaextraktionsschrot ausgeglichen, während das im Sojaprotein limitierende Methionin im Getreideprotein vorhanden ist.

Albumine (Extraktion mit Wasser)

Globuline (Extraktion mit 0,5 M NaCl)

Prolamine (Extraktion mit 50% Alkohol)

Gluteline (Extraktion mit 0,1 M KOH)

**Abb. 91:** Klassifizierung der Getreideproteine (nach OSBORNE 1924).

Während mit der N-Spätdüngung die Rohproteinkonzentration gesteigert wird, muss mit einer Verschlechterung der ernährungsphysiologischen Qualität des Getreideproteins gerechnet werden. Grund ist eine unterschiedliche Zusammensetzung verschiedener Getreideproteine und eine Verschiebung ihrer Anteile mit der N-Spätdüngung. Traditionell werden Getreideproteine mit der klassischen Extraktionsmethode nach OSBORNE (1924) extrahiert. Obwohl es sich um eine alte Methode handelt, wird sie (z.T. mit kleinen Modifikationen) auch heute noch angewandt (Abb. 91). Prinzip der Methode ist eine schrittweise Extraktion der verschiedenen Proteine nach ihrer Löslichkeit in Wasser (**Albumine**), 0,5 M NaCl (**Globuline**), 50% Alkohol (**Prolamine**), und 0,1 M KOH (**Gluteline**).

Diese Proteinfraktionen sind im Getreidekorn unterschiedlich verteilt (Abb. 92). Während im **Embryo** und in der **Aleuronschicht** Albumine und Globuline auftreten, herrschen im **Endosperm** Prolamine und Gluteline vor. Da mit der N-Spätdüngung die Ausbildung des Endosperms wesentlich stärker gefördert wird als diejenige von Embryo oder Aleuronschicht, ist zwar eine absolute Zunahme aller Proteinfraktionen und damit des Gehalts im Getreidekorn festzustellen, der relativen Zunahme von Prolaminen steht aber eine relative Abnahme und damit eine Abnahme der Konzentrationen der Albumine und Globuline gegenüber (Tab. 6.4). Da die Enzymproteine, die durch Albumine und Globuline repräsentiert werden, lysinreicher sind als die Speicherproteine (Prolamine und Gluteline), nimmt zwar die Lysinkonzentration bezogen auf die Korntrockenmasse zu, bezogen auf das Kornprotein jedoch ab (Tab. 6.5). Rohproteinertrag und Rohproteinkonzentration des Getreidekorns werden durch die N-Spätdüngung daher

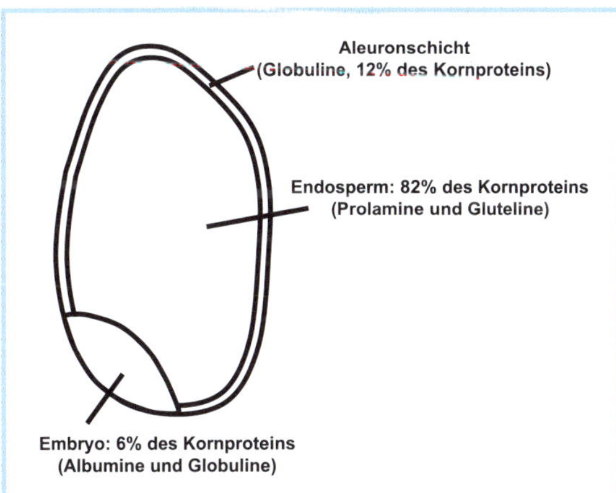


**Abb. 92:** Verteilung unterschiedlicher Proteinfraktionen im Getreidekorn.

**Tab. 6.4: Einfluss der N-Spätdüngung auf die prozentualen Anteile der Proteinfraktionen im Korn von Sommergerste (Jahn-Deesbach und Schipper 1974)**

| N-Düngung | Albumine | Globuline | Prolamine | Gluteline |
|---|---|---|---|---|
| Ohne N-Spätdüngung | 21,4 | 12,3 | 25,8 | 40,3 |
| Mit N-Spätdüngung | 17,7 | 10,8 | 31,2 | 40,3 |

verbessert, die ernährungsphysiologische Qualität aber verschlechtert. Der Beachtung einer ausreichenden Lysinversorgung kommt unter diesen Bedingungen eine besondere Bedeutung zu.

| N-Düngung | Rohproteinkonzentration (% Korn-TM) | Lysinkonzentration (% Korn-TM) | Lysinkonzentration (% Protein) |
|---|---|---|---|
| Ohne N-Spätdüngung | 10,0 | 0,38 | 3,80 |
| Mit N-Spätdüngung | 15,0 | 0,51 | 3,40 |

**Tab. 6.5: Einfluss der N-Spätdüngung auf die Rohproteinkonzentration und die Lysinkonzentration im Korn von Sommergerste (Jahn-Deesbach und Schipper 1974)**

## 6.4 Backqualität von Weizen

Die N-Spätdüngung zu Weizen wird nicht nur durchgeführt, um den Proteinertrag zu erhöhen, sondern auch, um die Backqualität zu verbessern. Für die Backqualität spielen bestimmte Proteine eine Rolle, die die Elastizität und Viskosität des Teiges verbessern. Allerdings lässt sich mit einer N-Spätdüngung nicht in jedem Fall die Backqualität verbessern. Der Grund hierfür ist, dass nur Proteine, die über die Oxidation von Sulfhydrilgruppen Vernetzungen bilden, zur Elastizität des Teiges beitragen. Zur quantitativen Erfassung dieser Proteine wurde das klassische Extraktionsverfahren nach Osborne modifiziert (Abb. 93).

Extraktion mit Alkohol

→ Prolamine I

Hordein (Gerste), Gliadin (Weizen), Zein (Mais), Secalin (Roggen), Avenin (Hafer)

Extraktion mit Alkohol + Reduktionsmittel

→ Prolamine II

$$\text{R-S-S-R} \xrightarrow{2\,H^+ + 2\,e^-} \text{R-SH} + \text{R-SH}$$

Weizen: Glutenin

Andere: Zein II, etc.

**Abb. 93:** Klassifizierung der Prolamine (nach Shewry und Miflin 1985).

Dabei extrahiert man zunächst die Prolamine mit 50% Alkohol und definiert diese Fraktion als Prolamine I. Ausgehend von den Gattungsnamen der Getreidearten spricht man auch von Secalin I, Zein I, Avenin I usw. Wegen der besonderen Bedeutung des Weizens wurde zur Bezeichnung der Prolamin I-Fraktion dieser Getreideart der Begriff **Gliadin** eingeführt. In einem zweiten Schritt wird unter Zugabe eines Reduktionsmittels erneut mit Alkohol extrahiert. Dabei werden Schwefelbrücken, die dazu führen, dass diese Proteine nicht in Alkohol löslich sind, zerstört. Dadurch wird ein Teil der Proteine, die ursprünglich der Glutelinfraktion zugeordnet wurden, in der Prolamin II-Fraktion (Secalin II, Zein II, Avenin II usw.) erfasst. Auch hier wurde für Weizen zur Bezeichnung der Prolamin II-Fraktion eine besondere Bezeichnung, nämlich **Glutenin**, eingeführt (Def. 6.9). Diese Fraktion ist nicht identisch mit der Glutelinfraktion, sondern umfasst nur einen Teil dieser Proteinfraktion.

**Definition 6.9: Die Prolamin I-Fraktion des Weizens heißt Gliadin. Glutenin ist die Prolamin II-Fraktion des Weizens.**

Während Gliadine die Viskosität und die Extensibilität des Teiges verbessern, verleihen Glutenine dem Teig die notwendige Elastizität. Die Ausbildung der S-Brücken setzt jedoch voraus, dass die Aminosäure **Cystein** in die Proteine eingebaut werden kann. Dieser Vorgang ist bei S-Mangel gestört, so dass es zu einer Verschlechterung der Backqualität kommt. Wie aus Tab. 6.6 zu ersehen ist, kommt einer ausreichenden S-Versorgung besondere Bedeutung zu, wenn versucht wird, mit einer N-Spätdüngung die Backqualität des Weizens zu verbessern. Während die Cysteinkonzentration bei geringer N-Düngung auch ohne S-Düngung relativ hoch war, konnte bei der höchsten N-Düngung dieses Niveau selbst mit der höchsten S-Düngung nicht erreicht werden. Grund hierfür ist ein Verdünnungseffekt, der dazu führte, dass der relative Anteil von Cystein abnahm.

| **N-Düngung** (mg N/Gefäß) | (0 mg S/Gefäß) | **S-Düngung** (15 mg S/Gefäß) | (30 mg S/Gefäß) |
|---|---|---|---|
| 60 | 2,18 | 3,11 | 3,30 |
| 120 | 1,21 | 2,85 | 2,89 |
| 180 | 0,91 | 2,06 | 2,74 |
| 240 | 0,84 | 1,46 | 1,93 |

**Tab. 6.6: Einfluss einer N- und S-Düngung auf die Cysteinkonzentration im Kornprotein von Weizen im Gefäßversuch (Byers 1985)**

## 6.5 Zuckerrübenqualität

Neben Zuckerrohr stellt die Zuckerrübe weltweit die wichtigste Zucker liefernde Kulturpflanze dar. Beide Pflanzenarten speichern Saccharose als Assimilat-Zwischenspeicher in Vakuolen, um sie in der generativen Phase wieder zu mobilisieren. Jahrhundertelange Züchtung haben die Zuckerspeicherung genetisch optimiert und für den Menschen in einen Endspeicher umfunktioniert. Dennoch ist die Zuckerrübenqualität durch die Ernährung stark beeinflussbar. Da die Zuckerindustrie in Deutschland gute Rübenqualitäten finanziell honoriert, lohnt es sich für den Landwirt, besonderes

Augenmerk auf die Rübenqualität zu richten. Die Zuckerrübenqualität ergibt sich aus zwei Parametern:

- Konzentration der Saccharose
- Konzenzentration von Melassebildnern

Für die Speicherung der **Saccharose** in den Vakuolen des Rübenkörpers ist besonders in der Jugendphase ein rascher Aufbau des Blattapparates wichtig. Eine große Blattfläche ermöglicht eine große Photosyntheseleistung und den Aufbau der Speichergewebe. Ist das System etabliert, so verbraucht ein weiterer Aufbau von Blättern unnötig Assimilate, die für die Saccharosespeicherung nicht zur Verfügung stehen. Die Bedeutung der Assimilatanlieferung an die Speichergewebe nimmt mit dem Ende der Vegetationsperiode zu: Sonnige Tage vor der Ernte können die Zuckerkonzentration in den Rüben signifikant erhöhen und damit die Rübenqualität verbessern.

Daraus lässt sich eine qualitätsfördernde Strategie der **N-Düngung** ableiten. Während der Jugendphase der Zuckerrübenpflanze ist eine ausreichende N-Versorgung für den Aufbau von Blatt und Speichergeweben erforderlich. Stickstoff dient hierbei sowohl als Baustoff für die Synthese von Nukleinsäuren und Proteinen, aber auch zur Bildung von Signalstoffen. So fördern Cytokinine die Anlage von Blättern. Die frühe Bildung einer optimalen Blattzahl ist deshalb wichtig, weil die Leitbahnen eines Blattes nur eine bestimmte Zone des Rübenkörpers mit Saccharose versorgen. Für die durchschnittliche Saccharosekonzentration der Rübe ist daher der Ringabstand zwischen den sekundären Kambiumringen entscheidend. Moderne Rübensorten, die hohe Zuckerkonzentrationen erreichen, weisen geringe Abstände zwischen den sekundären Kambiumringen auf.

Nach dem Aufbau des Systems ist dagegen weiteres vegetatives Wachstum unerwünscht. Die N-Versorgung in dieser Phase sollte daher äußerst sparsam gehandhabt werden. Während früher das Rübenblatt überwiegend in der Viehfütterung eingesetzt wurde, stellt es heutzutage bei dem alleinigen Produtionsziel Zucker ein Abfallprodukt dar, das nur noch als Gründünger Verwendung findet. Daraus ergibt sich, dass die früher verfolgte Düngestrategie, wirtschaftseigene organische Dünger, wie z.B. Stallmist, mit langsamer N-Nachlieferung zu Zuckerrüben zu düngen, nicht mehr zielführend ist.

Stickstoff beeinflusst die Rübenqualität nicht nur über die Saccharosekonzentration, sondern auch über die **Melassebildner**. Unter Melasse versteht

$$\text{BZE} = \text{Rübenertrag} \times \text{Saccharose}\ (\%) - \text{SMV} - 0{,}6$$

$$\text{SMV} = 0{,}12\ (K^+ + Na^+) + 0{,}24\ \text{Amino-N} + 0{,}48$$

**Abb. 94:** Berechnung des bereinigten Zuckerertrags (BZE) anhand der Braunschweiger Formel. SMV = Standardmelasseverlust.

| Zeitraum | Düngung (kg N/ha) | Bereinigter Zuckerertrag (dt/ha) |
|---|---|---|
| 1980–1986 | 222 | 72,6 |
| 1987–1993 | 179 | 75,8 |
| **Differenz** | **−43** | **+3,2** |

Tab. 6.7: **Jährliche Durchschnittswerte der N-Düngung und des bereinigten Zuckerertrags von Erhebungsbetrieben süddeutscher Zuckerrübenanbauer (FÜRSTENFELD und HETTERICH 1995).**

man in der Zuckertechnologie den Rückstand der bei der Auskristallisation der Saccharose zurückbleibt. Da die Auskristallisation der Saccharose durch Kalium, Natrium und Stickstoffverbindungen (α-Aminostickstoff) behindert wird, werden diese als Melassebildner bezeichnet. Mit Hilfe der sogenannten **Braunschweiger Formel** wird der Standardmelasseverlust berechnet und entsprechend bei der Bewertung der Zuckerrübenqualität berücksichtigt (Abb. 94). Im Vergleich zur früher verwendeten Reinefeldformel wird der Einfluss der Alkalien schwächer und derjenige der α-Stickstoffverbindungen stärker gewichtet. Damit trägt man der heute anders ausgerichteten Rübenproduktion in den Betrieben Rechnung.

Mit Hilfe einer ausgefeilten, auf der EUF-Technik (s.u.) basierenden Düngeberatung ist es dem Bodengesundheitsdienst der Südzucker-AG in den achtziger und neunziger Jahren gelungen, die Zuckerrübenanbauer zu einer erheblichen Einsparung des N-Düngeraufwands zu motivieren. Wie aus Tab. 6.7 hervorgeht, konnte der unter Berücksichtigung des Standardmelasseverlustes bereinigte Zuckerertrag deutlich gesteigert werden. Dies hatte nicht nur eine Verminderung von potentiellen N-Verlusten (s.u.), sondern auch finanzielle Vorteile für den Landwirt zur Folge. Erhebliche finanzielle Einsparungen ergeben sich aus nicht gedüngtem Stickstoff, Erhöhung der Zuckerkonzentration der Rüben und Verbesserung der Extrahierbarkeit der Saccharose (Tab. 6.8).

| | |
|---|---|
| 1. Ausgabe für nicht benötigten Stickstoff (97 kg/ha) | 51,– € |
| 2. Verluste durch verminderte Zuckerkonzentration (16,7 statt 17,3%) | 112,– € |
| 3. Verluste durch verminderte Zuckerausbeute (0,85) | 72,– € |
| Summe | 235,– € |

Tab. 6.8: **Einfluss überhöhter N-Düngung auf den korrigierten Geldrohertrag pro Hektar von Erhebungsbetrieben des Verbandes süddeutscher Zuckerrübenanbauer (FÜRSTENFELD und HETTERICH 1995).**

## Weiterführende Literatur:

SMITH, D. L. und C. HAMEL (Hrsg.): Crop Yield. Physiology and Processes. Springer, Berlin (1999)

**Fragen:**

- Erläutern Sie die Gesetze vom Minimum, Optimum und abnehmenden Ertragszuwachs!
- Welchen Elementen kommt bei der Düngung von Grünland besondere Bedeutung zu?
- Welche Möglichkeiten hat der Landwirt, hohe Nitratkonzentrationen in Nahrungsmitteln zu vermeiden?
- Warum führt man eine N-Spätdüngung durch?
- Welche essentiellen Aminosäuren limitieren die biologische Wertigkeit von Getreide-, Mais- und Sojaprotein?
- Was versteht man unter dem Aufmischeffekt?
- Erläutern Sie den Unterschied zwischen Gliadin, Glutenin und Glutelin!
- Nennen Sie die Gründe für eine restriktive N-Düngung von Zuckerrüben!

# 7 Wasserhaushalt der Pflanze

## 7.1 Bedeutung des Wassers für die Pflanze

Pflanzen bestehen häufig zu 80–90% aus Wasser, wobei allerdings große Abweichungen von diesen Werten vorkommen. Algen können 99% Wasser enthalten, während in reifenden Samen der Anteil des Wassers auf wenige Prozent zurückgehen kann. Allerdings macht das **Konstitutionswasser** nur wenige Promille der Wassermenge aus, die die Pflanze im Laufe ihrer Entwicklung aus dem Boden aufnimmt (Def. 7.1). Der größte Teil des Wassers wird als **Transpirationswasser** wieder an die Atmosphäre abgegeben (Def. 7.2). Die besondere Bedeutung des Wassers für die Pflanze wird einem bewusst, wenn nach langer Trockenzeit in der Wüste Niederschläge fallen. Innerhalb kurzer Zeit ergrünt das vorher öde Land. Es stellt sich die Frage, welche Funktionen das Wasser für die Pflanze übernimmt. Nach der Definition (Def. 2.2) ist Wasser kein Pflanzennährstoff, wohl aber die in ihm enthaltenen Elemente Wasserstoff und Sauerstoff. Aufgrund seiner Eigenschaften übernimmt Wasser eine Vielzahl von biochemischen und physikalischen Aufgaben.

**Inhalt Kapitel 7**



## 7.2 Funktionen des Wassers in der Pflanze

Wasser übernimmt in der Pflanze zwei verschiedene Arten von Funktionen:

- biochemische Funktionen
- physikalische Funktionen

In **biochemischen Reaktionen** ist Wasser als **Reaktionspartner** beteiligt. Beispiele sind die Photolyse des Wassers im Photosystem II der photosynthetischen Lichtreaktion und die hydrolytische Spaltung von chemischen Verbindungen durch Wasseranlagerung (Abb. 95). In beiden Fällen nimmt Wasser als Substrat an biochemischen Reaktionen teil. Während im ersten Fall Elektronen für die photosynthetische Elektronentransportkette und Protonen zum Aufbau eines elektrochemischen Protonengradienten gewonnen werden, erfolgt im zweiten Fall ein Einbau von Wasserstoff- und Sauerstoffatomen in organische Substanz. Quantitativ ist der Anteil des Wassers als Reaktionspartner gering: Weniger als 0,01% des aufgenommenen Wassers geht in biochemische Reakti-

**Definition 7.1: Konstitutionswasser ist das in der Pflanze enthaltene Wasser.**

**Definition 7.2: Transpirationswasser ist das von den Pflanzen über die Blätter an die Atmosphäre abgegebene Wasser.**

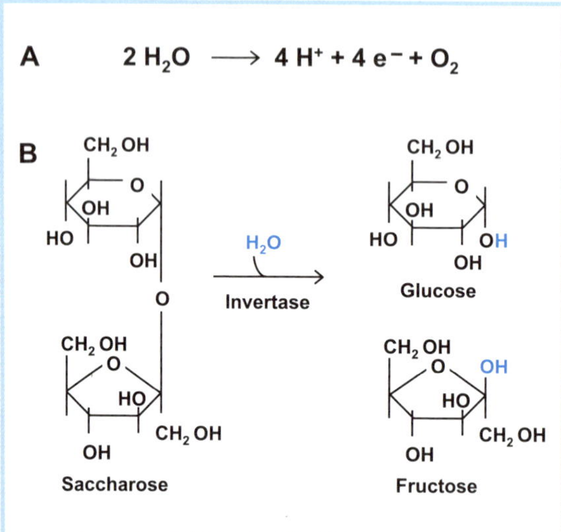


Abb. 95:
Wasser als Reaktionspartner: Photolyse des Wassers in der photosynthetischen Lichtreaktion (A) und hydrolytische Spaltung einer glykosidischen Bindung (B).

onen ein. Dennoch ist Wasser in dieser Funktion unverzichtbar, selbst wenn es in dieser Funktion auch bei starkem Wassermangel nicht limitierend wirken dürfte.

Bei den **physikalischen Funktionen** sind zu unterscheiden:

- Lösungsmittel
- Transportmittel
- Quellung
- Turgoraufbau
- Hitzeschutz

Die besonderen physikalischen Funktionen des Wassers ergeben sich aus der asymmetrischen Ladungsverteilung innerhalb des Wassermoleküls, die dafür verantwortlich ist, dass sich das Wassermolekül wie ein **Dipol** verhält. Mit dem stärker negativ geladenen Sauerstoffatom wird Wasser von positiv geladenen Oberflächen angezogen, mit den stärker positiv geladenen Wasserstoffatomen lagert es sich an negativ geladene Oberflächen (Abb. 96). Diese Anlagerung wird als **Wasseradsorption** bezeichnet. Sie ist in der ersten Schicht sehr stark, während die Bindungsstärke mit zunehmender Entfernung von der Oberfläche abnimmt.

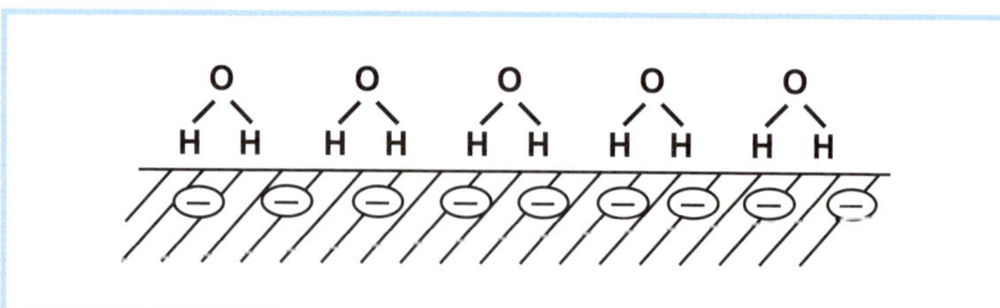

Abb. 96:
Adsorption von Wasser an Oberflächen aufgrund der Dipoleigenschaften.

Aufgrund des Bestrebens der Wassermoleküle, sich an geladene Oberflächen anzulagern, können sie Salzkristalle zerstören, indem sie den Kristallverband auflösen und die gebildeten Ionen mit einer Hydrathülle umgeben (Abb. 97). Auf diese Weise dient das Wasser als **Lösungsmittel** für Ionen und andere hydrophile Stoffe. Bei komplizierten Molekülen, wie z.B. Proteinen, ist die Ausbildung der Hydrathülle nicht nur für die Lösung verantwortlich, sondern durch die Ausprägung einer charakteristischen Konformation wird die physiologische Wirksamkeit von Enzymproteinen erst ermöglicht (Def. 7.3).

**Definition 7.3:**
**Unter Konformation versteht man eine bestimmte räumliche Anordnung eines Proteins in einer Sekundär-, Tertiär-, und gegebenenfalls Quartärstruktur, die die Funktionsfähigkeit (z.B. eines Enzymproteins) ermöglicht.**

Die Lösung von Ionen und anderen hydrophilen Stoffen in Wasser ist die Voraussetzung dafür, dass das Wasser auch als **Transportmittel** wirksam werden kann. Dies betrifft den Transport über kurze Strecken in Form von

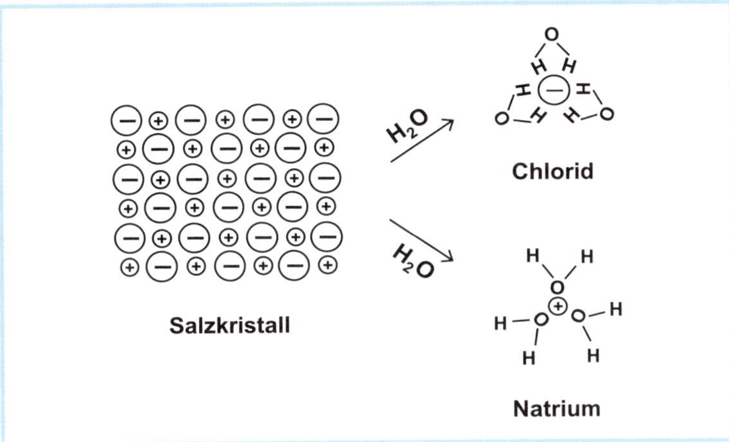


**Abb. 97:**
Aufgrund seiner Dipoleigenschaften führt Wasser zur Zerstörung von Salzkristallen. Die freigesetzten Ionen umgeben sich mit Hydrathüllen.

Diffusion ebenso wie über lange Strecken in Form von Massenfluss im Xylem. Der Transport im Phloem dürfte weniger infolge Wassermangels behindert werden. In Kapitel 5 wurde schon angesprochen, dass eingeschränkte Transpiration infolge Wassermangels im Boden die Verlagerung von Nährstoffen im Xylem beeinträchtigt. Bei schlecht über das Phloem verlagerbaren Nährstoffen kann es daher zu physiologischem Nährstoffmangel kommen.

Die Aufnahme von Wasser in Samen ist Voraussetzung für die **Quellung**, die die Keimung einleitet. Dabei wird Wasser an den verschiedenen biochemischen Komponenten sowohl des Embryos als auch der Speichergewebe adsorbiert. Dies hat zwei wichtige Konsequenzen: Erstens erfahren Enzymproteine eine Konformationsänderung und werden auf diese Weise aktiviert. Zweitens wird Wasser osmotisch von den Zellen angezogen und baut einen **Turgor** auf, der für das Streckungswachstum notwendig ist (Def. 7.4). Der Turgor der Schließzellen ist auch Voraussetzung für die Öffnung der Stomata, die den Gasaustausch der Blätter kontrollieren und so die Pflanze vor übermäßigem oder unproduktivem Wasserverlust schützen.

**Definition 7.4:**
**Unter Turgor versteht man einen hydrostatischen Druck, der durch osmotisch bedingte Wassereinlagerung in den Zellen aufgebaut wird und auf die Zellwände wirkt.**

Transpiration bewahrt die Pflanze in gewissen Grenzen vor **Hitzestress**. Obwohl eine strikte Regulation der Temperatur nicht möglich ist, schützt die Verdunstungskälte die Pflanze bei hohen Temperaturen. In Klimakammerversuchen mit zwei verschiedenen Temperaturen und unterschiedlicher Wasserversorgung konnte für zwei Zuckerrübensorten gezeigt werden, dass kombinierter Hitze- und Dürrestress nicht nur zu einer additiven Verminderung des bereinigten Zuckerertrags führte, sondern zu einer synergistischen Wirkung (Def. 7.5). Die starke Beeinträchtigung des bereinigten Zuckerertrags bei kombiniertem Stress deutet darauf hin, dass aufgrund des Wassermangels (Versorgung mit 30% der maximalen Wasserkapazität des Bodens) die Pflanzen nicht ausreichend transpirieren konnten, so dass es zu einem verstärkten Hitzestress kam (Abb. 98). Zuckerrüben sollten daher nicht nur beregnet werden, um den Wasserverlust auszugleichen. Bei hohen Temperaturen trägt eine gute Wasserversorgung zum Schutz vor Hitzestress bei.

**Definition 7.5:**
**Bei einer synergistischen Wirkung liegt der Effekt über der Summe der Einzelwirkungen.**

**Abb. 98:** Einfluss von Dürre- und Hitzestress auf den bereinigten Zuckerertrag von zwei Zuckerrübensorten in einem Gefäßversuch in Klimakammern. WK = maximale Wasserkapazität des Bodens. (SCHUBERT et al. 2004).

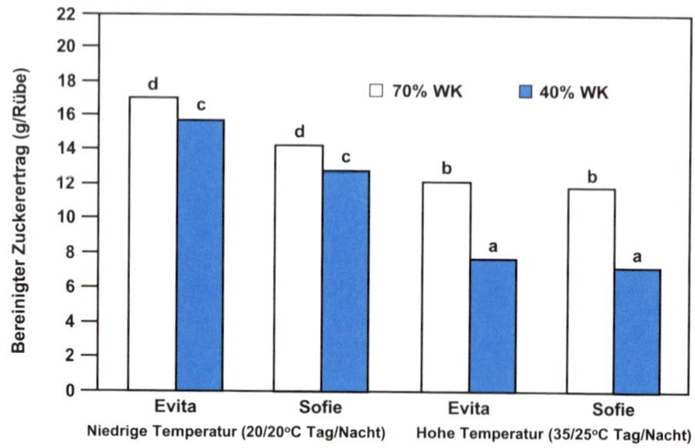


## 7.3 Düngung bei geringer Wasserverfügbarkeit

Bereits in Kapitel 4.2 wurde angesprochen, dass der **Nährstofftransport** im Boden durch geringe Feuchtigkeit beeinträchtigt sein kann. Dies ist sowohl auf die geringe Diffusivität von Nährstoffen in einem austrocknenden Boden als auch auf geringe Transpiration und damit reduzierten Massenfluss von Nährstoffen zur Wurzel zurückzuführen. Auch die **Lösung von Düngersalzen** bei einer N-Spätdüngung kann beeinträchtigt sein, so dass die Düngung nicht wirksam wird. Falls eine künstliche Bewässerung möglich ist, ist sie zur Verbesserung der Nährstoffversorgung der Pflanzen sinnvoll.

Besonders die **N-Düngung** muss an eine geringe Wasserverfügbarkeit angepasst werden. Ein Beispiel ist in Tab. 7.1 gezeigt. Während der Kornertrag von Mais durch eine Verdoppelung der N-Düngung bei guter Wasserversorgung (mit Beregnung) um 9 dt $ha^{-1}$ gesteigert werden konnte, nahm der Ertrag ohne Beregnung sogar ab. Grund hierfür ist, dass der Mais ohne Beregnung während des vegetativen Wachstums den gesamten Wasservorrat des Bodens ausgeschöpft hatte, so dass es zur Notreife kam. Die zusätzliche N-Düngung konnte nur in Ertrag umgesetzt werden, wenn den Pflanzen genügend Wasser zur Ausreife zur Verfügung stand.

Anders muss die **K-Düngung** gehandhabt werden. Bei K handelt es sich um einen Nährstoff, der vielfältige Aufgaben im Wasserhaushalt der Pflanze er-

**Tab. 7.1: Bedeutung der Wasserversorgung für die Wirkung einer N-Düngung bei Mais (BUCHNER und STURM 1971).**

| N-Düngung (kg/ha) | Ertrag (dt/ha) ohne Beregnung | Ertrag (dt/ha) mit Beregnung |
|---|---|---|
| 60 | 50,5 | 88,0 |
| 120 | 38,0 | 97,2 |

| Parameter | Kalium (mM) 0,2 | 1,0 | 5,0 |
|---|---|---|---|
| Blattfrischmasse (g/Pflanze) | 236 | 237 | 233 |
| Wurzelfrischmasse (g/Pflanze) | 392 | 602 | 647 |
| Zuckerkonzentration (%) | 16,3 | 16,0 | 16,5 |
| Wasserverbrauch (L/Pflanze) | 29,5 | 28,9 | 28,7 |
| Transpirationskoeffizient (L/kg) | 71 | 46 | 42 |

**Tab. 7.2: Einfluss der K-Konzentration in der Nährlösung auf Ertrag und Wasserverbrauch von Zuckerrüben im Gefäßversuch (Mengel und Forster 1972).**

füllt (vgl. Kapitel 3.4) und deshalb zu einer effizienteren Nutzung des Wassers durch die Pflanze beitragen kann. In einem Gefäßversuch mit unterschiedlichen K-Konzentrationen in den Nährlösungsvarianten konnte das Rübenwachstum durch Kalium gesteigert werden, ohne dass der Wasserverbrauch zunahm (Tab. 7.2). Die Abnahme des Transpirationskoeffizienten zeigt, dass die Pflanzen bei guter K-Ernährung effizienter mit dem Wasser umgingen (Abb. 99).

A Transpirationskoeffizient = $H_2O$ (L) / TM (kg)

B Wassernutzungseffizienz = TM (kg) / $H_2O$ (L)

**Abb. 99:** Der Transpirationkoeffizient (A) gibt die Wassermenge ($H_2O$) in Litern an, die für die Produktion von einem Kilogramm Trockenmasse (TM) erforderlich ist. Er ist der Kehrwert der Wassernutzungseffizienz (B).

## 7.4 Wasseraufnahme und Wassertransport in der Pflanze

Die Aufnahme und der weitere Transport des Wassers erfolgt immer von einem höheren zu einem niedrigeren **Wasserpotential** (Def. 7.6). Da sich das Wasserpotential aus dem Produkt von Kraft und Weg dividiert durch das Volumen ergibt, resultiert die physikalische Einheit N m/m³ oder N/m². Dies ist die physikalische Einheit für den Druck, der im täglichen Leben in bar und in der Wissenschaft mit der physikalischen Einheit Pascal (Pa) ausgedrückt wird (1 bar = $10^5$ Pa = 0,1 MPa).

**Definition 7.6: Das Wasserpotential ($\Psi$) beschreibt die Kraft, die notwendig ist, um ein bestimmtes Volumen Wasser von einem gegebenen Punkt eines Kraftfeldes zu einem anderen zu transportieren.**

Das Wasserpotential im Boden besteht aus zwei wichtigen Komponenten, dem Matrixpotential und dem osmotischen Potential (Abb. 100). Das Wasserpotential reinen Wassers ist als null definiert. Wirken nun auf das Wasser Kräfte ein, so kann sich das Potential erhöhen oder erniedrigen. Eine Einschränkung der freien Beweglichkeit der Wassermoleküle führt zu einer Verminderung des Wasserpotentials: Es nimmt negative Werte an. Negativ geladene Bodenteilchen, wie z.B. Tonminerale oder Humusteilchen, adsorbieren Wassermoleküle (Abb. 96) und schränken so deren freie Beweglichkeit ein. Diese Adsorption von Wassermolekülen an der Bodenmatrix wird mit dem **Matrixpotential ($\Psi_m$)** beschrieben, das entsprechend negative Werte aufweist.

**Abb. 100:**
Das Wasserpotential ($\Psi$) im Boden besteht aus zwei wichtigen Teilkomponenten, dem Matrixpotential ($\Psi_m$) und dem osmotischen Potential ($\Psi_o$).

$$(-)\Psi = (-)\Psi_m + (-)\Psi_o$$

In der Bodenlösung vorliegende Ionen tragen ebenfalls zur Bindung von Wassermolekülen bei (Abb. 97) und reduzieren so deren freie Beweglichkeit. Dies ist von besonderer Bedeutung in salinen Böden und wird mit dem **osmotischen Potential ($\Psi_o$)** beschrieben. Auch diese Teilkomponente weist negative Werte auf und trägt zu einer Verminderung des Wasserpotentials und damit der Wasserverfügbarkeit im Boden bei.

In der Pflanze spielt das Matrixpotential nur eine untergeordnete Rolle und wird daher vernachlässigt. Die in der Zelle akkumulierten Ionen und anderen osmotisch wirksamen Substanzen, wie z.B. Zucker und organische Anionen, binden das Wasser und reduzieren so das Wasserpotential. Das gegenüber dem Außenmedium niedrigere Wasserpotential führt dazu, dass Wasser osmotisch von der Zelle angezogen wird und akkumuliert. Folge ist der Aufbau eines hydrostatischen Drucks, der als **Turgor ($\Psi_p$)** bezeichnet wird (Abb. 101). Der Turgor drückt auf die Zellwände und ist daher dem osmotischen Potential entgegengerichtet. Im Gegensatz zum osmotischen Potential weist er ein positives Vorzeichen auf und erhöht das Wasserpotential (macht es weniger negativ). Für den Wasserfluss in eine Zelle sind die Wasserpotenialdifferenz zwischen Zelle und Außenmedium und der Membranwiderstand ausschlaggebend (Abb. 102). In verschiedenen biologischen Membranen konnten **Aquaporine** nachgewiesen werden, die den Widerstand für Wasser spezifisch herabsetzen (Def. 7.7).

**Abb. 101:**
Das Wasserpotential ($\Psi$) in der Pflanzenzelle besteht aus zwei wichtigen Teilkomponenten, dem osmotischen Potential ($\Psi_o$) und dem Druckpotential (Turgor = $\Psi_p$).

$$(-)\Psi = (-)\Psi_o + (+)\Psi_p$$

**Abb. 102:**
Der Wasserfluss (F) in eine Zelle ist abhängig von der Wasserpotentialdifferenz zwischen Zelle ($\Psi_1$) und Außenmedium ($\Psi_2$) und vom Membranwiderstand (R).

$$F = (\Psi_1 - \Psi_2) / R$$

**Definition 7.7:**
**Aquaporine sind spezifische Kanäle, die den Durchtritt von Wasser durch biologische Membranen erleichtern.**

Das Wasserpotenial von Wurzelzellen liegt meist im Bereich von −0,5 bis −1,5 MPa. Damit sind sie in der Lage, Wasser aus der Bodenlösung bis zu einem Wasserpotential von −1,5 MPa aufzunehmen. Nimmt die Wasserverfügbarkeit weiter ab, beginnt die Pflanze zu welken. Aus diesem Grund wird das Wasserpotential von −1,5 MPa auch als **permanenter Welkepunkt** bezeichnet. Manche Pflanzenarten sind in der Lage, das Wasserpotential weiter abzusenken, indem sie osmotisch wirksame Substanzen anreichern. Wenn bestimmte Bedingungen erfüllt sind, spricht man von **osmotischer Anpassung** (Def. 7.8). Damit sind diese Pflanzen in der Lage, auch bei niedrigeren Wasserpotentialen das Bodenwasser zu nutzen. Nur solche organischen Osmotica können zur osmotischen Anpassung angereichert werden, die im Stoffwechsel nicht stören. Saccharose ist ein wichtiger zentraler Metabolit, dessen Anreicherung im Cytoplasma letztlich über Rückkopplungsmechanismen zu einer Hemmung

**Definition 7.8:**
**Osmotische Anpassung liegt vor, wenn**
**1. das osmotische Potential stärker absinkt, als dem Konzentrationseffekt durch Wasserverlust entspricht, und wenn**
**2. Turgor und Wachstum zumindest teilweise erhalten bleiben.**

Abb. 103: Elektronenmikroskopische Aufnahme von Schließzellen eines Zuckerrübenblattes (Photo: Neumann).

der Photosynthese führt. Saccharose kann daher nur zu einer osmotischen Anpassung beitragen, wenn sie z.B. in der Vakuole kompartimentiert wird. Anorganische Ionen, die für die osmotische Anpassung genutzt werden sollen, müssen auch bei geringem Wassergehalt des Bodens noch verfügbar sein. Aus diesem Grund scheidet z.B. Kalium als Substanz für eine osmotische Anpassung der Wurzelzellen häufig aus, da die Anlieferung über Diffusion im trockenen Boden gehemmt ist (Abb. 60).

Auch der Aufbau des Wurzeldrucks (vgl. Kapitel 5.2) beruht auf einer Absenkung des osmotischen Potentials im Xylemsaft. Hierbei spielt Kalium zusammen mit verschiedenen Anionen eine wichtige Rolle (Abb. 80). Auch wenn der Transport des Xylemsafts durch Transpiration angetrieben wird (Abb. 79), kommt Kalium eine entscheidende Rolle über die Regulation der Stomata zu. Akkumulation von Kalium und Anionen zieht Wasser osmotisch in die Schließzellen und lässt ihren Turgor steigen. Der asymmetrische Aufbau der Zellwände führt zu einer Krümmung der Schließzellen. Diese Krümmung bildet eine Pore, durch die $CO_2$ aufgenommen und $H_2O$ sowie $O_2$ abgegeben werden (Abb. 103). Efflux von Kalium aus den Schließzellen führt dagegen dazu, dass sich die Pore schließt und der Wasserverlust eingeschränkt wird. Die hohe Membranpermeabilität von $K^+$ ermöglicht die Verbesserung der Wassernutzungseffizienz durch eine gute K-Ernährung (Tab. 7.2).

## 7.5 Dürrestress

Eine unzureichende Wasserversorgung der Pflanze führt zu Dürrestress, der besonders das **Streckungswachstum** der Zellen beeinträchtigt. Dieser Prozess beruht auf einer Differenzierung und Volumenzunahme, die vornehmlich auf Ausbildung einer großen Vakuole beruht, die 90% des Zellvolumens umfassen kann (Abb. 105). Nach der **Lockhart-Gleichung** sind zwei Faktoren für das Streckungswachstum verantwortlich (Abb. 104):

- wachstumswirksamer Turgor
- Zellwandextensibilität

$$dV/dt = m\ (\Psi_p - Y)$$

Abb. 104: Die Lockhart-Gleichung beschreibt die Faktoren, die die Wachstumsrate einer Zelle bestimmen. dV/dt = Wachstumsrate (Volumenzunahme pro Zeit), m = Zellwandextensibilität, $\Psi_p - Y$ = wachstumswirksamer Turgor.

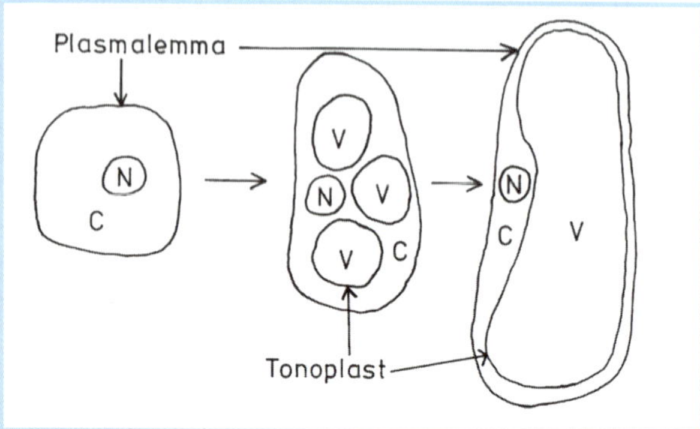


Für das Streckungswachstum ist zunächst ein bestimmter Mindestturgor (Y) erforderlich. Steigt der Turgor ($\Psi_p$) über diesen Schwellenwert, so entsteht ein **wachstumswirksamer Turgor ($\Psi_p$ - Y)** und die Zelle kann sich ausdehnen. So wie das Aufblasen eines neuen, steifen Luftballons zunächst schwierig ist, setzen auch die rigiden Zellwände der Ausdehnung einen Widerstand entgegen. Dieser Widerstand ist der Kehrwert der **Zellwandextensibilität (m).**

**Abb. 105:** Streckungswachstum einer pflanzlichen Zelle. C = Cytoplasma, N = Nukleus, V = Vakuole.

Die **$H^+$-ATPase** im Plasmalemma der Zellen ist nicht nur Motor der Nährstoffaufnahme (vgl. Kapitel 4.4), sondern auch der Zellstreckung. Protonenabgabe schafft einen elektrochemischen Protonengradienten, der die energetische Voraussetzung für die Akkumulation von anorganischen und organischen Osmotica darstellt. Dadurch wird das osmotische Potential und damit das Wasserpotential abgesenkt. Die Zelle nimmt Wasser auf und steigert damit den Turgor, der auf die Zellwände drückt. Gleichzeitig hat die $H^+$-Abgabe im Apoplasten eine Auflockerung der Zellwand zur Folge, so dass die Zellwandextensibilität steigt. Protonenabgabe leitet daher auf zweierlei Art und Weise das Streckungswachstum ein.

**Kalium** nimmt auf vielfältige Art und Weise Einfluss auf diese Prozesse und kann, Verfügbarkeit vorausgesetzt, das Streckungswachstum auch bei suboptimaler Wasserversorgung verbessern. Als spezifisch aktivierendes Kation ist $K^+$ zunächst für die Aktivität der Plasmalemma-ATPase unverzichtbar. Hohe $K^+$-Aktivität im Cytosol ist daher Voraussetzung für einen steilen $H^+$-Gradienten. Dieser ist wiederum Grundlage für die Anreicherung von osmotisch wirksamen Substanzen und, durch Ansäuerung der Zellwand, für die Zellwandextensibilität. Kalium ist aber auch selbst osmotisch wirksam und kann mit hoher Rate in die Zelle aufgenommen werden; es kann somit effizient zum Turgoraufbau beitragen. Aufgrund seiner hohen Aufnahmerate in die Zelle kann es synergistisch die Aufnahme von Anionen begünstigen und so die Absenkung des osmotischen Potentials und den Aufbau des Turgors unterstützen. Wie bereits im Kapitel 7.3 angesprochen, muss daher auch aus diesen Gründen die K-Versorgung der Pflanze unter Dürrestressbedingungen optimiert werden.

Nicht nur das Streckungswachstum, sondern auch das meristematische Wachstum reagiert empfindlich auf Wassermangel. Ursache ist besonders eine gestörte Proteinsynthese, die durch gute K-Ernährung z.T. wieder hergestellt werden kann. Neben einer direkten Hemmung des Wachstums von Blattzellen durch Wassermangel kommt eine indirekte durch hormonelle Einflüsse hinzu. Registrieren Wurzelspitzen Wassermangel, so wird dort verstärkt das Phytohormon **Abscisinsäure** synthetisiert, das als Signal in der Wurzel basipetal und im Spross akropetal über das Xylem in die Blätter transportiert wird. Aus

| Abschnitt | Kontrolle | Wassermangel |
|---|---|---|
| Kotyledon | 0,08 (±0,01) | 0,91 (±0,14) |
| Streckungszone (Stängel) | 0,60 (±0,02) | 3,71 (±0,33) |
| Reife Wurzel | 0,45 (±0,10) | 4,53 (±0,08) |
| Wurzelspitze | 3,52 (±0,20) | 29,72 (±2,39) |

**Tab. 7.3: Einfluss von 24stündigem Wassermangel auf die endogenen Abscisinsäure-Konzentrationen in verschiedenen Abschnitten von Sojabohnenkeimlingen (CREELMAN et al. 1990).**

diesem Grund ist ein Gradient abnehmender Abscisinsäurekonzentrationen von den Wurzelspitzen über die reifen Wurzeln und den Stängel bis zu den Sprossspitzen zu beobachten (Tab. 7.3).

Bei Wassermangel wird verstärkt Abscisinsäure synthetisiert, die in den Blättern das Signal zum Stomataschluss gibt und der Pflanze hilft, Wasser zu sparen. Gleichzeitig wird auch das Streckungswachstum gehemmt. Ein besonders kritisches Stadium für Dürrestress ist die Blüte. Kommt es in dieser Phase zu Wassermangel, führt Abscisinsäure zu einer Hemmung der Meiose (Def. 7.9) der Pollenmutterzellen und damit zu geringerer Fertilität. Folge ist bei Getreide eine geringere Anzahl Körner und bei Leguminosen eine reduzierte Anzahl von Samen pro Hülse. Auch Hülsendegeneration und Hülsenabwurf werden durch das Abscisinsäuresignal ausgelöst. Eine Bewässerung von generativ genutzten Kulturpflanzen sollte daher unbedingt eine ausreichende Wasserversorgung während der Blüte sicherstellen. Speicherprozesse während der Kornfüllungsphase sind vergleichsweise weniger empfindlich gegenüber Dürrestress.

**Definition 7.9:** Meiose ist eine Reifeteilung, bei der aus einer Zelle mit diploidem Chrosomensatz eine Zelle mit haploidem Chromosomensatz gebildet wird. Auf diese Weise entstehen die Keimzellen.

## 7.6 Salzstress

Eine besondere Form von Dürrestress tritt in Böden mit hohen Salzkonzentrationen auf. **Bodensalinität** ist in ariden Gegenden verbreitet, in denen die Wasserverluste durch Verdunstung aus dem Boden (Evaporation) größer sind als die Niederschläge (Def. 7.10). In dem kapillar aufsteigenden Bodenwasser werden die gelösten Salze an die Bodenoberfläche verfrachtet und kristallisieren dort bei Verdunstung des Wassers aus. Je nach Ursprungsgestein, aus dem der Boden entstanden ist, können sehr unterschiedliche Ionen beteiligt sein. Meistens überwiegen Chloride, Sulfate und Carbonate des Natriums, aber auch Calcium- und Magnesiumsalze treten auf. Regional können Selenate, Arsenate und Borate zu besonderen Problemen führen. Weltweit sind mit steigender Tendenz Millionen Hektar von Salinität betroffen. Das Problem der Bodensalinität tritt besonders bei unsachgemäßer künstlicher Bewässerung auf: Etwa ein Drittel der bewässerten Ackerfläche wird durch Salinität in unterschiedlichem Ausmaß beeinträchtigt.

**Definition 7.10:** Bodensalinität liegt vor, wenn die elektrische Leitfähigkeit (EC) in einem Bodensättigungsextrakt ≥ 4 dS/m beträgt.

Bodensalinität kann das Wachstum und die Ertragsbildung von Kulturpflanzen über unterschiedliche Wirkungen schädigen (Abb. 106). Bei Auftreten von Ionen mit großer Hydrathülle, wie z.B. $Na^+$, kommt es zu einer peptisierenden Wirkung: Der Zusammenhalt zwischen den Bodenpartikeln wird

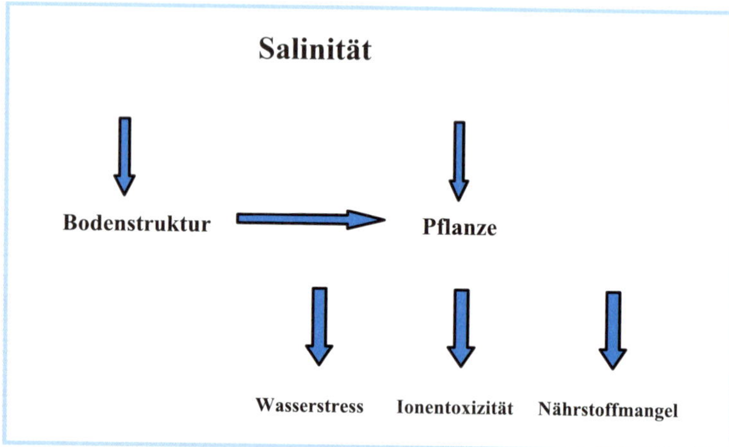


**Abb. 106:** Auswirkungen von Bodensalinität auf das Pflanzenwachstum.

durch die großen Hydrathüllen gestört, so dass die Stabilität der Bodenaggregate verloren geht. Folge ist eine Verschlechterung der **Bodenstruktur** mit gravierenden Folgen für den Luft- und Wasserhaushalt. Ein geringer Anteil an Grobporen führt im Wurzelraum zu $O_2$-Mangel, so dass die Wurzelatmung und damit die ATP-Synthese gehemmt wird. Aus diesem Grund können Wurzelwachstum und Funktionen der Wurzeln, wie z.B. die Nährstoffaneignung, gehemmt sein.

Neben indirekten Wirkungen kann das Pflanzenwachstum auch direkt durch Bodensalinität gehemmt werden. Durch die hohe Ionenkonzentration der gelösten Salze ist das osmotische Potential und damit das Wasserpotential der Bodenlösung sehr niedrig (vgl. Abb. 100). Obwohl durchaus Wasser vorhanden sein kann, ist es durch die osmotische Bindung für die Pflanze nur schwer oder gar nicht verfügbar. Infolge des niedrigen Wasserpotentials tritt ein osmotischer Stress auf, der häufig in erster Linie in den Wurzelspitzen registriert und über Abscisinsäure an den Spross signalisiert wird. Der Spross reagiert mit vermindertem Streckungswachstum. Es handelt sich hierbei um eine Strategie, die Pflanzen hilft, über geringere Blattfläche mit dem Wasser sparsam umzugehen. Solche Pflanzen zeigen einen gestauchten Habitus (Def. 7.11) und, da Chlorophylle und andere Pigmente aufkonzentriert werden, eine dunkelgrüne Farbe.

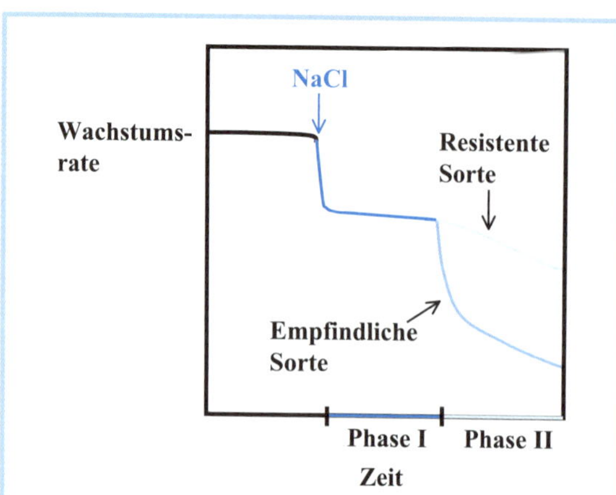


**Abb. 107:** Modell einer zweiphasigen Reaktion des Pflanzenwachstums auf Salinität (Munns 1993).
Phase I ist gekennzeichnet durch osmotischen Stress,
Phase II durch Ionentoxizität.

Obwohl, wie in Kapitel 4.4 besprochen, Nährstoffe selektiv aufgenommen werden, reicht bei extremer Anreicherung bestimmter Ionen die

Selektivität nicht aus, um **Ionentoxizität** zu vermeiden. Besonders Na-Toxizität ist ein Problem saliner Standorte für Gräser (vgl. Abb. 32). Obwohl heute feststeht, dass Na-Exklusion eine der wichtigsten Strategien von Gräsern ist, das Problem der Salinität zu überwinden, war der Nachweis lange Zeit nicht möglich, weil die Experimentdauer nicht ausreichend lang gewählt wurde. Erst die Entwicklung eines Zweiphasenmodells (Abb. 107) half, das Problem zu lösen.

**Definition 7.11: Der Habitus ist das Gesamterscheinungsbild der Pflanze. Er lässt gewisse Rückschlüsse auf die physiologische Konstitution zu.**

Nach diesem Modell tritt in einer ersten Phase nur osmotischer Stress auf. Je nach Salzkonzentration und Genotyp kann diese Phase sehr unterschiedlich lang sein und bis zu mehreren Wochen andauern. Ionentoxizität tritt erst nach einer allmählichen Anreicherung der Ionen zutage, wenn die Exklusionsmechanismen und internen Kompartimentierungsprozesse überfordert werden. Neben osmotischem Stress und Ionentoxizität kommt es auch zu Nährstoffmangel. Ein Beispiel ist die Spitzendürre (vgl. Abb. 36 A), ein durch schlechte Phoembeweglichkeit von Ca unter Salinitätsbedingungen ausgelöster physiologischer Ca-Mangel.

Trotz jahrzehntelanger Bemühungen, die Salzresistenz von Kulturpflanzen zu verbessern, sind die Erfolge bisher bescheiden. Grund ist, dass das Merkmal Salzresistenz von einer Vielzahl von Genen vererbt wird. Durch gezielte Kreuzung einer effizient Na-ausschließenden Mais-Inzuchtlinie mit osmotisch resistenten Inzuchtlinien ist es kürzlich gelungen, mehrere Maishybriden mit erheblich verbesserter **Salzresistenz** zu entwickeln. Im Vergleich zum Ausgangselter Pioneer 3906 (cv. Ornella) zeigten diese neuen Hybriden eine deutlich überlegene Ertragsleistung unter salinen Bedingungen im Gefäßversuch (Abb. 108). Die Eignung der neuen Hybriden muss noch unter Feldbedingungen auf verschiedenen Standorten geprüft werden. Dieses Beispiel

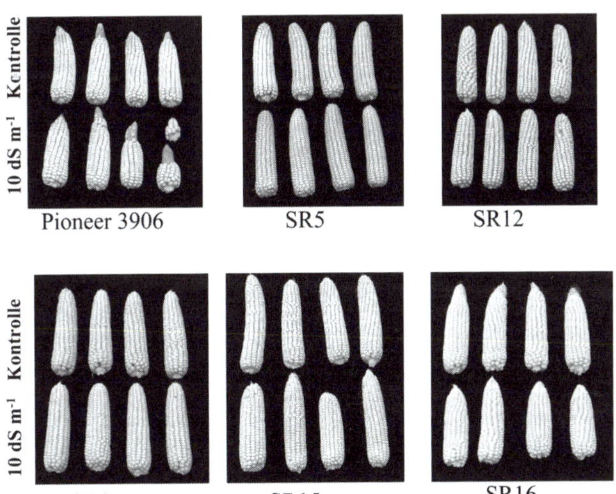


**Abb. 108:** Einfluss der Bodensalinität (10 dS/m) im Gefäßversuch auf den Kornertrag von fünf neu entwickelten Maishybriden im Vergleich zum Ausgangselter Pioneer 3906 (Photo: Zörb).

zeigt jedoch bereits jetzt, dass die Anwendung physiologischer Erkenntnisse dazu beitragen kann, die Salzresistenz von Kulturpflanzen entscheidend zu verbessern und für saline Standorte verfügbar zu machen.

## 7.7 Staunässe

Nicht nur eine unzureichende Wasserversorgung, auch eine übermäßige Wasserversorgung bedeutet für die Pflanze Stress. Staut sich das Wasser im Boden, so werden verschiedene Prozesse ausgelöst, die das Wachstum beeinträchtigen können Tab. (7.4). Zunächst wird Sauerstoff durch Wasser verdrängt, wodurch sowohl die Aktivität aerober Bodenorganismen als auch die **Atmung** der Wurzeln beeinträchtigt wird. Das hat zur Folge, dass nicht mehr ausreichend ATP bereitgestellt werden kann und demzufolge die Aktivität der Ionenpumpen vermindert wird. Dementsprechend kommt es zu einer **gehemmten Nährstoffaufnahme** und Mangelernährung.

Tab. 7.4: **Abfolge verschiedener Prozesse im Boden mit abnehmendem Redoxpotential (nach MENGEL 1991).**

| Prozess | Redoxpotential (V) |
|---|---|
| Wasser verdrängt Sauerstoff und führt zu $O_2$-Mangel | +0,5 BIS +0,6 |
| Mikrobielle Denitrifikation | +0,5 BIS +0,6 |
| Mikrobielle Reduktion von $Mn^{IV}$ zu $Mn^{II}$ | +0,5 BIS +0,6 |
| Mikrobielle Reduktion von $Fe^{III}$ zu $Fe^{II}$ | +0,3 BIS +0,5 |
| Mikrobielle Reduktion von Sulfat zu Sulfiden | ±0,0 BIS −0,2 |
| Bildung von Methan und organischen Säuren | −0,15 BIS −0,19 |
| $H_2$-Bildung | −0,15 BIS −0,22 |

Besonders empfindliche Pflanzenarten, wie z.B. Gerste, zeigen zunächst chlorotische, später auch nekrotische Veränderungen der Blätter. Nicht nur die Versorgung mit N ist gestört, sondern die Aufnahme einer Vielzahl anderer Nährstoffe, wie z.B. K, Cu, Zn und sogar Mn, ist ebenfalls behindert. Neben der gehemmten Nährstoffaufnahme werden auch die Stresshormone Abscisinsäure und Ethylen gebildet, die die Wachstumshemmung verstärken. Akkumulation von Fettsäuren kann zur Schädigung des Stoffwechsels beitragen. Demzufolge kann die Behebung des Schadens nicht in einer zusätzlichen N-Düngung, sondern nur in einer konsequenten **Vermeidung von Bodenverdichtungen** bestehen.

Definition 7.12: **Unter dem Redoxpotential versteht man das Vermögen, Elektronen abzugeben (Oxidation) oder aufzunehmen (Reduktion).**

Der $O_2$-Mangel führt dazu, dass das **Redoxpotential** des Bodens absinkt (Def. 7.12, Abb. 109). Mit Abnahme des Redoxpotentials werden zunehmend Mikroorganismen aktiv, die für ihre Atmung nicht $O_2$, sondern andere Substrate als Elektronenakzeptor nutzen (Tab. 7.4). So setzt etwa ab einem Redoxpotential von +0,6 V Denitrifikation (Kapitel 10.5) ein. Dabei wird $NO_3^-$ als Elektronenakzeptor genutzt, wobei $N_2O$ (Lachgas) entsteht und gasförmig aus dem Boden entweicht. Denitrifikation stellt daher einen Verlust an verfügbarem N dar und kann zu einem Nährstoffmangel beitragen. Gleichzeitig

$$E = E_o' + R \times T/z \times F \times \ln [ox]/[red]$$

Abb. 109: Die Nernst-Gleichung beschreibt das Redoxpotential (E).
$E_o'$ = Physiologisches Standard-Redoxpotential,
R = Gaskonstante,
T = Temperatur,
z = Anzahl der beteiligten Elektronen,
F = Faraday-Konstante,
[ox] = Konzentration der oxidierten Form (z.B. $Fe^{III}$),
[red] = Konzentration der reduzierten Form (z.B. $Fe^{II}$).

kommt es zur Reduktion von Mn, wobei besonders Braunstein zu pflanzenverfügbarem $Mn^{2+}$ reduziert wird. Saure pH-Werte des Bodens fördern diesen Prozess (Abb. 49) und können zur Mn-Toxizität führen. Bei einem Redoxpotential von +0,5 bis +0,3 V erfolgt verstärkte Reduktion von $Fe^{III}$ zu $Fe^{II}$, so dass unter ungünstigen Bedingungen (z.B. im Reisanbau) Fe-Toxizität beobachtet wird. Bei noch niedrigeren Redoxpotentialen (-0,2 V) reduzieren Mikroorganismen $SO_4^{2-}$ zu $H_2S$ sowie $H^+$ zu $H_2$ und bilden $CH_4$ (Methan). Diese Produkte verlassen den Boden gasförmig und tragen zu S- und C-Verlusten bei.

## Weiterführende Literatur:

Davies, W. J. und Zhang, J.: Root signals and the regulation of growth and development of plants in drying soil. Annu. Rev. Plant Physiol Plant Mol. Biol. **42**, 55-76 (1991)

Ehlers, W.: Wasser in Boden und Pflanze. Dynamik des Wasserhaushalts als Grundlage von Pflanzenwachstum und Ertrag. Eugen Ulmer, Stuttgart (1996)

Qadir, M., T. M. Boers, S. Schubert, A. Ghafoor und G. Murtaza: Agricultural water management in water-starved countries: Challenges and opportunities. Agric. Water Managem. 62, 165-186 (2003)

## Fragen:

- Nennen Sie Beispiele für biochemische Funktionen des Wassers!
- Was versteht man unter Wasseradsorption?
- Welche physikalische Funktionen hat das Wasser in der Pflanze?
- Wie entsteht der Turgor in einer Zelle?
- Warum muss bei geringer Wasserverfügbarkeit des Bodens die N-Düngung vermindert und die K-Düngung erhöht werden?
- Was sind Aquaporine und welche Rolle spielen sie in der Pflanze?
- Welche Voraussetzungen müssen erfüllt sein, dass man von einer osmotischen Anpassung der Pflanze sprechen kann?
- Erläutern Sie die Lockhart-Gleichung! Wie kann K die einzelnen Faktoren beeinflussen?
- Welche physiologischen Stadien von Kulturpflanzen sind gegenüber Dürrestress besonders empfindlich?
- Welche Rolle spielt das Phytohormon Abscisinsäure bei Dürrestress?
- Was sind die Ursachen der Bodensalinität?
- Wie hemmt Bodensalinität das Pflanzenwachstum?
- Welche Prozesse löst Staunässe im Boden aus?
- Warum wird das Pflanzenwachstum durch Staunässe gehemmt?

# 8 Kohlenstoff-Kreislauf



## 8.1 Zusammensetzung der Erdatmosphäre

Versetzen wir uns gedanklich in die Zeit vor etwa drei Milliarden Jahren. Damals besaß die Atmosphäre der Erde eine Zusammensetzung, die für uns tödlich gewesen wäre. Statt einer Konzentration von 21% Sauerstoff (Tab. 8.1), die wir heute vorfinden und für unsere Atmung benötigen, lagen damals reduktive Verhältnisse mit hohen **Methan- und Kohlendioxidkonzentrationen** vor. Einige Wissenschaftler nehmen an, dass die frühe Atmosphäre etwa tausendmal mehr Kohlendioxid als heute enthielt, also 30% statt 0,038%. Primitive methanogene Bakterien bauten niedermolekulare Verbindungen zu Kohlendioxid ($CO_2$) und Methan ($CH_4$) ab, so dass diese Gase nicht wie heute als Spurengase, sondern in erheblich höheren Konzentrationen vorlagen.

| Gas | Vol.-% |
|---|---|
| Stickstoff ($N_2$) | 78,09 |
| Sauerstoff ($O_2$) | 20,95 |
| Argon (Ar) | 0,93 |
| Kohlendioxid ($CO_2$) | 0,04 |

**Tab. 8.1: Zusammensetzung der Erdatmosphäre.**

Vor etwa zwei Milliarden Jahren gab es einen evolutionären Wandel, der das gesamte irdische Leben beeinflussen sollte. Einige Organismen hatten die **Photosynthese** „erfunden“, die es diesen Organismen erlaubte, mit Hilfe der Lichtenergie der Sonne Wasser in seine Bestandteile zu spalten (Abb. 110A). Diese als Hill-Reaktion bekannte Spaltung des Wassers stellte einen Entwicklungsschub dar, denn zuvor entwickelte Photosynthesereaktionen waren auf organische Moleküle als Elektronendonatoren angewiesen. Während organische Moleküle nur in begrenzter Menge vorlagen, stellte Wasser einen geradezu unerschöpfliches Reservoir an potentiell verfügbaren Elektronen dar, mit deren Hilfe sich Energie gewinnen ließ. Sauerstoff stellte bei diesem Prozess lediglich ein Abfallprodukt dar, das für viele Organismen schädlich war. Hätten sich nicht auch $O_2$-verbrauchende Organismen entwickelt, die den Sauerstoff als Akzeptor für Elektronen aus der **Atmung** benötigten und damit das Wasser rezyklierten (Abb. 110B), hätten sich wohl kaum die photosynthetisch aktiven Pflanzen so erfolgreich durchsetzen können.

Im Laufe der erdgeschichtlichen Entwicklung hat sich ein relativ stabiles **Gleichgewicht** eingependelt, in dem der $O_2$-Verbrauch einer etwa gleich großen $O_2$-Produktion gegenübersteht. Tierisches und menschliches Leben ist dabei auf die ständige Neusynthese von Sauerstoff durch Pflanzen angewiesen.

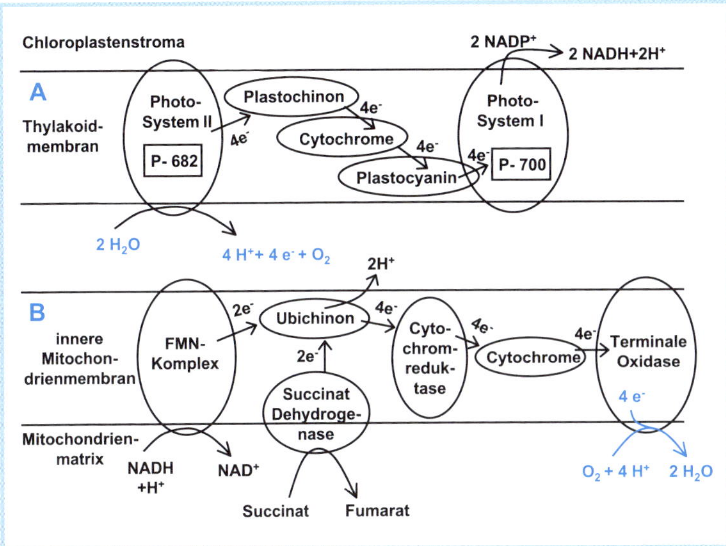


**Abb. 110 A+B:** Vergleich der Sauerstoffproduktion in der Hill-Reaktion der Photosynthese (A) mit dem Sauerstoffverbrauch am Ende der Atmungskette (B). Das in der Photosynthese des Chloroplasten produzierte Abfallprodukt $O_2$ wird in der Atmung der Mitochondrien wieder verbraucht.

Die Spaltung des Wassers erklärt zwar die Anreicherung der Atmosphäre mit Sauerstoff, nicht aber die äußerst niedrigen Konzentration an Kohlendioxid, das heute nur als Spurengas in der Atmosphäre vorkommt. Hierfür sind in erster Linie zwei pflanzliche Enzyme verantwortlich: Die in Chloroplasten lokalisierte **Ribulosebisphosphat-Carboxylase** (Rubisco, Abb. 11) und die im Cytosol vorkommende **PEP-Carboxylase** (Abb. 12). Die beiden Enzyme sorgen dafür, dass Kohlenstoff aus Kohlendioxid assimiliert wird (vgl. Kapitel 3.2). Dieses Beispiel zeigt, dass biochemische Prozesse in der Pflanze durchaus Auswirkungen auf die Umwelt von globalem Ausmaß haben können.

## 8.2 Globaler Kohlenstoff-Kreislauf

1958 begann Charles David Keeling im Scripps-Institut für Meereskunde auf Hawaii, die $CO_2$-Konzentration der Atmosphäre regelmäßig zu messen. Die Messstation liegt etwa 3200 km vom Festland entfernt, so dass direkte Wirkungen von Emittenten auf die Messwerte ausgeschlossen werden können. Seit Beginn der Aufzeichnungen stieg die $CO_2$-Konzentration von 0.032% auf heute 0,038%. (Abb. 111). Die Messwerte sind so zuverlässig, dass deutliche Unterschiede zwischen den Sommer- und Winterwerten festgestellt werden können. Aufgrund der

**Abb. 111:** Anstieg der atmosphärischen $CO_2$-Konzentration in den letzten Jahrzehnten (Keeling-Kurve, nach Weart 2003)

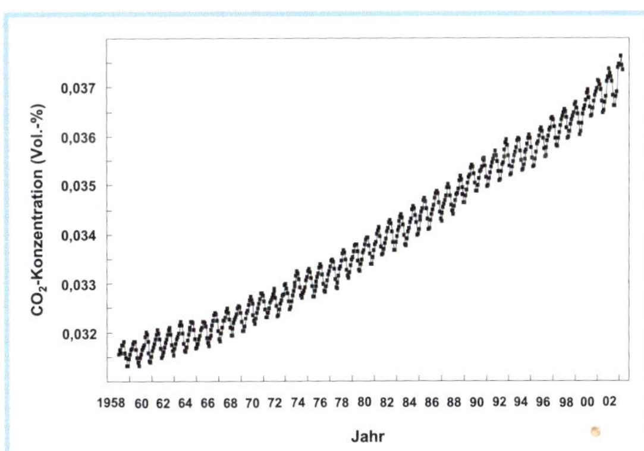

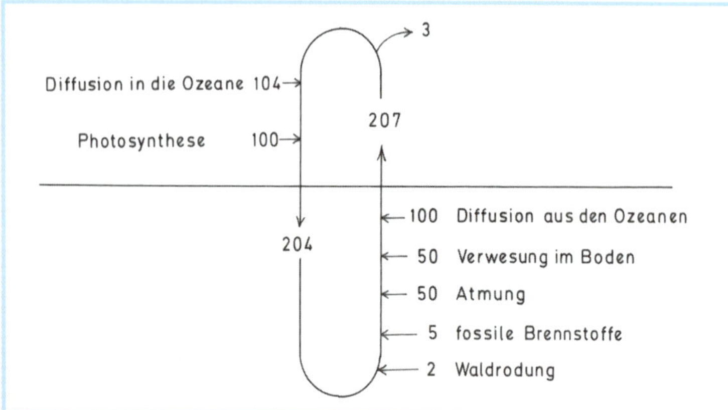


**Abb. 112:** Jährliche globale Kohlenstoff-Flüsse in Milliarden Tonnen C (nach HOUGHTON und WOODWELL 1989).

Photosyntheseleistung sind die Werte im Sommer deutlich niedriger als im Winter. Ursache des kontinuierlichen Anstiegs der atmosphärischen $CO_2$-Konzentration ist in erster Linie die ständig zunehmende Verbrennung fossiler Rohstoffe seit Beginn der industriellen Revolution.

Die jährlich in die Atmosphäre freigesetzten C-Mengen in Form von $CO_2$ sind gigantisch (Abb. 112): Insgesamt werden etwa 207 Milliarden Tonnen C aus Ozeanen, Böden und aus der Atmung emitiert. Dagegen nehmen sich die menschlich bedingten zusätzlich freigesetzten 7 Milliarden Tonnen C geradezu bescheiden aus, sind aber für den Anstieg der $CO_2$-Konzentration in der Atmosphäre verantwortlich. Der Emission von 207 Milliarden Tonnen C steht ein Verbrauch von 204 Milliarden Tonnen C gegenüber. Die Differenz von etwa 3 Milliarden Tonnen C lässt die $CO_2$-Konzentration in der Atmosphäre ansteigen.

Der größte $CO_2$-Verbrauch tritt durch Diffusion von $CO_2$ in die Ozeane auf. Die Lösung von $CO_2$ in Wasser bildet Bicarbonat ($HCO_3^-$), das unter dem Einfluss von Meerestieren langfristig in Kalk umgewandelt und auf diese Weise immobilisiert wird (Abb. 113). Insgesamt existiert hiermit ein riesiger Puffer, der mit 104 Milliarden Tonnen C einen Teil des zusätzlich vom Menschen freigesetzten C bindet. Allerdings funktioniert diese C-Pumpe zu langsam, um den gesamten Überschuss an C zu kompensieren. Die Photosynthese ist der zweite wichtige Prozess, der freigesetztes $CO_2$ wieder bindet. Eine globale Steigerung der Photosynthese von nur 3% würde ausreichen, die C-Bilanz auszugleichen. Auch Verminderungen der C-Freisetzung aus den Böden und der Waldrodungen könnten den Überschuss abbauen.

$$CO_2 + H_2O \leftrightarrow H_2CO_3 \leftrightarrow H^+ + HCO_3^-$$

$$HCO_3^- + Ca^{2+} \leftrightarrow CaCO_3 + H^+$$

**Abb. 113:** Schrittweiser Einbau von $CO_2$ in Kalk.

| Treibhausgas | Konzentration 1750 | Konzentration 1990 | Spezifisches Treibhauspotential | Anteil % |
|---|---|---|---|---|
| $CO_2$ | 280 | 353 | 1 | 50 |
| $CH_4$ | 0,8 | 1,7 | 32 | 19 |
| FCKW | - | 0,0003 | 15000 | 17 |
| $O_3$ | - | 0,02 | 2000 | 8 |
| $N_2O$ | 0,29 | 0,31 | 150 | 4 |
| $\sum$ | | | | 98 |

Tab. 8.2: **Konzentrationen, spezifisches Treibhauspotential und Anteil am Treibhauseffekt von verschiedenen Spurengasen (Kriebitzsch 1992).**

## 8.3 Treibhauseffekt

Kohlendioxid ist das wichtigste einer Reihe von Spurengasen in der Atmosphäre, die als **Treibhausgase** wirken (Def. 8.1, Tab. 8.2). Obwohl die Konzentration 1000-fach größer ist als diejenige von Lachgas ($N_2O$), trägt $CO_2$ „nur" 50%, $N_2O$ aber 4% zum Treibhauseffekt bei. Ursache hierfür ist, dass die Spurengase unterschiedlich stark als Treibhausgase wirken. So ist das spezifische Treibhauspotential von $N_2O$ 150-fach größer als dasjenige von $CO_2$. Fluorchlor-Kohlenwasserstoffe (FCKW), die früher als Treibmittel für Spraydosen, Kältemittel für Klima- und Kälteanlagen sowie zum Schäumen von Kunststoffen verwendet wurden, aber seit 1995 in der Europäischen Union verboten sind, haben ein 15.000-fach größeres Treibhauspotential als $CO_2$. Das zweitwichtigste Spurengas, Methan ($CH_4$), ist mit 19% am Treibhauseffekt beteiligt.

**Definition 8.1:**
**Der Treibhauseffekt kommt dadurch zustande, dass kurzwellige Sonnenstrahlung fast ungehindert bis zum Erdboden vordringt und dort z.T. absorbiert und in Wärme umgewandelt wird. Von der erwärmten Erdoberfläche ausgesandte langwellige Strahlung wird von den Treibhausgasen absorbiert und verstärkt dadurch die Erwärmung der Atmosphäre.**

Mit 50% Anteil am durch den Menschen verursachten Treibhauseffekt spielt die Verbrennung fossiler Energieträger durch Industrie, Haushalte und Verkehr die größte Rolle (Tab. 8.3). Wegen der langen Verweildauer dürften trotz des weitgehend globalen Herstellungsverbots FCKW noch auf Jahrzehnte maßgeblich zum Treibhauseffekt beitragen. Auch die Landwirtschaft ist mit 15% am Treibhauseffekt beteiligt. Dabei spielt die Freisetzung von $CH_4$ die entscheidende Rolle. Methan wird einerseits von Wiederkäuern, andererseits im Sumpfreisanbau in großen Mengen produziert. Neue wassersparende Produktionstechniken helfen nicht nur den weltweit knappen Produktionsfaktor Wasser effizient einzusetzen, sondern auch, weniger $CH_4$ zu emitieren. Da allerdings möglicherweise durch verschiedene Prozesse verstärkt Lachgas ($N_2O$) freigesetzt wird (Kapitel 10.5), ist die Wirkung wassersparender Technik im Reisan-

Tab. 8.3: **Globale Verursacher von Treibhausgasen (Burdick 1995)**

| Verursacher | % |
|---|---|
| Verbrennung fossiler Energieträger durch Industrie, Haushalte und Verkehr | 50 |
| Freisetzung von FCKW | 20 |
| Landwirtschaft | 15 |
| Brandrodung der Tropenwälder | 15 |

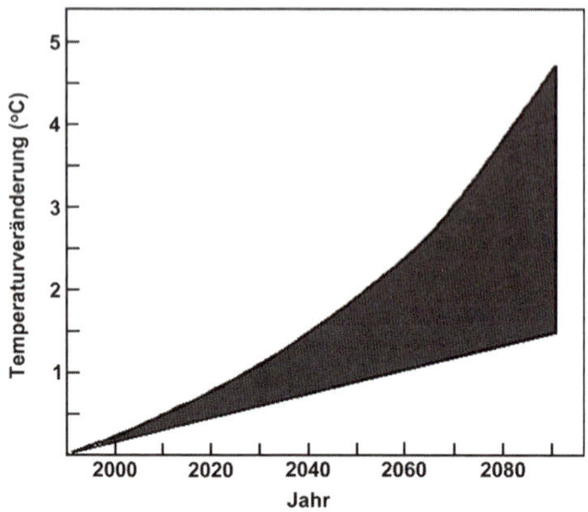


Abb. 114: Spannweite verschiedener Prognosen des globalen Temperaturanstiegs nach Berechnung verschiedener Szenarien in den nächsten Jahrzehnten (nach LOMBORG 2002).

bau auf das Treibhauspotential noch nicht abschließend geklärt.

Mit der Verbesserung von Simulationsmodellen konnten die Prognosen zur Entwicklung des Klimas wesentlich verbessert werden. Obwohl auch eine Rolle der Sonnenaktivität für Änderungen von Klimaphänomenen diskutiert wird und wahrscheinlich ist, ist sich die Mehrheit der Wissenschaftler heute einig, dass der durch den Menschen bewirkte Treibhauseffekt maßgeblich an einer Erhöhung der globalen Durchschnittstemperatur beteiligt ist (Abb. 114). Diese Klimaerwärmung führt bereits messbar zum Abschmelzen des Polar- und Gletschereises der Gebirge und könnte in Küstenregionen durch Erhöhung des Meeresspiegels die Gefahr von Überschwemmungen ansteigen lassen. Das vermehrte Auftreten von Wetterextremen lässt bereits jetzt die Kosten von Versicherungsleistungen ansteigen. Problematischer als Durchschnittswerte dürften aber regionale Veränderungen sein. Während in manchen Gegenden mit verstärkten Niederschlägen zu rechnen ist, kommt es in anderen zu ausgeprägten Dürreperioden, die die Vegetationsgürtel verschieben können. Neben den Auswirkungen auf natürliche Ökosysteme ist auch mit regional unterschiedlichen Veränderungen der Standorteigenschaften für die Agrarproduktion zu rechnen. Während manche Standorte von den Veränderungen profitieren, kann es auf anderen zu Missernten mit erheblichen sozialen Folgen für die Landbevölkerung kommen.

## 8.4 Nachwachsende Rohstoffe

Die Endlichkeit der fossilen Rohstoffe, die man erstmals während der beiden Ölkrisen 1973 und 1979 bewusst wahrnahm, und die Zunahme von $CO_2$ in der Atmosphäre führten zu der Idee, mit nachwachsenden Rohstoffen nicht nur eine erneuerbare Energie- und Rohstoffquelle zu schaffen, sondern auch den Pflanzennährstoff C wieder in einen Kreislauf zu bringen. Diesem visionären Ansatz standen skeptische Stimmen gegenüber, die die Nutzung von nachwachsenden Rohstoffen als Rückschritt ansahen. Auch vor der größeren Nutzung von Kohle und Erdöl war Holz als nachwachsender Rohstoff genutzt worden, konnte aber den Bedarf der industriellen Revolution nicht decken. Es stellt sich daher die Frage, wie groß der Beitrag von nachwachsenden Rohstoffen an der Energieversorgung der Menschheit sein kann.

Der jährliche Energiebedarf der Menschheit liegt bei $10^{18}$ J, der energetische Bedarf für die Produktion von Lebensmitteln beträgt etwa $10^{17}$ J (Abb. 115). Geht man von einer Energiebereitstellung der Sonne von $3 \times 10^{21}$ J aus, so werden bei Zugrundelegen einer sehr niedrigen Umwandlungseffizienz von 0,1% durch Pflanzen $3 \times 10^{18}$ J Energie in Form von Biomasse produziert.

Kulturpflanzen können etwa 1 bis 3% der Sonnenenergie in Biomasse umwandeln. Die niedrig angesetzte Energieeffizienz von 0,1% berücksichtigt, dass weite Gebiete der Erdoberfläche Wüsten darstellen und daher nur mit erhöhtem Aufwand genutzt werden können. Selbst aus dieser vorsichtigen Schätzung geht hervor, dass jährlich dreimal mehr Energie durch Photosynthese gebunden wird als die Menschheit an Energie verbraucht.

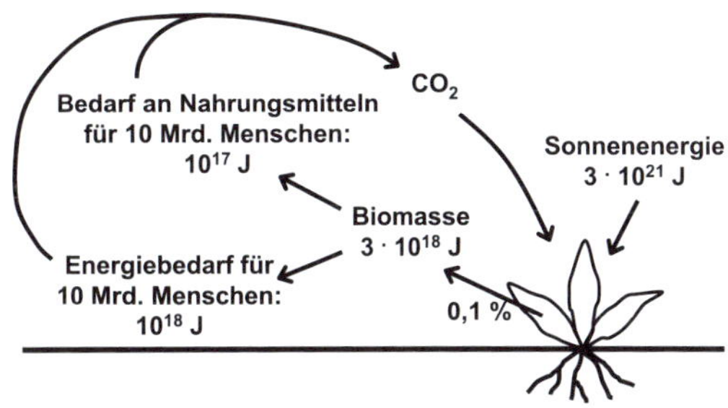


**Abb. 115:** Vergleich der globalen photosynthetischen Rohstoffproduktion mit dem Nahrungsbedarf und dem Energieverbrauch der Menschheit (Angaben in J).

Die Einbindung von Kulturpflanzen in den C-Kreislauf zur Bereitstellung von Energie und Rohstoffen könnte über eine geringere Nettofreisetzung von $CO_2$ dazu beitragen, dass die $CO_2$-Konzentrationen der Atmosphäre nicht weiter ansteigen. Werden Wüstengebiete ebenfalls in diesen Kreislauf eingebunden, ließe sich die Photosynthese weiter steigern. Konkrete, heute schon technisch realisierbare und mengenmäßig wichtige Ansätze zur Nutzung nachwachsender Rohstoffe ergeben sich besonders in den Produktlinien **Biogas**, **Biodiesel** und **Bioethanol**, die zunehmend als Energieträger, Kraftstoffe und Kraftstoffzusätze verwendet werden. In Deutschland stieg die Biodieselproduktion von 50.000 t (1998) auf über 1,1 Million t (2003). Dies entspricht bereits 3% des in Deutschland verbrauchten Dieselkraftstoffs. Auch die heute bereits technisch mögliche Beimischung von 5% Bioethanol zu Ottokraftstoffen lässt sich durch inländische Produktion der Pflanzenrohstoffe problemlos erreichen (Tab. 8.4). Je nachdem, wie die Produktlinie optimiert wird, ergeben sich $CO_2$-Einsparungen zwischen 50 und 90%. Hier gibt es besondere Herausforderungen an die agrarwissenschaftliche und technische Forschung, diese Produktlinien weiter zu optimieren und neue zu entwickeln.

| Getreideart | Anbaufläche (Millionen Hektar) | Produktionsmenge (Millionen Tonnen Getreide) |
|---|---|---|
| Weizen | 0,54 | 3,96 |
| Roggen | 0,80 | 4,19 |
| Gesamte Getreideanbaufläche 2002 | 6,90 | – |

**Tab. 8.4: Notwendige Anbaufläche von Weizen oder Roggen zur Produktion von in Deutschland benötigtem Bioethanol für die Beimischung zu Ottokraftstoffen (5%) im Vergleich zur gesamten Getreideanbaufläche (nach PUTENSEN 2005).**

## Weiterführende Literatur:

LOMBORG, B.: Apocalypse No! Wie sich die Lebensgrundlagen wirklich entwickeln. Zu Klampen, Lüneburg (2002)

WEART, S. P.: The Discovery of Global Warming. Harvard University Press, Cambridge, Massachusetts (2003)

**Fragen:**

- Welcher Prozess bildet den Sauerstoff in der Erdatmosphäre?
- Welcher Prozess verbraucht Sauerstoff?
- Warum kommt $CO_2$ heute nur als Spurengas in der Atmosphäre vor?
- Nennen Sie Gründe für den Anstieg der $CO_2$-Konzentration in der Atmosphäre!
- Welches sind die wichtigsten Input- und Outputprozesse für atmosphärisches $CO_2$?
- Was sind Treibhausgase?
- Nennen Sie potentielle Auswirkungen der globalen Erwärmung!
- Welche Vorteile ergeben sich aus der Nutzung nachwachsender Rohstoffe?

# 9 Kohlenstoff-Assimilation der Pflanzen

Inhalt Kapitel 9



## 9.1 Übersicht

In Kapitel 3.2 wurde gezeigt, dass verschiedene Enzyme $CO_2$ assimilieren. Das bedeutendste Enzym, das die $CO_2$-Assimilation in der Photosynthese ermöglicht, ist die Ribulosebiphosphat-Carboxylase (Rubisco). Allerdings könnte das Enzym allein keine $CO_2$-Assmilation betreiben, sondern ist auf einen komplizierten Apparat (**Chloroplast**) und verschiedene biochemische und biophysikalische Prozesse angewiesen. In der **Lichtreaktion** wird zunächst die Lichtenergie über elektrische Energie und elektrochemische Energie in chemische Energie in Form von ATP und NADPH + $H^+$ umgewandelt. In der **Dunkelreaktion** erfolgt die eigentliche Assimilation über Rubisco, wobei im Calvin-Zyklus das Ausgangssubstrat für die Assimilation (Ribulosebisphosphat) wieder rezykliert werden muss. Die Photosynthese ist das Paradebeispiel für Funktionen fast aller Pflanzennährstoffe: Bis auf drei Nährstoffe, deren Beteiligung an der Photosynthese noch nicht explizit gezeigt wurde (B, Ni und Mo), sind alle Nährstoffe direkt an der Photosynthese beteiligt.

## 9.2 Chloroplast

Chloroplasten sind Organellen, die cytoplasmatisch in Form von Proplastiden mütterlicherseits vererbt werden. Durch Differenzierung gehen aus den Proplastiden verschiedene Plastiden hervor:

- Amyloplasten
- Etioplasten
- Chloroplasten

**Amyloplasten** sind auf die Speicherung von Stärke spezialisierte Plastiden. Bei Lichtmangel bilden sich **Etioplasten**. Unter dem Einfluss von Licht können sich Proplastiden zu **Chloroplasten** differenzieren. Dabei entsteht eine kompartimentierte Organelle, die von zwei Membranen umschlossen wird (Abb. 116). In das **Stroma** sind **Thylakoide** eingebettet, die z.T. stapelförmig übereinander geschichtet sind. Der Thylakoidinnenraum wird durch eine Membran, die Thylakoidmembran, vom Stroma abgetrennt. Während

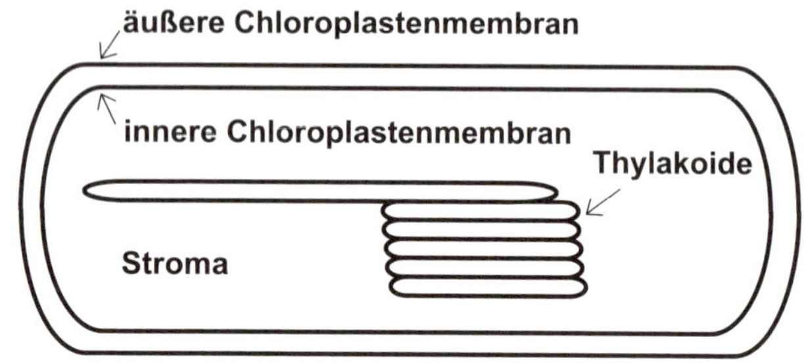


**Abb. 116:** Schematische Darstellung eines Chloroplasten.

die Lichtreaktion in den Thylakoiden stattfindet, sind die Enzyme der Dunkelreaktion (Calvin-Zyklus) im Stroma lokalisiert.

## 9.3 Lichtreaktion

In den Thylakoidmembranen sind Pigmente eingebettet, die Lichtenergie absorbieren. Die wichtigsten Pigmente sind die **Chlorophylle a und b** (Abb. 40), die nur funktionsfähig sind, wenn sie Mg als Zentralatom enthalten. Erst Mg verleiht dem Chlorophyll seine grüne Farbe, die auf die Reflexion von Licht dieser Wellenlängen zurückzuführen ist. Fehlt das Mg , wie im Phäophytin, so erscheint das Molekül farblos, was anzeigt, dass es zur Lichtabsorption nicht fähig ist. Einbau von Mg führt dazu, dass Licht mit einem Maximum bei 680 bis 700 nm absorbiert wird. Neben Chlorophyllen treten sogenannte akzessorische Pigmente auf, die helfen, auch das Licht anderer Wellenlängen zu nutzen (bei 420 nm). Es handelt sich dabei um **Carotinoide** (Abb. 117). Je nachdem, welche Carotinoide vorherrschen, verleihen sie dem Gewebe eine rote, orange oder gelbe Farbe, wie sie z.B. in Tomaten, Karotten oder

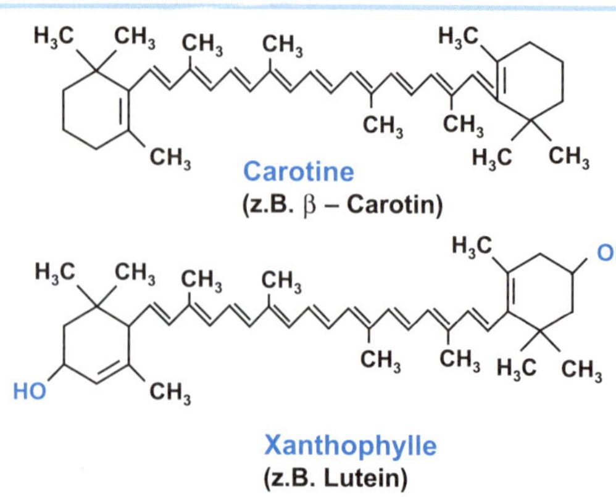


**Abb. 117:** Beispiele für Carotinoide. Carotine (A) unterscheiden sich von Xanthpophyllen (B) durch die Hydroxylgruppe.

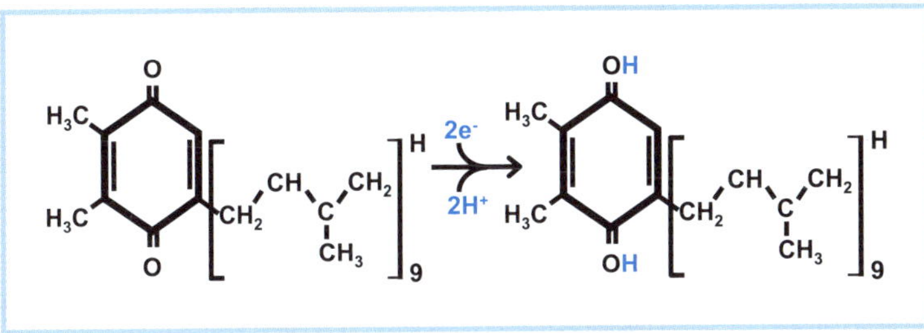


**Abb. 118:** Elektronenübertragung durch Plastochinon.

Maiskörnern zu finden ist. Die Gruppe der Carotinoide untergliedert sich in zwei Untergruppen, die Carotine und die Xanthophylle. Xanthophylle unterscheiden sich von Carotinen durch die OH-Gruppe (Abb. 117).

Die Pigmente sind in Photosystemen strukturiert angeordnet. Das **Photosystem II** wurde bereits in Kapitel 3.4 vorgestellt (Abb. 37). Neben den Pigmenten enthält es Proteine, deren positive Ladungen mit Cl-Ionen und negative Ladungen mit Ca-Ionen abgesättigt sein müssen, um die Proteine funktionsfähig zu erhalten. Mangan kann durch Valenzwechsel Elektronen übertragen. Trifft nun Lichtenergie auf die Pigmente, so werden diese in Schwingungen versetzt. Mittels induktiver Resonanz geben sie ihre eingefangene Energie an ein Chlorophyllmolekül ab, das dadurch in die Lage versetzt wird, ein Elektron herauszuschleudern. Der Elektronenverlust wird durch Elektronen ersetzt, die bei der Spaltung von Wasser freigesetzt werden. Das herausgeschleuderte Elektron wird von Chinon aufgefangen und an **Plastochinon** weitergeleitet (Abb. 118).

Dies ist der Beginn der photosynthetischen Elektronentransportkette. Plastochinon gibt die Elektronen weiter an **Cytochrome**. Hierbei handelt es sich um Redoxsysteme, die die Hämgruppe mit Fe als Zentralatom enthalten (Abb. 48). Mittels Valenzwechsel dieses Fe ($Fe^{III} \leftarrow \rightarrow Fe^{II}$) können die Elektronen von den Cytochromen an **Plastocyanin** „weitergereicht“ werden. Dabei handelt es sich um ein Redoxsystem, das Cu enthält, das einen Valenzwechsel erfährt ($Cu^{II} \leftarrow \rightarrow Cu^{I}$, Abb. 119). Plastocyanin gibt die Elektronen an das **Photosystem I** ab, das Ähnlichkeit mit Photosystem II hat, sich aber dennoch

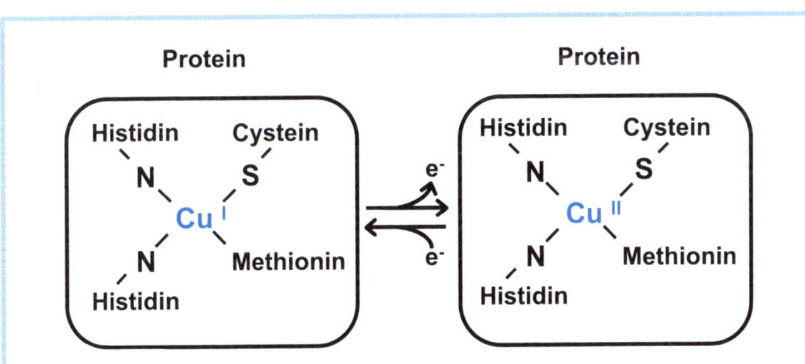


**Abb. 119:** Elektronenübertragung durch Plastocyanin.

in wesentlichen Punkten von diesem unterscheidet. So besitzt es ein höheres Absorptionsmaximum (700 nm statt 680 nm), hat keine wasserspaltende Domäne und benötigt kein Ca, Cl und Mn.

Auch im Photosystem I wird von den Pigmenten Lichtenergie eingefangen und dazu benutzt, Elektronen aus einem Chlorophyllmolekül herauszuschleudern. Im Unterschied zum Photosystem II werden hier die Elektronen durch Oxidation von Plastocyanin angeliefert. Die aus dem Photosystem I herausgeschleuderten Elektronen werden schließlich auf **Ferredoxin** übertragen, das zwei Fe in Form eines binuklearen Fe-S-Clusters enthält. In einem binuklearen Fe-S-Cluster sind zwei Fe-Atome mit zwei S-Atomen verbunden (die vier S-Atome der Cysteinmoleküle werden bei der Bezeichnung nicht berücksichtigt, Abb. 120). Eines dieser Fe-Ionen kann ein Elektron durch Valenzwechsel weitergeben und damit $NADP^+$ zu **NADPH + $H^+$** reduzieren. Dies ist das Ende der photosynthetischen Elektronentransportkette: Ausgehend von der Wasserspaltung werden Elektronen über verschiedene Redoxsysteme weitergeleitet, bis das Coenzym NADPH + $H^+$ in reduzierter Form vorliegt. Die wie in einem Kupferdraht fließende elektrische Energie wird letztlich in chemischer Form gebunden. NADPH + $H^+$ wird in der Dunkelreaktion für die Reduktion von organischen Säuren zu Zuckern benötigt (Kapitel 9.4). Neben C, O, H, N, P und S als allgemeine Bauelemente sind speziell an der photosynthetischen Elektronentransportkette die folgenden Nährstoffe beteiligt:

- Calcium
- Chlor
- Mangan
- Magnesium
- Eisen
- Kupfer

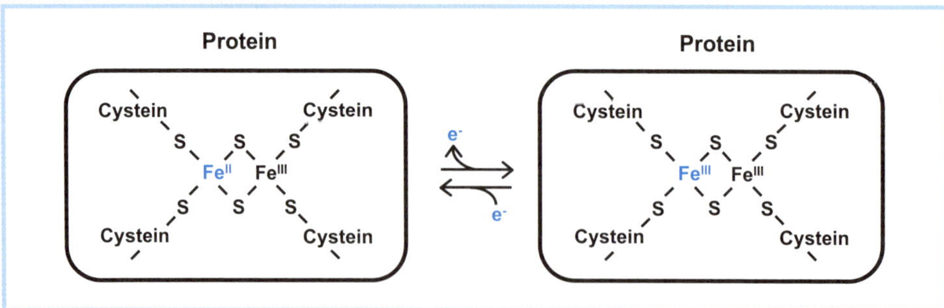


**Abb. 120:** Elektronenübertragung durch Ferredoxin.

Werden Elektronen nicht geordnet weitergeleitet, sondern auf Sauerstoff übertragen, so entsteht das toxische Superoxid, das zu Schädigungen von Membranen und Nukleinsäuren führen kann. Superoxidradikale müssen daher entgiftet werden (Abb. 121). Hierzu dienen Cu- und Zn-haltige Superoxiddismutasen (SOD), die die Superoxidradikale mit Protonen zunächst in Wasserstoffperoxid ($H_2O_2$) umwandeln. $H_2O_2$ wird anschließend durch Katalasen unschädlich gemacht.

Die photosynthetische Elektronentransportkette dient nicht nur der Reduktion von $NADP^+$ zu $NADPH + H^+$, sondern liefert auch die Energie zur Synthese von **ATP**, das ebenfalls als Coenzym für die Zuckersynthese in der Dunkelreaktion benötigt wird (Kapitel 9.4). Wie aus Abb. 122 hervorgeht, erfolgt in den beiden Photosystemen ein **aktiver Transport** von Elektronen gegen ein Redoxpotentialgefälle (Abb. 109). Die Elektronen werden auf ein höheres Energieniveau angehoben. Die notwendige Energie für den aktiven Transport wird von der absorbierten Lichtenergie bereitgestellt. Sie ermöglicht das Anheben der Elektronen von einem Niveau positiver physiologischer Redoxpotentiale auf ein Niveau negativer physiologischer Redoxpotentiale. Elektronen werden sozusagen gegen negative Ladung transportiert. Ausgehend von dem erhöhten Energieniveau schließt sich ein **passiver Transport** der Elektronen mit dem Redoxpotentialgefälle an. Der „Bergabtransport“ der Elektronen vom negativen zum positiven (oder weniger negativen) Standardredoxpotential setzt Energie frei, die in zwei Schritten für die ATP-Synthese genutzt wird.

$$O_2 + e^- \rightarrow O_2^{-\cdot} \qquad \text{(A)}$$

$$O_2^{-\cdot} + O_2^{-\cdot} + 2\,H^+ \xrightarrow[\text{SOD}]{} H_2O_2 + O_2 \qquad \text{(B)}$$

$$2\,H_2O_2 \xrightarrow[\text{Katalase}]{} 2\,H_2O + O_2 \qquad \text{(C)}$$

**Abb. 121:** Entstehung eines Superoxidradikals (A), Entgiftung durch Superoxid-Dismutase (B) und Entgiftung von $H_2O_2$ durch Katalase (C).

In einem ersten Schritt wird die elektrische Energie in einen **elektrochemischen Protonengradienten** (vgl. Abb. 68) umgewandelt (Abb. 123). Hierzu tragen vier Prozesse bei:

1. Freisetzung von Protonen durch Wasserspaltung auf der Thylakoidinnenseite
2. Verbrauch von Protonen auf der Stromaseite durch die Reduktion von Plastochinon
3. Freisetzung von Protonen in den Thylakoidinnenräumen durch Reduktion der Cytochrome
4. Verbrauch von Protonen auf der Stromaseite durch Reduktion von $NADP^+$ zu $NADPH + H^+$

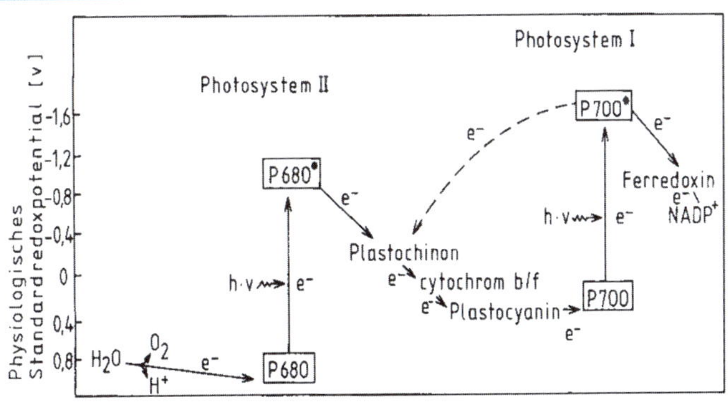


**Abb. 122:** Photosynthetische Elektronentransportkette.

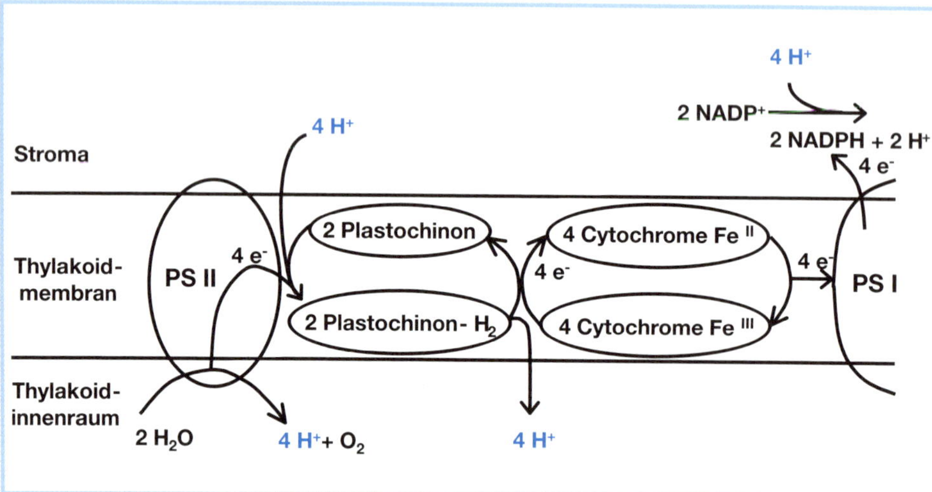


**Abb. 123:** Aufbau eines elektrochemischen Protonengradienten an der Thylakoidmembran.

Diese Prozesse führen dazu, dass das Stroma alkalisch und die Thylakoidinnenräume sauer werden (Abb. 124). Einem pH-Wert von über 8 im Stroma steht ein pH-Wert von etwa 5 im Thylakoidinnenraum gegenüber: Ein tausendfacher Unterschied in der freien $H^+$-Konzentration. Die Akkumulation positiver Ladung in Form von Protonen erzeugt zusätzlich einen elektrischen Gradienten.

Der elektrochemische Protonengradient an der Thylakoidmembran stellt eine Form von Energie dar, die im zweiten Schritt zur Synthese von ATP genutzt werden kann. Hierzu dient das Enzym **ATP-Synthase**, das mit seiner $F_o$-Untereinheit in der Thylakoidmembran eingebettet ist (Abb. 125). Die $F_o$-Untereinheit stellt einen Protonenkanal dar, der die im Thylakoidinnenraum „aufgestauten" Protonen passiv durch die Membran auf die $F_1$-Untereinheit leitet. Wie eine Turbine an einer Talsperre durch Wasser angetrieben wird, um Strom zu produzieren, wird die $F_1$-Untereinheit in Rotation versetzt. Diese kinetische Energie wird genutzt, um ADP zu ATP zu phosphorylieren (Abb. 125). Dabei wird kinetische Energie in chemische Energie überführt. Die beiden in der Lichtreaktion gebildeten Coenzyme ATP und NADPH + $H^+$ werden in der Dunkelreaktion der Photosynthese benötigt.

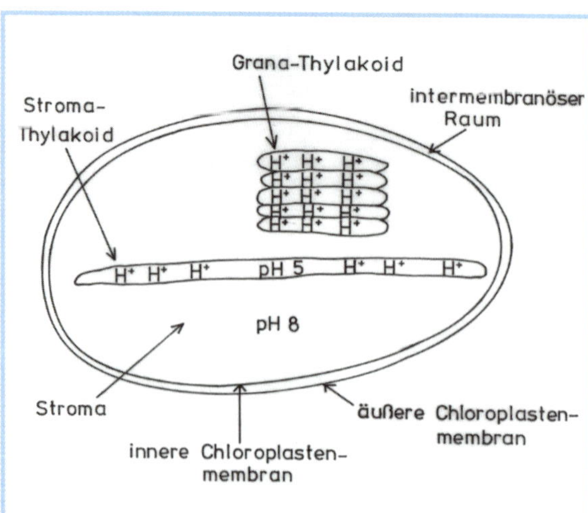


**Abb. 124:** Elektrochemischer Protonengradient an der Thylakoidmembran.

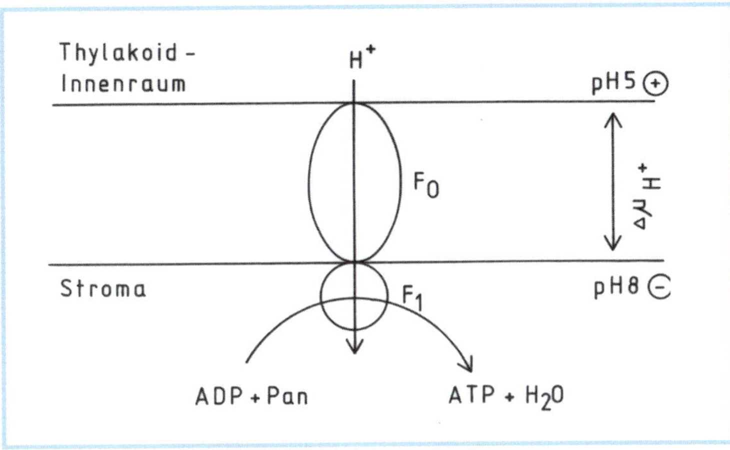


**Abb. 125:** Die ATP-Synthase nutzt den elektrochemischen Protonengradienten für die Synthese von ATP. Wegen ihres Aufbaus aus der Untereinheit $F_0$ (Protonenkanal) und $F_1$ (katalytisches Zentrum) wird sie auch als $F_0F_1$-ATPase bezeichnet.

## 9.4 Dunkelreaktion

Die Dunkelreaktion stellt die eigentliche $CO_2$-Assimilation dar. Sie wird deshalb als Dunkelreaktion bezeichnet, weil die einzelnen Reaktionen auch ohne Licht im Reagenzglas nachvollziehbar sind. Für die Aufklärung der zyklischen Reaktionsfolge wurde Melvin Calvin 1961 mit dem Nobelpreis ausgezeichnet, und die Dunkelreaktion erhielt den Namen **Calvin-Zyklus** (Def. 9.1, Abb. 126). Ausgangs- und Endmolekül der Dunkelreaktion ist der zweifach phosphorylierte Zucker Ribulose-1,5-Bisphosphat, der von dem Enzym **Ribulosebisphosphat-Carboxylase (Rubisco)** carboxyliert wird (Abb. 126).

**Definition 9.1: Unter einem Zyklus versteht man in der Biochemie eine Abfolge von Reaktionen, in denen ein Ausgangsmolekül Umformungen unterworfen ist, am Ende dieser Reaktionsfolge aber wieder in seiner ursprünglichen Form vorliegt.**

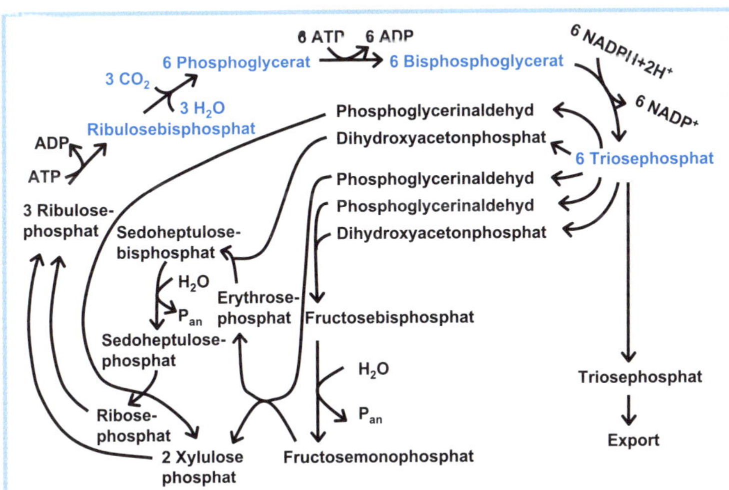


**Abb. 126:** $CO_2$-Assimilation im Calvin-Zyklus.

**Abb. 127:** Aktivierung von Phosphoglycerat durch Phosphorylierung zu Bisphosphoglycerat.

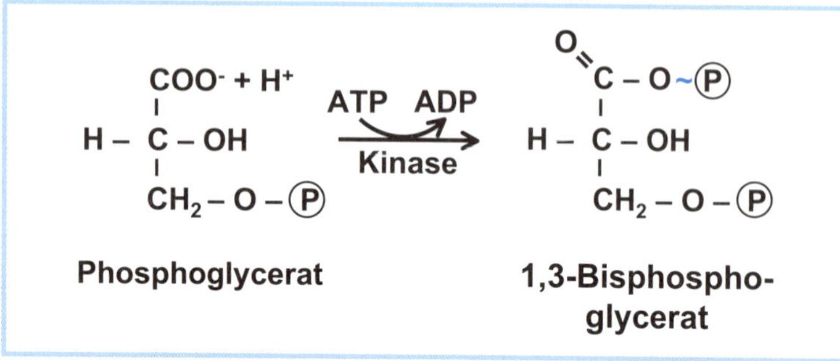


Rubisco ist eines der wichtigsten Enzyme: 30-50% der löslichen Proteinmenge in Blättern gehen allein auf Rubisco zurück. Wie die anderen Enzyme der Dunkelreaktion ist sie im Stroma der Chloroplasten lokalisiert. Eine hohe Rubisco-Aktivität setzt **hohe pH-Werte** (pH 8,3-8,6) und **hohe $Mg^{2+}$-Konzentrationen** voraus. Hohe pH-Werte im Stroma liegen immer dann vor, wenn die photosynthetische Elektronentransportkette mit hoher Rate Protonen in die Innenräume der Thylakoide abscheidet (Abb. 123, 124). Dies ist bei gut funktionierender Lichtreaktion der Fall. Da neben dem pH-Gradienten aber auch ein elektrischer Gradient aufgebaut wird, begrenzt die positive Ladung der Protonen ihre weitere Abscheidung in die Thylakoidinnenräume und damit die Bildung des pH-Gradienten, wenn im Stroma nicht ausreichend Kationen zum elektrostatischen Ausgleich zur Verfügung stehen. Wegen seiner guten Membranpermeabilität (Kapitel 3.4) spielt $K^+$ als Gegenion zu $H^+$ eine entscheidende Rolle: Die Dunkelreaktion wird daher durch $K^+$ gefördert, weil es hilft, den pH-Wert im Stroma der Chloroplasten auf das Optimum der Rubisco anzuheben.

Die Produkte der Rubisco-Aktivität sind zwei Moleküle Phosphoglycerat, die zur weiteren Umformung zunächst aktiviert werden müssen. Energiespender ist das in der Lichtreaktion gebildete Coenzym ATP, das für die Phosphorylierung von Phosphoglycerat zu Bisphosphoglycerat genutzt wird (Abb. 127). Erst in dieser Form können die Anionen zu Zuckern, den Triosephosphaten, reduziert werden. Hierfür wird das ebenfalls in der Lichtreaktion

**Abb. 128:** Reduktion und Dephosphorylierung von Bisphosphoglycerat zu Triosephosphat.

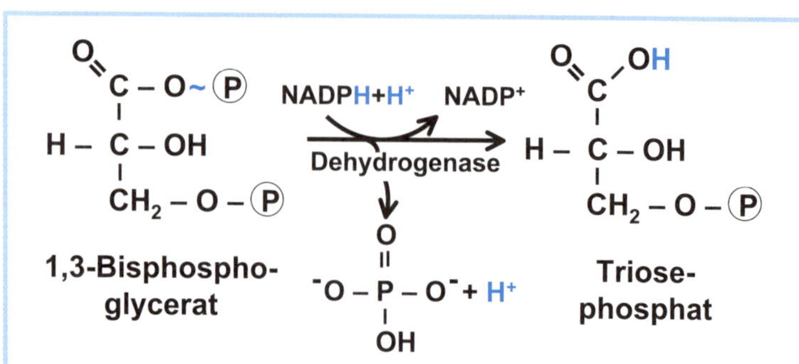

produzierte Coenzym NADPH + $H^+$ eingesetzt (Abb. 128). Mit dieser Reaktion ist die eigentliche $CO_2$-Assimilation in der Dunkelreaktion abgeschlossen. Die weiteren Schritte dienen lediglich der Rezyklierung des Akzeptormoleküls Ribulose-1,5-Bisphosphat (Abb. 126). Nach dreimaliger Carboxylierung von Ribulosebisphosphat kann ein Triosephosphat in das Cytosol exportiert und für Synthesezwecke verwendet werden.

**Definition 9.2:**
**Ein Enzym mit hoher Substrataffinität kann auch bei niedrigen Substratkonzentrationen eine Reaktion mit hoher Rate katalysieren.**

Einige tropische bzw. subtropische Pflanzen haben eine Strategie entwickelt, mit der sie das in der Atmosphäre gering konzentrierte $CO_2$ (Tab. 8.1) besser „einsammeln" können. Es handelt sich um sogenannte $C_4$-Pflanzen, zu denen wichtige Kulturpflanzen wie z.B. Mais, Sorgum und Zuckerrohr gehören. Aufgrund besonderer anatomischer Voraussetzungen können sie $CO_2$ in Form von Bicarbonat ($HCO_3^-$) zunächst mit dem Enzym PEP-Carboxylase binden (Abb. 12). Das entstandene Oxalacetat wird zu Maltat reduziert (Abb. 16). Da im Gegensatz zu den im Calvin-Zyklus primär gebildeten $C_3$-Körpern (Phosphoglycerat) zunächst $C_4$-Körper (Oxalacetat) gebildet werden, werden diese Pflanzen als $C_4$-Pflanzen bezeichnet. Da PEP-Carboxylase eine höhere Affinität für sein Substrat $HCO_3^-$ aufweist als Rubisco für sein Substrat $CO_2$ (Def. 9.2), sind $C_4$-Pflanzen effizienter in der $CO_2$-Assimilation als $C_3$-Pflanzen. Aber auch $C_4$-Pflanzen haben einen Calvin-Zyklus, in den sie den vorfixierten Kohlenstoff in Form von $CO_2$ nach Decarboxylierung von Malat einspeisen.

$C_4$-Pflanzen sind nicht nur effizienter als $C_3$-Pflanzen in der $CO_2$-Assimilation, sondern sie gehen sparsamer mit Wasser um und sind weniger anspruchsvoll hinsichtlich der N-Ernährung. Beide Eigenschaften stehen in direktem Zusammenhang mit den Besonderheiten des $C_4$-Stoffwechsels. Die höhere Affinität der PEP-Carboxylase im Vergleich zur Rubisco erlaubt die Assimilation bei geringeren $CO_2$-Konzentrationen. Entscheidend sind nicht die $CO_2$-Konzentrationen in der Atmosphäre, sondern diejenigen in den assimilierenden Chloroplasten. Um $CO_2$ aufnehmen zu können, müssen die Blätter ihre Stomata öffnen, wodurch nicht nur $CO_2$ aufgenommen werden kann, sondern auch $H_2O$-Verluste durch Transpiration entstehen. Da $C_4$-Pflanzen bereits bei niedrigeren $CO_2$-Konzentrationen assimilieren können, müssen die Stomata weniger weit geöffnet werden, so dass geringere $H_2O$-Verluste entstehen. Da das Enzym PEP-Carboxylase weniger N enthält als Rubisco und $C_4$-Pflanzen weniger Rubisco benötigen, müssen $C_4$-Pflanzen auch weniger N in die Synthese dieser Enzyme investieren als $C_3$-Pflanzen und sind deswegen auch in dieser Hinsicht effizienter.

## Weiterführende Literatur:

HESS, H.: Allgemeine Botanik. UTB basics, Eugen Ulmer, Stuttgart (2004)
MOHR, H. und P. SCHOPFER: Lehrbuch der Pflanzenphysiologie. 4. Auflage, Springer, Berlin (1992)
SCHUBERT, S.: Biochemie. UTB basics, Eugen Ulmer, Stuttgart (2008)

**Fragen:**

- Nennen Sie die verschiedenen Schritte bei der Umwandlung von Lichtenergie in chemische Energie in Form von ATP!
- Welche Pflanzennährstoffe sind in den Redoxsystemen der photosynthetischen Elektronentransportkette beteiligt? Beschreiben Sie die Funktionen dieser Nährstoffe!
- Welche Funktionen haben die Nährstoffe Ca, Cl und Mn im Photosystem II?
- Wozu werden Cu und Zn in der Photosynthese benötigt?
- Warum fördert K die Photosynthese?
- Welche Enzyme sind an der C-Bindung in $C_4$-Pflanzen beteiligt?
- Welche Faktoren fördern die Rubisco-Aktivität?
- Nennen Sie die Vorteile der $C_4$-Pflanzen gegenüber den $C_3$-Pflanzen!

# 10 Stickstoff-Kreislauf

## 10.1 Überblick

Inhalt Kapitel 10



Unter den mineralischen Pflanzennährstoffen, die mit Düngemitteln zugeführt werden müssen, nimmt Stickstoff (N) eine herausragende Stellung ein. In Agrarökosystemen wird die pflanzliche Produktion häufig von der Versorgung der Kulturpflanze mit N limitiert. Nach C, O und H ist N quantitativ das wichtigste Element in der pflanzlichen Trockenmasse. Für die Pflanzenernährung stellt N auch deshalb ein wichtiges Element dar, weil Stickstoff in sehr unterschiedlichen chemischen Bindungen im Boden vorliegen kann, die nur teilweise für die Pflanze verfügbar sind. Eine Reihe von Prozessen ist für die Umformung der verschiedenen N-Verbindungen verantwortlich.

Ähnlich wie im Fall von C (vgl. Kapitel 8) beschreiben die Prozesse einen Kreislauf. Der Stickstoff-Kreislauf beginnt und endet mit dem atmosphärischen $N_2$-Molekül (Abb. 129). Obwohl etwa 78% der Erdatmosphäre aus Stickstoff bestehen (Tab. 8.1), ist N in dieser Form ($N_2$) nicht für die Pflanze verfügbar, sondern muss erst fixiert werden. Die biologische $N_2$-Fixierung ist Gegenstand von Kapitel 11, die technische $N_2$-Fixierung wird in Kapitel 22.2 beschrieben. Die Stickstoff-Assimilation der Pflanze ist Thema des Kapitels 12.

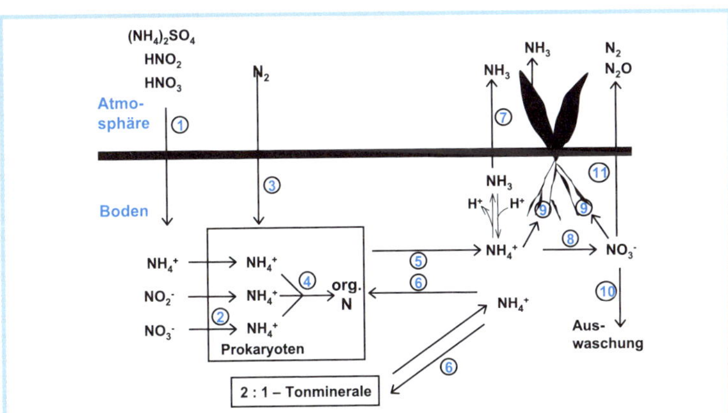


**Abb. 129:** Prozesse des Stickstoff-Kreislaufs in der Natur:
1. Atmosphärische N-Deposition,
2. N-Aufnahme durch Bodenorganismen,
3. $N_2$-Fixierung,
4. N-Assimilation,
5. N-Mineralisation,
6. N-Immobilisierung,
7. $NH_3$-Volatilisierung,
8. Nitrifikation,
9. N-Aufnahme der Pflanze,
10. N-Auswaschung,
11. Denitrifikation.

## 10.2 Atmosphärische N-Deposition

Der wichtigste Prozess, der zur Zufuhr von pflanzenverfügbarem Stickstoff in den Boden führt, ist die biologische $N_2$-Fixierung (Kapitel 11). Daneben können in unterschiedlichem Ausmaß atmosphärische Depositionen von reduziertem und oxidiertem Stickstoff zum N-Eintrag beitragen. In den feuchten Tropen können elektrische Entladungen häufiger Gewitter $N_2$ oxidieren. Stickoxidanionen starker und schwacher Säuren wie Nitrat und Nitrit können als Salpetersäure oder Salpetrige Säure in den Boden eingewaschen werden. Während der Beitrag solcher Einträge in den gemäßigten Breiten mit wenigen Kilogramm N pro Hektar und Jahr für Agrarökosysteme vernachlässigbar gering ist, können in den Tropen 15 bis 20 Kilogramm pro Hektar und Jahr erreicht werden und einen signifikanten Beitrag zum N-Kreislauf liefern.

Aber auch in Mitteleuropa können die N-Immissionen in reduzierter und oxidierter Form aus der Atmosphäre beachtlich sein. Grund sind N-Emissionen aus Industrie, Kraftverkehr und der Landwirtschaft, die zu regional unterschiedlichen Einträgen führen und regional 40 Kilogramm pro Hektar und Jahr ausmachen können. Allerdings ist in den letzten Jahren durch Verminderung der Emissionen festzustellen, dass die Einträge rückläufig sind. Seit 1998 am Standort Gießen durchgeführte Messungen der nassen N-Deposition lassen einen kontinuierlichen Rückgang erkennen (Abb. 130).

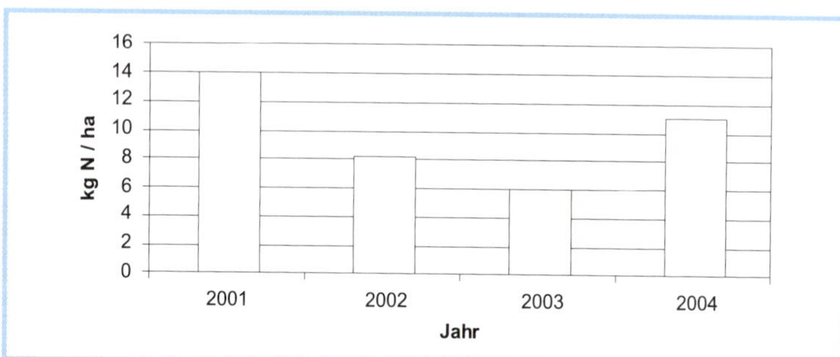


**Abb. 130:** Nasse N-Deposition auf der Versuchsstation des Instituts für Pflanzenernährung in Gießen.

## 10.3 N-Mineralisation

**Definition 10.1: Unter Mineralisation versteht man den mikrobiellen Abbau organischer Substanz, wobei Pflanzennährstoffe in z. T. verfügbarer Form (z. B. $NH_4^+$ oder $NO_3^-$) freigesetzt werden.**

Ackerböden enthalten etwa 2.000 bis 10.000 kg N $ha^{-1}$. Der überwiegende Teil dieses Stickstoffs ist in organischer Substanz gebunden. Dabei können zwei Fraktionen unterschieden werden:

- stabile Fraktion
- labile Fraktion

Die **stabile Fraktion** ist der überwiegende Teil, der hauptsächlich aus schwer abbaubaren Huminstoffen besteht, in denen der Stickstoff heterozyklisch gebunden vorliegt und vor mikrobiellem Abbau geschützt ist. Huminstoffe haben eine große Bedeutung für die Bodenstruktur, aber nur eine geringe für die

Freisetzung von anorganischem Stickstoff (Kapitel 16). Die **labile Fraktion** besteht in erster Linie aus Amino-N. Dieser in der organischen Substanz gebundene Stickstoff kann beim Abbau in einer für die Pflanze verfügbaren Form freigesetzt werden. Dieser Prozess wird als **Mineralisation** bezeichnet (Def. 10.1) und beginnt mit der hydrolytischen Spaltung von Makromolekülen wie z.B. Proteinen oder Chitin. Chitin ist die Bausubstanz pilzlicher Zellwände. Mikrobielle **Hydrolasen** (Def. 10.2) zerlegen diese Makromoleküle in die Grundbausteine, z.B. Aminosäuren oder Aminozucker (Abb. 131).

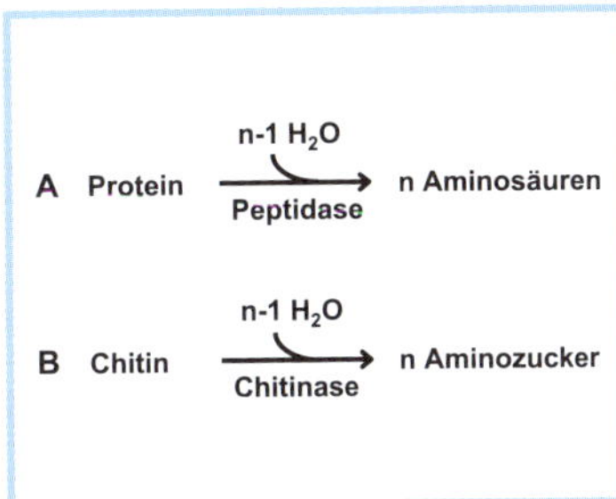


**Abb. 131:** Erster Schritt der Mineralisation ist die hydrolytische Spaltung von Makromolekülen, z.B. Protein (A) oder Chitin (B). Als Produkte entstehen Aminosäuren oder Aminozucker. n bezeichnet die Anzahl der Moleküle.

**Definition 10.2: Hydrolasen sind Enzyme, die Moleküle unter Anlagerung von Wasser spalten.**

In einem zweiten Schritt werden diese Bausteine von einer Vielzahl von Bakterien (Ammonifikanten) desaminiert (Abb. 132). Das Produkt dieser **Desaminierung (= Ammonifikation)** ist Ammonium ($NH_4^+$, Def. 10.3). Die Freisetzung von mineralischem Stickstoff aus organischer Substanz hat eine große Bedeutung für die N-Ernährung der Pflanze. In unseren Böden bleibt die Mineralisation zumeist nicht beim Ammonium stehen, sondern verläuft weiter bis zum Nitrat. Dieser als **Nitrifikation** bezeichnete Prozess wird daher oft als Teil der N-Mineralisation angesehen. Nitrifizierende Bakterien sind Organismen, die ihre Elektronen für Syntheseprozesse aus der Oxidation von Stickstoff beziehen. Sie werden als Chemosynthetiker bezeichnet und sind C-autotroph. Sie werden in zwei Gruppen, die **Nitritbildner** und die **Nitratbildner** unterschieden. Nitritbildner aus den Gattungen *Nitrosomonas*, *Nitrosolobus* und *Nitrosospira* oxidieren zunächst $NH_4^+$ zu $NO_2^-$. Anschließend oxidieren Nitratbildner aus der Gattung *Nitrobacter* $NO_2^-$ zu $NO_3^-$ (Abb. 133).

**Definition 10.3: Ammonifikation ist ein mikrobieller Prozess, in dem z.B. Aminosäuren oder Aminozucker desaminiert werden. Desaminierende Mikroorganismen werden als Ammonifikanten bezeichnet.**

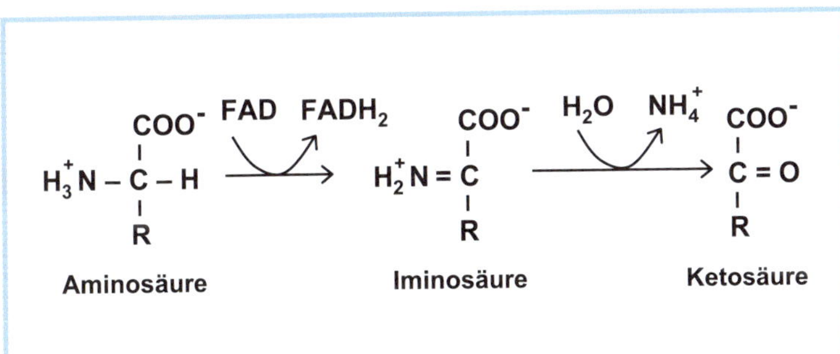


**Abb. 132:** Die Desaminierung einer Aminosäure setzt Ammonium frei (Ammonifikation). Ammonifikanten (Bakterien unterschiedlichster Gattungen) können unter aeroben Bedingungen Energie in Form von $FADH_2$ gewinnen.

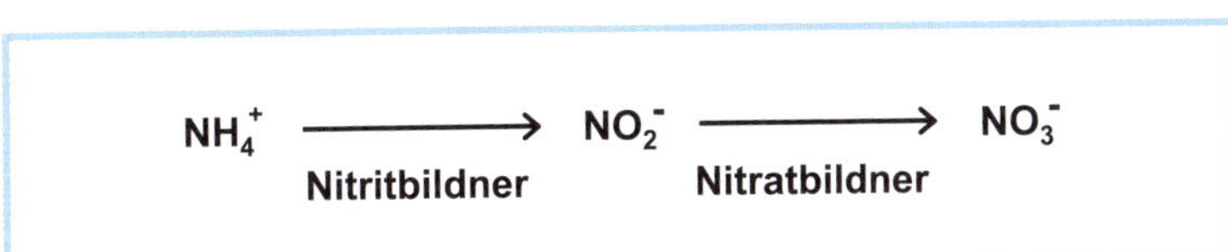


**Abb. 133:** Die Nitrifikation ist ein zweistufiger mikrobieller Prozess: Nitritbildner oxidieren Ammonium zu Nitrit, Nitratbildner oxidieren Nitrit zu Nitrat.

Da die N-Mineralisation mikrobiell erfolgt, hängt die Geschwindigkeit der Freisetzung von mineralischem Stickstoff hauptsächlich von folgenden Faktoren ab:

- Temperatur
- Wasserversorgung des Bodens
- pH-Wert

Wie bei allen Lebewesen hängt die Aktivität der Bodenmikroorganismen stark von der **Temperatur** ab. Bei niedriger Temperatur ist die Aktivität der Bakterien eingeschränkt, so dass nur wenig Stickstoff mineralisiert wird. Wenn sich im Frühjahr der Boden im Vergleich zur Atmosphäre nur langsam erwärmt, hinkt daher das N-Angebot aus der Mineralisation oft dem Wachstum der Kulturpflanze hinterher und muss durch mineralische Düngung ausgeglichen werden. Das Gegenteil ist häufig in der fortgeschrittenen Vegetationszeit zu beobachten, wenn bei hohen Temperaturen bei gleichzeitig guter **Wasserversorgung** hohe N-Mineralisationsraten zu einer Überversorgung des Getreides und zum Lager führen. Mineralisation wird sowohl durch Trockenheit als auch durch Staunässe ($O_2$-Mangel) gehemmt. Während Ammonifikanten gegenüber Temperatur- und pH-Extremen relativ unempfindlich sind, bevorzugen Nitrifikanten mäßige Temperaturen und **hohe pH-Werte**. In sauren und aufgeheizten Böden, wie sie in den Tropen anzutreffen sind, kann die Ammonifikation mit hoher Rate erfolgen, während die Nitrifikation bei pH-Werten < 5,5 eingeschränkt ist. Aus diesem Grund können in sauren tropischen Böden $NH_4$-Ionen überwiegen, während diese in den Böden der gemäßigten Zone meist zu vernachlässigen sind.

## 10.4 N-Immobilisierung

Mineralischer Stickstoff kann im Boden durch zwei Prozesse immobilisiert und damit für die Pflanze vorübergehend unverfügbar werden:

- biotische Immobilisierung
- abiotische Immobilisierung

Die **biotische Immobilisierung** erfolgt durch den Einbau von Stickstoff in Bodenorganismen wie z.B. Bakterien und Pilze. Sie wird daher auch als mikrobielle Immobilisierung bezeichnet. Ammonium, Nitrit und Nitrat werden von den Bodenorganismen aufgenommen und gegebenenfalls nach Reduktion assimiliert. Der auf diese Weise festgelegte Stickstoff ist für Pflanzen nicht verfügbar. Kommt es unter günstigen Bedingungen zu einer starken Entwicklung der Mikroorganismen, konkurrieren diese mit der Pflanze um diese N-Verbindungen, so dass der Pflanzenbestand unter N-Mangel leidet. Dies kann bei Zufuhr von organischer Substanz mit weitem **C : N-Verhältnis**, wie z.B. der Strohdüngung, passieren: Durch Zufuhr von metabolisierbaren C-Verbindungen können sich C-heterotrophe Organismen vermehren und greifen auf die verfügbaren N-Verbindungen zum Aufbau ihrer Körpersubstanz zurück. Erst wenn diese Organismen absterben, kann der Stickstoff durch Mineralisation wieder freigesetzt werden. Aus diesem Grund sind Immobilisierung (Prozess 6 in Abb. 129) und Mineralisation (Prozess 5 in Abb. 129) entgegengesetzte Prozesse, die in einem Fließgleichgewicht stehen. Je nach Umweltbedingungen kann dieses Fließgleichgewicht in die eine oder andere Richtung verschoben werden und zu einem Überschuss (Nettomineralisation) oder Mangel (Nettoimmobilisierung) an verfügbarem Stickstoff führen.

Bei der **abiotischen Immobilisierung** handelt es sich um einen physiko-chemischen Prozess. Ähnlich wie K-Ionen können $NH_4$-Ionen in den Zwischenschichten von 2:1-Tonmineralen spezifisch gebunden werden (Kapitel 17.3). Der Durchmesser der beiden Ionen ist sehr ähnlich und erlaubt es ihnen, sich unter Abstreifen ihrer Hydrathülle zwischen zwei Si-Tetraederschichten der Tonminerale einzulagern. Die Bindung ist relativ fest, aber reversibel. Obwohl die Wiederfreisetzung durch Diffusion sehr langsam erfolgt, kann diese $NH_4^+$-Fraktion als bedingt pflanzenverfügbar angesehen werden. Im Gegensatz zur mikrobiellen Immobilisierung ist dieser Prozess weniger abhängig von Umweltbedingungen, wie z.B. Temperatur, pH-Wert oder Verfügbarkeit von organischen Substanzen. Da aber Diffusionsvorgänge eine Rolle spielen, ist die Immobilisierung abhängig von der Bodenfeuchte: Trockenheit begünstigt die abiotische Immobilisierung.

## 10.5 N-Verluste

Drei verschiedene Prozesse können zu N-Verlusten in Agrarökosystemen führen:

- volatile $NH_3$-Verluste
- Nitratauswaschung
- Denitrifikation

Diese Verluste sind nicht nur von ökonomischer Relevanz für den Landwirt, sondern stellen auch potentielle Umweltgefahren dar. Die landwirtschaftliche Produktionsweise sollte daher zum Ziel haben, diese Verluste möglichst zu minimieren.

**Volatile $NH_3$-Verluste** treten dann auf, wenn Ammonium-Stickstoff im Boden vorliegt und gleichzeitig der pH-Wert hoch ist. Bei einem $pK_s$-Wert (Def. 10.4) von 9,25 liegen hohe $NH_3$-Konzentrationen zwar erst bei ungewöhnlich hohen Boden-pH-Werten vor. Dennoch kommt es auch schon ab pH 6 zu signifikanten volatilen $NH_3$-Verlusten, da durch gasförmiges Entweichen von $NH_3$ aus dem Boden ständig neues $NH_3$ nachgeliefert wird (Abb. 134). Aus diesem Grund sollte Stickstoff auf Böden mit pH-Werten > 6 nicht in $NH_4^+$-, sondern in $NO_3^-$-Form gedüngt werden. Da Gülle einen pH-Wert von > 8 aufweist, und 50% des Stickstoffs in $NH_4^+$-Form vorliegen, ist bei unsachgemäßer Ausbringung der Gülle mit hohen $NH_3$-Verlusten zu rechnen.

**Definition 10.4:**
**Der $pK_s$-Wert gibt den pH-Wert an, bei dem eine Säure jeweils zu 50% in nicht dissoziierter Form (z. B. $NH_4^+$) und in dissoziierter Form (z. B. $NH_3$) vorliegt.**

$$NH_4^+ \longrightarrow NH_3 \uparrow \; + H^+$$

**Abb. 134:**
Nachlieferung von $NH_3$ aus $NH_4^+$ bei volatilen $NH_3$-Verlusten aus dem Boden.

Aufgrund der geringen Bindung von $NO_3^-$ an Sorptionskomplexen in den Böden der gemäßigten Breiten unterliegt das Nitrat sehr stark der **Auswaschung**. Dies ist nicht nur problematisch aufgrund von N-Verlusten, sondern auch wegen der Einwaschung in Grundwasser, das der Trinkwassergewinnung dient. Die potentiellen gesundheitlichen Gefahren, die von Nitrat ausgehen können, wurden in Kapitel 6.3 besprochen. Sie sind der Grund, warum für die Trinkwassergewinnung ein Grenzwert von 50 mg $NO_3^-$ $l^{-1}$ als Obergrenze festgelegt wurde. Ammonium wird dagegen von den negativ geladenen Bodenteilchen gebunden und unterliegt aus diesem Grund in unseren Böden kaum der Auswaschung.

**Definition 10.5: Unter Denitrifikation versteht man die Umwandlung von $NO_3^-$ (Nitrat) bis zum gasförmigen $N_2O$ (Lachgas) oder $N_2$.**

Die dritte Möglichkeit für N-Verluste ist die **Denitrifikation** (Def. 10.5). Eine Reihe von Bakterien (z.B. aus den Gattungen *Pseudomonas, Rhodopseudomonas, Rhizobium, Bacillus, Azospirillum, Alcaligenes, Propionibacterium*) kann unter Sauerstoffmangel anstelle von $O_2$ die Moleküle $NO_3^-$, $NO_2^-$, NO oder $N_2O$ als Elektronenakzeptoren in der Atmungskette nutzen (vgl. Kapitel 7.7). Nitrat wird dabei schrittweise bis zu $N_2$ reduziert (Abb. 135). Da es sich um einen abbauenden Prozess handelt, spricht man von einer **dissimilatorischen Nitratreduktion**, im Gegensatz zur assimilatorischen Nitratreduktion, die zu Ammonium führt (vgl. Kapitel 12.1). Im Gegensatz zu den o.g. Chemosynthetikern, die unabhängig von organischem Material sind, bauen die denitrifizierenden Bakterien organische Substanz ab, um in der Glycolyse und im Krebszyklus Elektronen für die Atmung zu gewinnen, die sie anschließend bei der ATP-Synthese auf Nitrat leiten und dieses reduzieren.

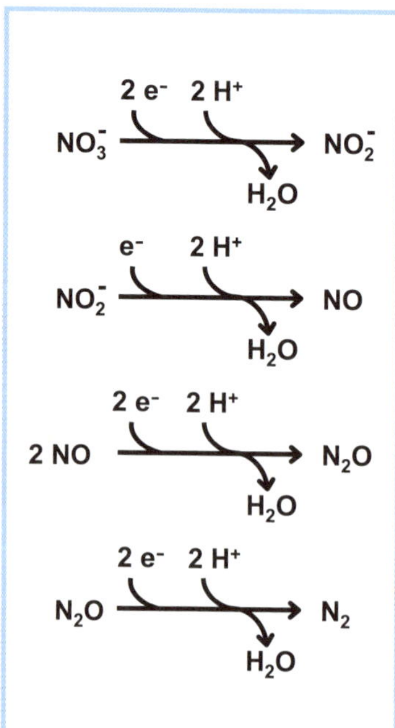


**Abb. 135:** Denitrifikation als schrittweise Reduktion von Nitrat zu $N_2$.

Aus diesen Eigenschaften der denitrifizierenden Bakterien lassen sich drei wichtige Faktoren ableiten, die die Denitrifikation fördern:

- $O_2$-Mangel
- Verfügbarer organischer Kohlenstoff
- Schwach saurer bis neutraler pH-Wert des Bodens

**Definition 10.6: Bodenfruchtbarkeit ist die Fähigkeit eines Bodens, zu einem hohen Pflanzenertrag mit hoher Qualität beizutragen.**

Der zweite und dritte Faktor sind auch für die **Bodenfruchtbarkeit** (Def. 10.6) wichtig. Aus diesem Grund lassen sich Denitrifikationsverluste nur dadurch begrenzen, dass man für eine gute Bodenstruktur sorgt, so dass anaerobe Bedingungen ($O_2$-Mangel) vermieden werden. Verluste aus der Denitrifikation können in Form von $N_2$ und $N_2O$ auftreten. Erfolgt die Denitrifikation vollständig bis zu $N_2$, treten nur ökonomische N-Verluste aus dem Agrarökosystem auf. Zu einem gewissen Anteil, der schwankt, aber etwa 10% betragen kann, wird auch $N_2O$ freigesetzt. Dieses Gas ist nicht nur klimawirksam (vgl. Kapitel 8.3), sondern trägt zum Abbau des Ozonschilds in der Stratosphäre (Def. 10.7) bei, der uns und andere Organismen vor zu intensiver UV-Strahlung der Sonne schützt. Die Einschränkung von Denitrifikationsverlusten ist daher nicht nur von ökonomischer Bedeutung, sondern hilft direkt, Umweltprobleme zu vermeiden. N-Verluste an $N_2O$ treten nicht nur bei der Denitrifikation auf, sondern auch bei einer unvollständigen Nitrifikation.

**Definition 10.7:**
**Die Stratosphäre ist die Schicht der Atmosphäre, die sich oberhalb der Tropopause in 8 bis 17 km Höhe an die Troposphäre anschließt und bis zur Stratopause in 50 km Höhe reicht. Die Stratosphäre ist die Schicht des Ozonschilds, der Organismen vor starker UV-Strahlung schützt.**

## Weiterführende Literatur:

MENGEL, K.: Ernährung und Stoffwechsel der Pflanze. Siebente Auflage, Gustav Fischer, Jena (1991)

### Fragen:

- Wie kommt es zu N-Verlusten im natürlichen N-Kreislauf?
- Welche Prozesse führen dem N-Kreislauf Stickstoff in reduzierter oder oxidierter Form zu?
- Erläutern Sie: Ammonifikation, Nitrifikation, Denitrifikation, Mineralisation, Immobilisierung!
- Welche Möglichkeiten der N-Immobilisierung gibt es?
- Wie lassen sich N-Verluste vermindern?

# 11 Biologische $N_2$-Fixierung



## 11.1 Nitrogenase-Aktivität

Höhere Pflanzen können den atmosphärischen Luftstickstoff ($N_2$) nicht direkt nutzen. Nur bestimmte Prokaryoten (Bakterien) sind in der Lage $N_2$ zu fixieren (Def. 11.1). Sie besitzen das Enzym **Nitrogenase**, mit dem sie $N_2$ zu $NH_3$ reduzieren (Abb. 136). Obwohl diese Reaktion ein exergoner Prozess ist (Def. 11.2), muss zunächst sehr viel **Aktivierungsenergie** aufgewandt werden, um die Dreifachbindung des $N_2$-Moleküls zu spalten. Das Wesen eines Enzyms ist zwar, dass es die notwendige Aktivierungsenergie herabsetzt, trotzdem wird der „Energieberg", der zunächst überwunden werden muss, nicht völlig durch die Nitrogenase eliminiert. Es wird daher ATP zur Bereitstellung von Energie benötigt. Zusätzlich sind **Elektronen** für die Reduktion erforderlich, die aus dem Abbau organischer Substanz bereitgestellt werden. Aus diesen zwei Gründen ist die $N_2$-Fixierung sehr energieaufwändig.

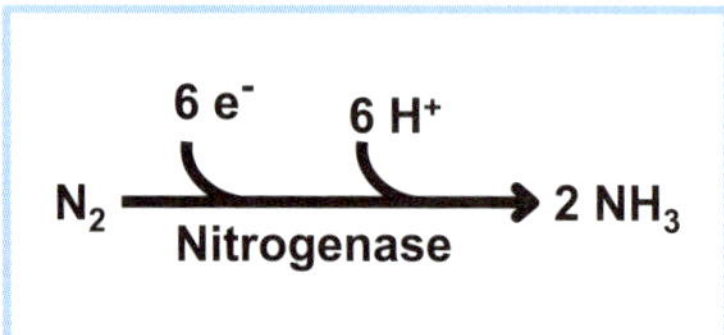


**Abb. 136:** Reduktion von molekularem Luftsticktoff ($N_2$) zu Ammoniak ($NH_3$) katalysiert durch das Enzym Nitrogenase.

Die Nitrogenase besitzt zwei charakteristische Eigenschaften: Sie ist groß und arbeitet langsam. Das Enzym besteht aus zwei Komponenten, der kleinen **Dinitrogenase-Reduktase** und der großen **Dinitrogenase** (Abb. 137). Die Elektronen werden durch Abbau von Kohlenhydraten in der Glycolyse und im Tricar-

**Definition 11.1:** **$N_2$-Fixierung ist die Reduktion von molekularem, gasförmigem $N_2$ zu $NH_3$.**

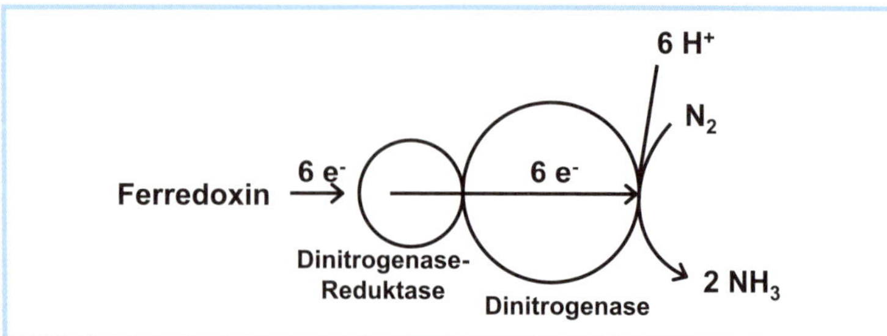


**Abb. 137:** Das Enzym Nitrogenase besteht aus den zwei Komponenten Dinitrogenase-Reduktase und Dinitrogenase.

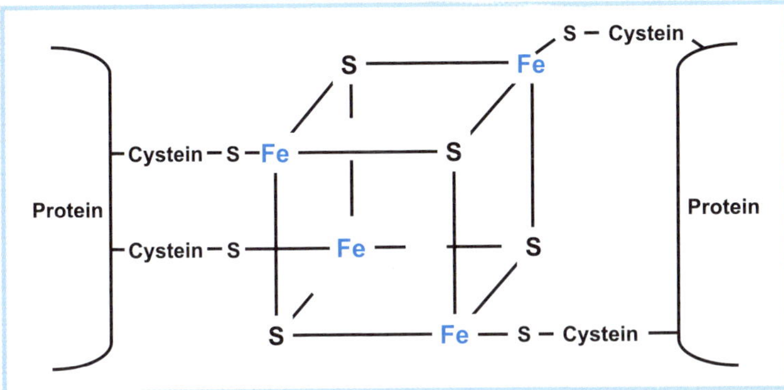


Abb. 138: Tetranuclearer Fe/S-Cluster: In würfelartiger Struktur wechseln sich Fe- und S-Atome ab. Er hält die Untereinheiten der Dinitrogenase-Reduktase zusammen und dient der Elektronenübertragung von der Dinitrogenase-Reduktase auf die Dinitrogenase.

bonsäurezyklus in Form von NADH + $H^+$ gewonnen und über ein dem Ferredoxin (vgl. Abb. 120) ähnliches Redoxsystem auf die Dinitrogenase-Reduktase übertragen. Diese Komponente besteht aus zwei identischen Untereinheiten, die mit ATP und einem tetranuclearen Fe/S-Cluster (Abb. 138) verbunden werden. Sie dient dazu, die Elektronen aufzunehmen und auf die Dinitrogenase zu übertragen. Während der Fe/S-Cluster an der Eletronenübertragung beteiligt ist, dient die Spaltung von ATP in ADP und $P_{an}$ der Bereitstellung von Energie: Pro übertragenes Elektron müssen zwei Moleküle ATP gespalten werden. Dies unterstreicht den hohen Energiebedarf der $N_2$-Fixierung.

**Definition 11.2:**
**Bei einem exergonen Prozess wird Energie freigesetzt, er ist thermodynamisch möglich. Ein endergoner Prozess verbraucht Energie, er ist thermodynamisch ohne Zufuhr von Energie nicht möglich.**

Die Dinitrogenase ist die Komponente, die $N_2$ reduziert. Im katalytischen Zentrum erfordern die meisten Nitrogenasen neben **S** und **Fe** auch **Mo**. Die $N_2$-Fixierung ist daher besonders auf diese Nährstoffe angewiesen.

## 11.2 Freilebende $N_2$-Fixierer

Alle Organismen, die zur $N_2$-Fixierung befähigt sind, haben eine gemeinsame Eigenschaft: Sie sind **Prokaryoten**, d.h. sie besitzen im Gegensatz zu den Eukaryoten, zu denen u.a. die höheren Pflanzen, Tiere und Pilze zählen, keinen echten Zellkern. Innerhalb der Prokaryoten gibt es zwei verwandtschaftlich weit voneinander entfernte Gruppen, die Eubakterien (echte Bakterien) und die Gruppe der Archaea. Bei der zweiten Gruppe handelt es sich um sehr primitive Organismen, die sich schon vor über 3,5 Milliarden Jahren entwickelt haben. Hierzu zählen methanogene Bakterien, die niedermolekulare Verbindungen zu $CO_2$ und $CH_4$ abbauen können. In vielen Fällen besiedeln sie extreme Standorte, die sich z.B. durch hohe Salinität oder hohe Temperatur auszeichnen. Bereits auf dieser Stufe kam es zur Ausbildung von Enzymen, die es diesen Organismen erlauben, $N_2$ zu fixieren (Tab. 11.1).

In den meisten Ökosystemen, einschließlich der Agrarökosysteme, sind allerdings die echten Bakterien für die $N_2$-Fixierung wichtiger. In natürlichen Ökosystemen können Gattungen wie *Azotobacter*, *Beijerinckia* oder *Clostridium* mit einer $N_2$-Fixierungsleistung von 10 bis 20 Kilogramm N pro Hektar und Jahr die natürlichen N-Verluste ausgleichen. In Agrarökosystemen ist

| **Archaea** (5–10) | **Freilebende, C-heterotrophe Eubakterien** (10–20) | **Freilebende Cyanobakterien** (50–100) | **In Assoziation lebende Bakterien** (50–100) | **In Symbiose lebende Bakterien** (50–400) |
|---|---|---|---|---|
| *Methanobacterium* | *Azotobacter* | *Anabaena* | *Acetobacter* | *Rhizobium* |
| *Methanococcus* | *Beijerinckia* | *Nostoc* | *Azotobacter* | *Bradyrhizobium* |
| *Methanosarcina* | *Clostridium* | *Rivularia* | | *Sinorhizobium* |
| *Halophiles* | | *Synechococcus* | | *Anabaena* |
| | | | | *Frankia* |

**Tab. 11.1: Beispiele für Gattungen $N_2$ fixierender Bakterien (Leistung der $N_2$-Fixierung in kg $ha^{-1}$ $Jahr^{-1}$)**

diese Leistung allerdings viel zu gering, um den Bedarf zu decken. Es sind in erster Linie drei Faktoren, die die Menge der $N_2$-Fixierung durch freilebende Bakterien begrenzen:

- Verfügbarkeit von organischem C
- Akkumulation von N in den Bakterien
- $O_2$-Partialdruck

In Kapitel 11.1 wurde gezeigt, dass die $N_2$-Fixierung hohe Ansprüche an die Energieversorgung stellt. Da C-heterotrophe Bakterien für die Energieversorgung der Nitrogenase auf organische Verbindungen angewiesen sind, limitiert in erster Linie die **Verfügbarkeit von organischem C** die $N_2$-Fixierung freilebender C-heterotropher Bakterien (Tab. 11.1). Da von Wurzeln große Mengen an organischem C in die Rhizosphäre abgegeben werden (Kapitel 4.3) ist die $N_2$-Fixierung im wurzelnahen Raum größer als im Gesamtboden.

In manchen Fällen kommt es zu sogenannten **Assoziationen** zwischen Bakterien und höheren Pflanzen, die sich durch höhere Leistungen in der $N_2$-Fixierung auszeichnen. Beispiele sind die Assoziation zwischen dem tropischen Gras *Paspalum notatum* und *Azotobacter paspali* oder zwischen *Acetobacter* und bestimmten Zuckerrohrgenotypen. In diesen Fällen profitiert das Bakterium direkt von den Assimilaten der Pflanze. Allerdings handelt es sich hierbei nicht um Symbiosen (vgl. Def. 4.4), da die Bakterien zunächst absterben müssen, bevor der fixierte Stickstoff der Pflanze zugute kommt. Im Fall der freilebenden und in Assoziation lebenden Bakterien begrenzt daher die **N-Akkumulation in den Bakterien die $N_2$-Fixierung**. Die Bakterien fixieren den Stickstoff nur für den eigenen Bedarf. Ist der Bedarf gedeckt, so begrenzen Regulationssysteme des Stoffwechsels die weitere $N_2$-Fixierung. Ein weiterer Grund für die geringe Leistung in der $N_2$-Fixierung der freilebenden Bakterien ist die Empfindlichkeit der Nitrogenase gegenüber $O_2$. Aufgrund der Wurzelatmung ist der **$O_2$-Partialdruck** in der Rhizosphäre gegenüber dem Gesamtboden vermindert. Die hohe $N_2$-Fixierung in der Rhizosphäre lässt sich daher auch mit dem Schutz der Nitrogenase gegenüber $O_2$ erklären.

Unter den freilebenden $N_2$-fixierenden Bakterien nehmen die Cyanobakterien eine Sonderstellung ein. Sie sind die Vorstufen der Chloroplasten. Nach

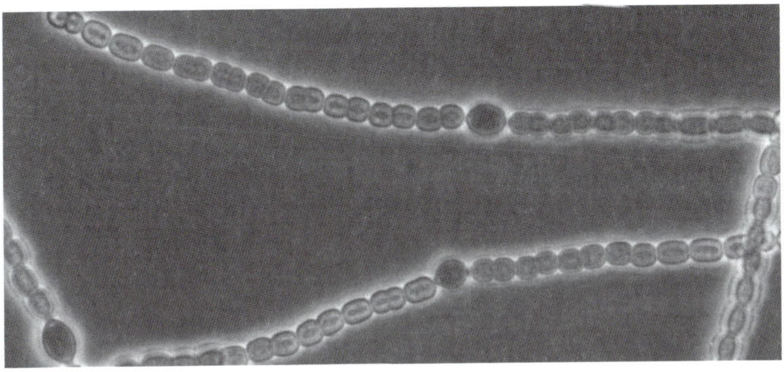

**Abb. 139:** Lichtmikroskopische Aufnahme fadenförmiger Cyanobakterien: Vegetative Zellen (kleine Zellen) betreiben Photosynthese, große Zellen (Heterocysten) dienen der $N_2$-Fixierung (Photo: Forchhammer).

der Endosymbiontentheorie wurden sie im Laufe der Evolution von Eukaryoten inkorporiert und als photosynthetische Organellen domestiziert. Noch heute tragen Chloroplasten einen Teil ihrer genetischen Information in eigener DNA, während ein Teil an den Zellkern der Wirtszelle abgegeben wurde. Cyanobakterien sind somit C-autotroph und aufgrund ihrer Photosynthese unabhängig von der Zufuhr von C-Verbindungen. Dementsprechend können sie unter günstigen Voraussetzungen 5 bis 10-fach mehr $N_2$ fixieren als andere freilebende Mikroorgansimen (Tab. 11.1).

Die Fähigkeit zur Photosynthese stellt die Cyanobakterien allerdings auch während der $N_2$-Fixierung vor ein Problem. Wie zuvor gezeigt (Abb. 110A), wird in der Photosynthese $O_2$ freigesetzt. Da die Nitrogenase andererseits gegenüber $O_2$ empfindlich ist, haben Cyanobakterien zwei verschiedene Strategien entwickelt, mit diesem Problem umzugehen:

- zeitliche Trennung von Photosynthese und $N_2$-Fixierung
- räumliche Trennung von Photosynthese und $N_2$-Fixierung

Einzellige und bestimmte mehrzellige Cyanobakterien trennen Photosynthese und $N_2$-Fixierung **zeitlich**, indem sie tagsüber Photosynthese betreiben und die produzierten Assimilate nachts für die $N_2$-Fixierung nutzen. Auf diese Weise können sie eine Beeinträchtigung der Nitrogenase-Aktivität vermeiden. Manche Cyanobakterien bilden fadenartige mehrzellige Formen aus, die unterschiedliche Zelltypen enthalten, in denen Photosynthese und $N_2$-Fixierung **räumlich** getrennt sind. Die meisten Zellen sind grün. Es handelt sich um vegetative Zellen, in denen die Photosynthese stattfindet. Einzelne Zellen sind farblos und etwas größer als die vegetativen Zellen. Hierbei handelt es sich um Heterocysten, die für die $N_2$-Fixierung zuständig sind (Abb. 139).

## 11.3 Symbiontische $N_2$-Fixierer

Die natürliche Begrenzung der $N_2$-Fixierung durch Verfügbarkeit organischer C-Verbindungen (Energie), Akkumulation von N und Empfindlichkeit der Nitrogenase gegenüber $O_2$ sind die Ursachen, warum sehr viele Bakterien mit Pflanzen Symbiosen eingehen und die Leistung der $N_2$-Fixierung

**Abb. 140:** Übersicht über die systematische Einteilung der Leguminosen (Sitte et al. 1998).

**Ordnung:** Fabales = Leguminosae = Leguminosen = Hülsenfrüchtler

**Familien:**

| | | |
|---|---|---|
| Fabaceae<br>= Papilionaceae<br>= Schmetterlingsblütler | Caesalpiniaceae | Mimosaceae<br>= Mimosen |

**Gattungen:**

| | | |
|---|---|---|
| *Glycine* (Soja)<br>*Lupinus* (Lupine)<br>*Trifolium* (Klee)<br>*Vicia* (Wicke, Ackerbohne)<br>*Lens* (Linse)<br>*Pisum* (Erbse)<br>*Phaseolus* (Bohne)<br>*Cicer* (Kichererbse) | *Ceratonia*<br>(*C. siliqua* =<br>Johannesbrotbaum)<br>*Cercis*<br>(*C. siliquastrum* =<br>Judasbaum) | *Mimosa*<br>(*M. pudica*)<br>(*M. invisa*) |

vervielfachen. Die Bakterien werden dabei als **Mikrosymbiont**, die Wirtspflanze als **Makrosymbiont** bezeichnet. Die landwirtschaftlich wichtigste $N_2$-fixierende Symbiose ist diejenige zwischen Leguminosen und Rhizobiumbakterien. Die Ordnung der Leguminosen (Hülsenfrüchtler) umfasst drei Familien, deren Vertreter eine Symbiose eingehen: Papilionaceae, Caesalpiniaceae und Mimosae (Abb. 140). Innerhalb der Familie der Schmetterlingsblütler gibt es eine Reihe von Gattungen mit großer wirtschaftlicher Bedeutung (Abb. 140).

Der Mikrosymbiont wird der Familie der Rhizobiaceae (Rhizobien) zugeordnet. Die taxonomische Einteilung der Rhizobien richtet sich nach so unterschiedlichen Kriterien wie symbiontische Leistung, morphologische Charakteristik, Ansprüche an das Kultursubstrat und genetische Homologie. Innerhalb dieser Familie gibt es fünf Gattungen, von denen *Rhizobium* und *Bradyrhizo-*

**Tab. 11.2: Unterschiede zwischen den Gattungen *Rhizobium* und *Bradyrhizobium* (nach Elkan 1992).**

| Charakteristische Parameter | *Rhizobium* | *Bradyrhizobium* |
|---|---|---|
| Generationszeit | < 6 h | > 6 h |
| Verwandtschaft zu: | *Agrobacterium* | *Pseudomonas* |
| Geißeln | peritrich | subpolar |
| Antibiotikaresistenz | gering | hoch |
| Nutzbare Kohlenhydrate | Pentosen, Hexosen, Di- und Trisaccharide | nur Pentosen und Hexosen |
| Lokalisation der nif-Gene (H, D, K) | auf demselben Operon | auf unterschiedlichen Operons |

| | | |
|---|---|---|
| ***Bradyrhizobium*** | *B. japonicum* | *(Glycine max)* |
| | *B. elkanii* | *(Glycine max)* |
| ***Rhizobium*** | *R. leguminosarum* | |
| | bv. trifolii | *(Trifolium sp.)* |
| | bv. phaseoli | *(Phaseolus vulgaris)* |
| | bv. viciae | *(Lens, Pisum, Vicia sp.)* |
| | *R. meliloti* | *(Medicago, Melilotus sp.)* |
| | *R. tropici* | *(Leucaena, Medicago, Phaseolus, sp.)* |
| | *R. etli* | *(Medicago, Phaseolus sp.)* |
| | *R. galegae* | *(Galega officinalis, G. orientalis)* |
| | *R. loti* | *(Lotus sp.)* |
| | *R. lupini* | *(Lupinus sp.)* |
| ***Azorhizobium*** | *A. caulinodans* | *(Sesbania rostrata)* |
| ***Sinorhizobium*** | *S. fredii* | *(Glycine, Vigna sp.)* |
| | *S. meliloti* | *(Medicago, Melilotus, Trigonella sp.)* |
| ***Mesorhizobium*** | *M. loti* | *(Lotus, Lupinus sp.)* |
| | *M. ciceri* | *(Cicer sp.)* |

**Abb. 141:** Taxonomische Einteilung der Rhizobien (ELKAN 1992 und MARTÍNEZ-ROMERO 1994).

*bium* die wichtigsten sind (Abb. 141). Beide unterscheiden sich besonders in der Generationszeit: Man spricht von den langsam wachsenden (*Bradyrhizobium*) und schnell wachsenden (*Rhizobium*) Rhizobien (Tab. 11.2). Während die Gattung *Rhizobium* bevorzugt Leguminosen der gemäßigten Breiten infiziert, findet man *Bradyrhizobium* bevorzugt an tropischen Leguminosen. In den letzten Jahren wurde die Zugehörigkeit verschiedener Rhizobien zu den taxonomischen Einheiten vielfach neu definiert.

Der Aufbau der Symbiosen zwischen Leguminosen und Rhizobien ist durch eine ausgeprägte Wirtsspezifität gekennzeichnet, die sich auf den unterschiedlichsten taxonomischen Stufen ausbilden kann. Neben der Gattung kann auch die Art (sp.), die Biovarietät (bv.) oder sogar der Stamm über die Leistungsfähigkeit einer Symbiose entscheiden. Ein Beispiel ist in Abb. 142 gezeigt. Obwohl die Ackerbohnen auf einem sterilisierten Boden mit der richtigen Rhizobiengattung (*Rhizobium*), der richtigen Art (*leguminosarum*) und der richtigen Biovarität (*viciae*) inokuliert (Def. 11.3) wurden, war die Symbiose im Fall des Stammes 2108 ineffizient (Def. 11.4). Während beim Anbau von

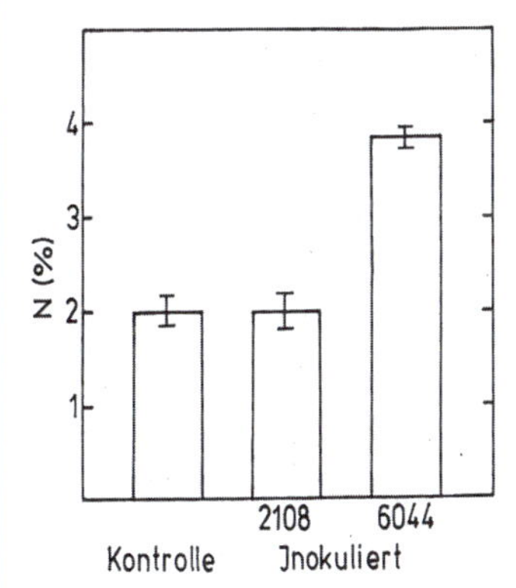


**Abb. 142/1:** Einfluss zweier verschiedener Stämme von Rhizobium leguminosarum bv. viciae auf die N-Konzentration im Spross der Ackerbohne (SCHUBERT unveröffentlicht).

**Abb. 142/2:** Einfluss zweier verschiedener Stämme von Rhizobium leguminosarum bv. viciae auf die N-Konzentration im Spross der Ackerbohne (SCHUBERT unveröffentlicht).

**Definition 11.3: Unter Inokulation versteht man die Zufuhr von Bakterien zum Kultursubstrat oder zum Samen, um die Infektion der Wirtspflanzen zu ermöglichen.**

**Definition 11.4: Rhizobien sind effizient, wenn sie zu einer hohen $N_2$-Fixierung beitragen.**

heimischen Leguminosen effiziente Rhizobien fast immer vorhanden sind, ist eine Inokulation zwingend notwendig, wenn erstmals standortfremde Leguminosen (z.B. Sojabohne in Deutschland) angebaut werden sollen. Auf tropischen Standorten kann dagegen eine Inokulation die Leistungsfähigkeit der $N_2$-Fixierung häufig erhöhen, weil effiziente Mikrosymbionten nicht im Boden vorhanden sind.

Die ausgeprägte Wirtsspezifität ist darauf zurückzuführen, dass der Aufbau einer Symbiose das Ergebnis eines komplizierten Wechselspiels zwischen Mikro- und Makrosymbiont darstellt, das auf die Kommunikationsfähigkeit der Partner angewiesen ist. In einem ersten Schritt ergreift die Wirtspflanze die Initiative und scheidet Wurzelexsudate aus, die die Rhizobien anlocken. Bei diesen Sekreten handelt es sich um spezifische **Flavonoide**, die als **Signalstoffe** bereits nur bestimmte Rhizobien anlocken. Rhizobien beginnen sich in einer chemotaktischen Reaktion durch Geißelbewegungen in Richtung der Wurzel zu bewegen. Ort der Infektion ist die beginnende Wurzelhaarzone. Da Wurzelhaare nur begrenzte Zeit lebensfähig sind und danach durch neue ersetzt werden, bedeutet jede Hemmung des Wurzelwachstums (z.B. durch niedrige pH-Werte, Salinität oder Bodenverdichtung), dass eine Infektion verhindert wird.

Wichtigste Voraussetzung für eine erfolgreiche Infektion ist die spezifische Bindung des Bakteriums an einen **Rezeptor** (Def. 11.5) des Plasmalemmas der Wurzelzelle. Diese Bindung setzt in der Wurzelzelle Signale frei, die das Bakterium als potentiellen Mikrosymbionten identifizieren und Abwehrreaktionen der Pflanze unterbinden. Es kommt auch zu einer Krümmung der sich entwickelnden Wurzelhaare, so dass ein für die Bakterien vorteilhaftes Kompartiment geschaffen wird (Abb. 143).

Unter Einstülpung des Plasmalemmas bilden die Bakterien einen **Infektionsschlauch** aus, über den sie bis in die Cortexzellen der Wurzel eindringen (Abb. 144). Dabei bleiben sie jedoch ständig vom Plasmalemma der Wurzelzellen umgeben, auch wenn sich der Infektionsschlauch schließlich auflöst. Dadurch bilden sich neue **Organellen**, die **Symbiosomen**, die ähnlich wie Chloroplasten oder Mitochondrien von zwei Membranen umschlossen sind (Abb. 145). Im Un-

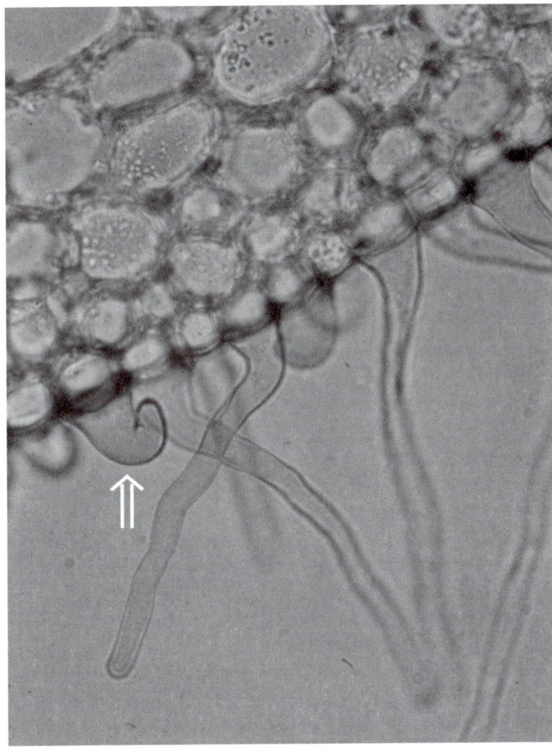

**Abb. 143:**
Lichtmikroskopische Aufnahme der Krümmung eines Wurzelhaares nach Infektion mit Rhizobien (Photo: Hansen).

**Definition 11. 5:**
**Ein Rezeptor ist ein Membranprotein, das ein Hormon, Bakterium, Virus u.s.w. spezifisch bindet und auf diese Weise erkennt. Auf diese Weise empfängt der Rezeptor eine Information und gibt sie in die Zelle ab.**

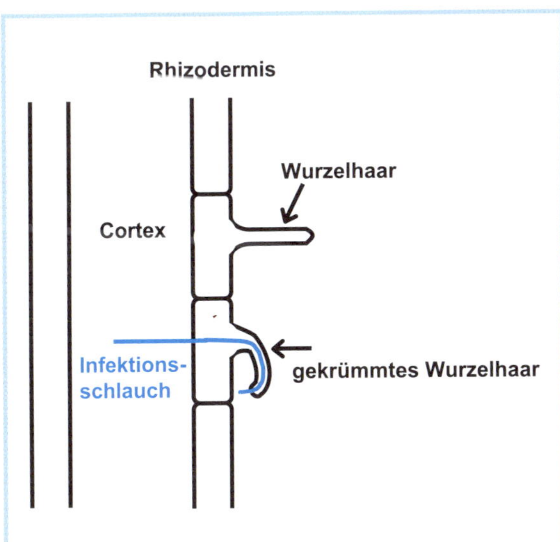


**Abb. 144:**
Ausbildung eines Infektionsschlauchs, über den die Rhizobien in das Wurzelgewebe bis in die Cortexzellen eindringen.

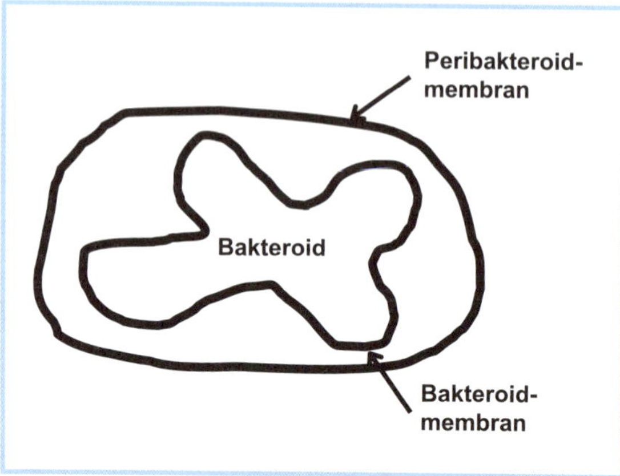


**Abb. 145:** Symbiosomen sind Organellen, die der symbiontischen $N_2$-Fixierung in Wurzelknöllchen der Leguminosen dienen.

terschied zu Chloroplasten oder Mitochondrien können Symbiosomen nicht vererbt werden, sondern müssen in jeder Generation neu durch Infektion gebildet werden. Bei der Ausbildung der Symbiosomen nehmen die Bakterien an Größe zu und differenzieren sich zu sogenannten **Bakteroiden**, die die für die $N_2$-Fixierung notwendigen Gene aktivieren.

Der Aufbau der Symbiose besteht nicht nur in der Bildung von neuen Organellen, sondern es werden auch neue **Organe**, die **Knöllchen**, gebildet (Abb. 146). Im Unterschied zu den Seitenwurzeln, die ihren Ursprung im Perizykel haben (vgl. Kapitel 5.1) entstehen die Knöllchen aus Cortexzellen. Die schon differenzierten Zellen werden entdifferenziert und können sich wieder teilen. Durch Zellteilung und erneute Differenzierung entstehen die Knöllchen, die aus unterschiedlichen Geweben bestehen (Abb. 147).

Außen werden die Knöllchen von einer mehrzelligen Cortexschicht umgeben, die eine wichtige Diffusionsbarriere für $O_2$ darstellt und die Nitrogenase der Bakteroide vor zu hohen $O_2$-Konzentrationen schützt. Darunter befinden sich Leitgewebe des Xylems und Phloems, die mit den Leitgeweben im Zentralzylinder der Wurzel verbunden sind (Abb. 148). Während das Phloem Assimilate, besonders Saccharose, in das Knöllchen leitet und so die Bakteroide mit C-Verbindungen (Energie) versorgt, dient das Xylem dem Abtransport des reduzierten Stickstoffs entweder in Form von Aminosäuren und Amiden, oder (bei vielen tropischen Leguminosen) in Form von Ureiden.

**Abb. 146:** Wurzelknöllchen der Ackerbohne (Photo: Peiter).

Im Zentrum des Knöllchens befindet sich die infizierte Zone. Sie enthält Zellen, die mit Bakteroiden vollgepackt sind. Aufgrund von **Leghämoglobin** erscheint das Knöllchengewebe rötlich. Im Unterschied zur früheren Annahme, dass das Leghämoglobin ähnlich wie Hämoglobin im Blut am Transport von $O_2$ beteiligt ist, sieht man das Leghämoglobin heute als einen Puffer an, der hilft, die $O_2$-Konzentrationen im Knöllchengewebe so niedrig zu halten, dass die Nitrogenase nicht beeinträchtigt wird, andererseits aber $O_2$ für die Atmungs-

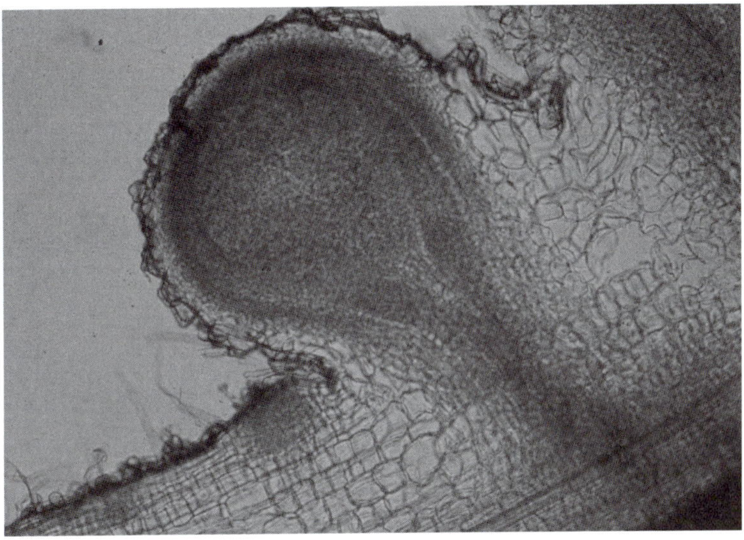

Abb. 147:
Lichtmikroskopische Aufnahme eines Längsschnitts durch ein Wurzelknöllchen der *Phaseolus*-Bohne (Photo: Hansen).

Abb. 148:
Schematische Darstellung des Aufbaus eines Ackerbohnenknöllchens im Längs- (A) und Querschnitt (B).

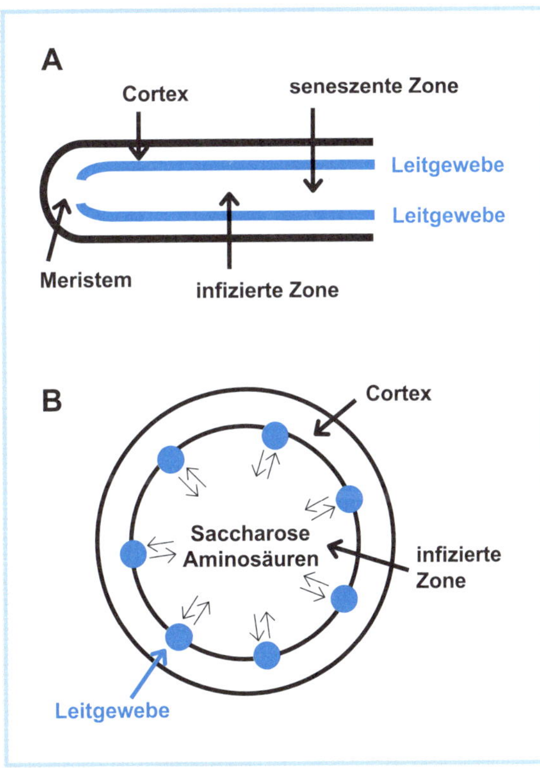


kette bereitstellt. Durch ihren Aufbau tragen Knöllchen entscheidend zur hohen Leistung der $N_2$-Fixierung von Leguminosen-Rhizobien-Symbiosen bei.

In verschiedensten Ökosystemen bilden Kieselalgen, Moose und Farne Symbiosen mit **Cyanobakterien**. Obwohl die Cyanobakterien aufgrund ihrer eigenen Photosynthese sehr leistungsfähig sind, bietet die Symbiose Vorteile, die auf einen oder mehrere der oben gennannten Gründe zurückgeführt werden können. Der Anteil der Heterocysten wird bis auf 50% erhöht, so dass die Cyanobakterien eine wesentliche Rolle in der $N_2$-Fixierung für die Symbiose spielen. Man schätzt, dass 10 bis 15% der biologischen $N_2$-Fixierung weltweit auf Meeresalgen in Symbiosen mit Cyanobakterien zurückgehen.

Eine größere landwirtschaftliche Bedeutung hat auch die Symbiose zwischen dem Wasserfarn *Azolla* und dem Cyanobakterium *Anabaena azollae.* Man findet den Wasserfarn

Abb. 149:
Farnwedel mit Rhizoid des Wasserfarns *Azolla caroliniana* (Photo: Schubert).

an der Oberfläche von stehenden oder langsam fließenden Gewässern (Abb. 149). Die Pflanzen bilden blattförmige Organe aus, die in Wedeln angeordnet sind. Rhizoide tauchen ins Wasser und versorgen den Farn mit Nährstoffen. *Anabaena azollae* lebt in Blatthöhlen des Wasserfarns, an die Transferzellen grenzen. Diese liefern C-Assimilate an den Mikrosymbionten und erhalten von ihm fixierten Stickstoff ($NH_4^+$), den sie assimilieren. Damit werden die Bakterien nicht nur optimal mit C vom Makrosymbionten versorgt, sondern sie geben auch den fixierten Stickstoff ab, so dass es nicht zur N-Akkumulation und damit zur Hemmung der weiteren $N_2$-Fixierung kommt. Die Blatthöhle schützt die Nitrogenase des Mikrosymbionten vor $O_2$ und optimiert auf diese Weise die $N_2$-Fixierung.

Im Reisanbau Südostasiens spielt die Symbiose von *Azolla pinnata* mit *Anabaena azollae* eine wichtige Rolle. In Mischkultur mit Reis können jährlich 25 bis zu 170 kg N $ha^{-1}$ fixiert werden. Wird *Azolla* ohne Reis kultiviert, so können bei mehrmaliger Ernte pro Jahr 500 bis zu 1200 kg N pro Hektar und Jahr geerntet werden. Durch *Azolla* lassen sich auch volatile $NH_3$-Verluste aus dem Stauwasser des Reisanbaus wirksam vermeiden. Die schwimmende Decke aus *Azolla*-Pflanzen reduziert einerseits die $NH_3$-Diffusion in die Atmosphäre. Andererseits vermindert die $H^+$-Abgabe des Wasserfarns die hohen pH-Werte des Stauwassers und verschiebt damit das Gleichgewicht von $NH_3$ zu $NH_4^+$.

## 11.4 Leistungsfähigkeit der Leguminosen-Rhizobien-Symbiosen

**Definition 11.7: Unter Hungerphase versteht man die Zeit von der Keimung bis zur Ausbildung einer funktionsfähigen Symbiose, in der sich die Legumiose N-heterotroph ernährt und bei mangelnder N-Verfügbarkeit des Bodens unter N-Mangel leidet.**

In Kapitel 11.3 wurde gezeigt, dass Symbiosen generell leistungsfähiger in der $N_2$-Fixierung sind als freilebende Bakterien. Dennoch gibt es auch zwischen den Symbiosen Unterschiede, die erheblich sein können. Ein Grund für die mangelnde Leistungsfähigkeit kann die sogenannte **Hungerphase** sein (Def. 11.7). Bevor die $N_2$-Fixierung beginnen kann, muss die Symbiose etabliert werden. Dieser Prozess dauert mehrere Wochen. Während dieser Zeit muss die Leguminose zunächst aus dem Samenkorn, danach aber zunehmend aus dem Boden mit N versorgt werden. In dieser Phase ernährt sich die Leguminose wie andere Kulturpflanzen N-heterotroph. Sind die verfügbaren N-Vorräte in der oberen Bodenschicht gering, so verzögert sich die Entwicklung der Pflanze. Unter diesen Bedingungen kann eine N-Startgabe zur Saat auch die $N_2$-Fixierung fördern.

Die Anwesenheit von effektiven und effizienten Mikrosymbionten vorausgesetzt, erreichen meistens **Futterleguminosen** die höchsten $N_2$-Fixierungsraten (Tab. 11.3). Pro Hektar und Jahr werden häufig mehrere Hundert Kilogramm N erreicht. Ursache ist der hohe Bedarf des Makrosymbionten, der in effizienten Symbiosen gedeckt werden kann. Dennoch gibt es erhebliche Schwankungen, die von verschiedenen Faktoren abhängen. Häufig ist es eine stressbedingte Wachstumshemmung des Makrosymbionten, die den N-Bedarf vermindert. Dürre, Nährstoffmangel oder Bodenazidität können das Pflanzenwachstum beeinträchtigen. Mit effizienten Regulationsmechanismen wird eine optimale N-Konzentration des Pflanzengewebes erzielt, indem die $N_2$-Fixierung gedrosselt wird. Die geringe Biomasseproduktion aufgrund von Stressbedingungen begrenzt häufig die $N_2$-Fixierung.

| Leguminosen | Menge (kg N/ha) |
|---|---|
| Luzerne | 148–290 |
| Weißklee | 128–268 |
| Ladino-Klee | 165–189 |
| Wicke | 110–184 |

**Tab. 11.3: Stickstoff-Fixierungsleistung von Futterleguminosen (LaRue und Patterson 1981).**

Die strikte Regulation der N-Konzentration des Pflanzengewebes ist auch die Ursache für eine Hemmung der $N_2$-Fixierung bei Angebot von mineralischem Stickstoff. Liegt verfügbarer mineralischer Stickstoff im Boden vor, so wird dieser in der Regel auch von der Leguminose aufgenommen. Stickstoff-Düngung in dieser Phase vermindert daher die $N_2$-Fixierung von ansonsten effizienten Leguminosen-Rhizobien-Symbiosen.

Die $N_2$-Fixierung von Körnerleguminosen ist allgemein größeren Schwankungen unterworfen als diejenige von Futterleguminosen (Tab. 11.4). Hierfür sind genetische Faktoren verantwortlich, die z.B. die Source-Sink-Beziehungen beeinflussen.

| Leguminosen | Menge (kg N/ha) |
|---|---|
| Erbse | 17–69 |
| Ackerbohne | 121–171 |
| Lupine | 121–157 |

**Tab. 11.4: Stickstoff-Fixierungsleistung von Körnerleguminosen (LaRue und Patterson 1981).**

Ausgewogene Source-Sink-Beziehungen der Ackerbohne oder Gelblupine sind für hohe $N_2$-Fixierungsleistungen verantwortlich und ermöglichen es diesen **Körnerleguminosen**, den benötigten Stickstoff fast vollständig über $N_2$-Fixierung zu decken. Dagegen kommt es bei anderen Arten wie z.B. Sojabohne, Erbse, *Phaseolus*-Bohne und Weißlupine nach der Blüte zu unzureichenden $N_2$-Fixierungsraten, die teilweise (z.B. bei der Weißlupine) auf eine zu starke Sinkwirkung der Hülsen zurückzuführen sind. Infolge der starken Assimilatverlagerung in die Hülsen kommt es in diesen Pflanzen zu einer Mangelversorgung der Knöllchen mit Kohlenhydraten, so dass die $N_2$-Fixierung leidet. In diesem Fall kann eine mineralische N-Spätdüngung einen N-Mangel und eine verfrühte Seneszenz (Def. 11.8) vermeiden sowie den Ertrag steigern helfen. In anderen Fällen, wie z.B. bei der *Phaseolus*-Bohne, ist die Ursache für die mangelnde $N_2$-Fixierung nach der Blüte bisher nicht bekannt. Bei vielen tropischen Leguminosen wird die $N_2$-Fixierungsleistung nicht vom Makrosymbionten, sondern vom Mikrosymbionten begrenzt. In diesem Fall kann eine Sameninokulation mit effizienten Bakterien die $N_2$-Fixierung steigern.

**Definition 11.8: Seneszenz ist die Alterung der Pflanze während der individuellen Entwicklung. Sie ist mit der Mobilisierung von phloemmobilen Nährstoffen, besonders Stickstoff, verbunden.**

## Weiterführende Literatur:

HANSEN, A. P.: Symbiotic $N_2$ Fixation of Crop Legumes. Achievements and Perspectives. Hohenheim Agricultural Series, Margraf Weikersheim (1994)

WERNER, D.: Pflanzliche und mikrobielle Symbiosen. Georg Thieme, Stuttgart (1987)

## Fragen:

- Was versteht man unter $N_2$-Fixierung?
- Warum ist die $N_2$-Fixierung so energieaufwändig?
- Beschreiben Sie die wichtigen Komponenten der Nitrogenase!
- Welche Pflanzennährstoffe werden für den Aufbau der Nitrogenase benötigt?
- Durch welche Faktoren wird die $N_2$-Fixierung in freilebenden Bakterien besonders begrenzt?
- Worin besteht der Unterschied in der symbiontischen und der assoziativen $N_2$-Fixierung?
- Wie meistern Cyanobakterien das Dilemma zwischen $O_2$-Produktion in der Photosynthese und Empfindlichkeit der Nitrogenase gegenüber $O_2$?
- Wo spielt die $N_2$-Fixierung von Cyanobakterien in der Landwirtschaft eine besondere Rolle?
- Was sind Symbiosomen und wie werden sie gebildet?
- Warum sind Symbiosen wesentlich effizienter in der $N_2$-Fixierung als Assoziationen oder freilebende Bakterien?
- Nennen Sie Gründe für die unterschiedliche Leistungsfähigkeit der $N_2$-Fixierung von verschiedenen Leguminosen-Rhizobien-Symbiosen!

# 12 Stickstoffassimilation der Pflanze



## 12.1 Übersicht

Mit Ausnahme der Reduktion von molekularem Lufstickstoff ($N_2$, vgl. Kapitel 11) sind Pflanzen **N-autotroph**, d.h. sie können verschiedene mineralische N-Formen assimilieren. Grundsätzlich können sie sich auch von organischen N-Verbindungen, wie z.B. Aminosäuren, ernähren. Allerdings konkurrieren sie mit Rhizosphärenbakterien, die sich freie Aminosäuren sehr effizient aneignen, so dass die Nichtverfügbarkeit von Aminosäuren dafür verantwortlich ist, dass sich Pflanzen fast ausschließlich mineralisch mit N ernähren.

Auch die **Form** des aufgenommenen mineralischen N hängt in erster Linie von der Verfügbarkeit und erst in zweiter Linie von der Aufnahmegeschwindigkeit ab. In unseren Böden wird $NH_4^+$ schnell bakteriell zu $NO_3^-$ nitrifiziert (vgl. Kapitel 10.3). Selbst bei Düngung von $NH_4^+$ wird die Pflanze daher mit $NO_3^-$ ernährt. In tropischen Böden ist die Nitrifikation dagegen oft gehemmt, so dass der $NH_4^+$-Aufnahme eine größere Bedeutung zukommt. Der pH-Wert des Wurzelmediums beeinflusst die N-Aufnahme: Bei äquimolarem Angebot wird die $NO_3^-$-Aufnahme durch niedrige pH-Werte, die $NH_4^+$-Aufnahme durch höhere pH-Werte begünstigt. Bei pH-Werten über 7 muss mit zunehmender Aufnahme von $NH_3$ gerechnet werden, die an der Membran nicht kontrolliert werden kann (vgl. Kapitel 4.4). Unter diesen Bedingungen ist eine $NH_4^+$-Assimilation mit hoher Rate besonders wichtig für die Entgiftung.

Die **N-Assimilation** der Pflanze besteht aus zwei Stufen:

- Nitratreduktion
- Ammoniumassimilation

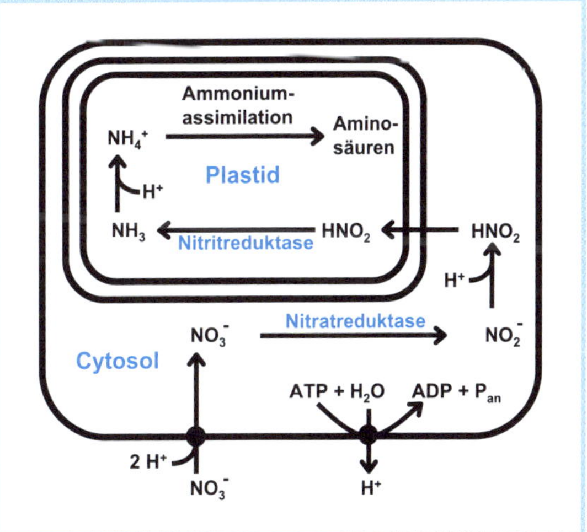


**Abb. 150:** Lokalisation von Nitratreduktase und Nitritreduktase in der pflanzlichen Zelle. $NO_3^-$ wird im $H^+$-Cotransport über das Plasmalemma aufgenommen. $NO_2^-$ wird als undissoziierte Salpetrige Säure in Plastiden transportiert.

Die erste Stufe besteht in der **Reduktion von $NO_3^-$** über $NO_2^-$ zu $NH_4^+$ (Abb. 150) und wird in der zweiten Stufe mit dem **Einbau von $NH_4^+$** in Aminosäuren abgeschlossen. Je nach N-Form, die aufgenommen wird, ergeben sich bedeutsame Konsequenzen für den Stoffwechsel und den pH-Wert in der Rhizosphäre.

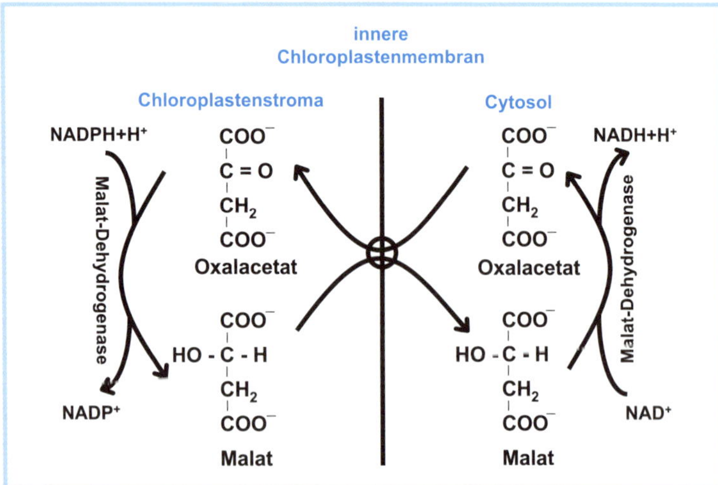


**Abb. 151:** Shuttle-System zum indirekten Elektronenexport aus Chloroplasten: In der Lichtreaktion der Photosynthese gebildetes NADPH + H⁺ dient der Reduktion von Oxalacetat zu Malat im Chloroplasten. Malat wird über einen Carrier in der inneren Chloroplastenmembran exportiert. Da die äußere Chloroplastenmembran durchlässig ist, gelangt Malat in das Cytosol, wo es als Elektronendonator dient und hilft, NAD⁺ zu NADH + H⁺ zu reduzieren. Das entstehende Oxalacetat wird über den Carrier in den Chloroplasten importiert, wo es erneut reduziert wird.

## 12.2 Nitratreduktion

An der Nitrat-Reduktion der Pflanze sind zwei Enzyme beteiligt, die nacheinander arbeiten, aber in der Zelle räumlich getrennt vorliegen:

- Nitratreduktase
- Nitritreduktase

Die **Nitratreduktase** ist im Cytosol lokalisiert (Abb. 150). Im Gegensatz zur dissimilatorischen Nitratreduktase der denitrifizierenden Bakterien (vgl. Kapitel 10.5) handelt es sich bei der pflanzlichen Nitratreduktase um eine **assimilatorische Nitratreduktase**. Als Elektronendonator dient NADH + H⁺, das aus der Glycolyse stammt. Erfolgt die Nitratreduktion in grünen Pflanzenteilen, können indirekt auch Elektronen aus der Photosynthese genutzt werden, die über sogenannte Shuttle-Systeme aus dem Chloroplasten exportiert werden (Abb. 151). Die Lichtabhängigkeit der Nitratreduktion lässt sich damit teilweise erklären.

Die Nitratreduktase der höheren Pflanzen enthält drei prosthetische Gruppen, die als **Redoxsysteme** fungieren:

- Flavinadenindinucleotid (FAD)
- Cytochrom b
- Mo-Komplex

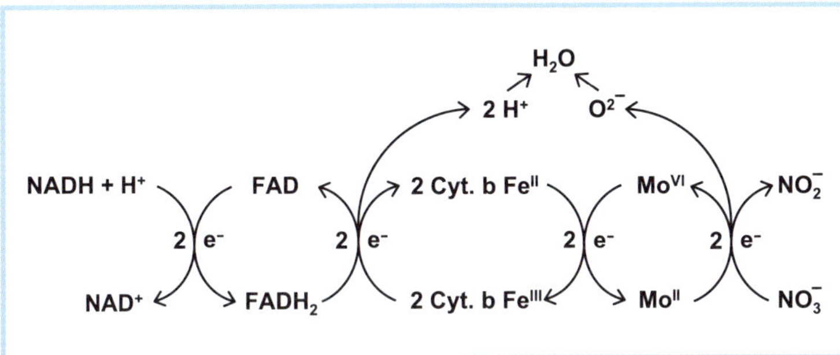


**Abb. 152:** Anordnung der prosthetischen Gruppen als Redoxsysteme in der Nitratreduktase.

Diese Redoxsysteme sind in Serie angeordnet und dienen der geordneten Elektronenübertragung auf $NO_3^-$ (Abb. 152): Elektronen werden von NADH + $H^+$ auf **FAD** übertragen, das zu $FADH_2$ reduziert wird. **Cytochrom b** nimmt die Elektronen auf und gibt sie an **$Mo^{VI}$** ab, das zu **$Mo^{II}$** reduziert wird. Schließlich führt die Elektronenabgabe an $NO_3^-$ zur Freisetzung von $O_2^-$, das mit den bei der Oxidation von $FADH_2$ freigesetzten Protonen Wasser bildet. Damit ergeben sich Parallelen zur Atmungskette, an deren Ende ebenfalls $H_2O$ gebildet wird (Abb. 110B). Aus Abb. 152 ist ersichtlich, dass die Nitratreduktase für ihre Aktivität besonders die Pflanzennährstoffe **Fe** und **Mo** benötigt.

Das entstandene $NO_2^-$ ist das Anion der schwachen Salpetrigen Säure und wird daher z.T. protoniert. Als nicht geladenes Molekül kann die Salpetrige Säure die Chloroplastenmembranen leicht überwinden und gelangt in das Stroma (Abb. 150), wo sie von der **Nitritreduktase** zu $NH_4^+$ reduziert wird. Die Nitritreduktase erhält Elektronen aus der Lichtreaktion über Ferredoxin und leitet sie über zwei prosthetische Gruppen weiter (Abb. 153):

- tetranuclearer Fe/S-Cluster
- Sirohämkomplex

Der **tetranucleare Fe/S-Cluster** (Abb. 138) nimmt die Elektronen von Ferredoxin auf und reduziert damit einen **Sirohämkomplex**, der im katalytischen Zentrum des Enzyms die Reduktion von $NO_2^-$ ermöglicht. In diesem Komplex ist Fe ähnlich wie in Cytochromen hämartig gebunden und überträgt durch Valenzwechsel ($Fe^{III} \longleftrightarrow Fe^{II}$) Elektronen (Abb. 152). Aufgrund ihrer prosthetischen Gruppen benötigt die Nitritreduktase besonders die Pflanzennährstoffe **Fe** und **S**.

**Abb. 153:** Anordnung der prosthetischen Gruppen als Redoxsysteme in der Nitritreduktase.

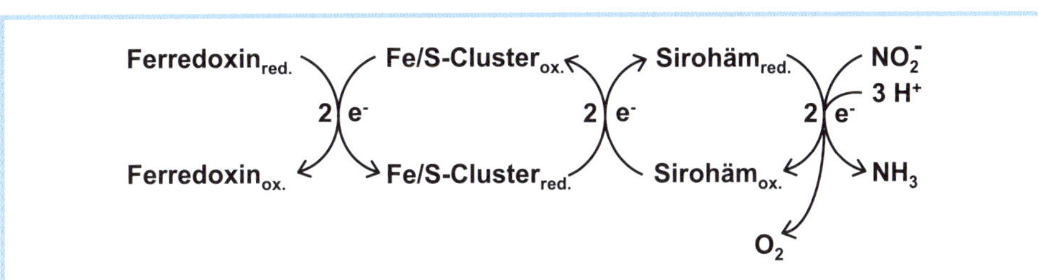

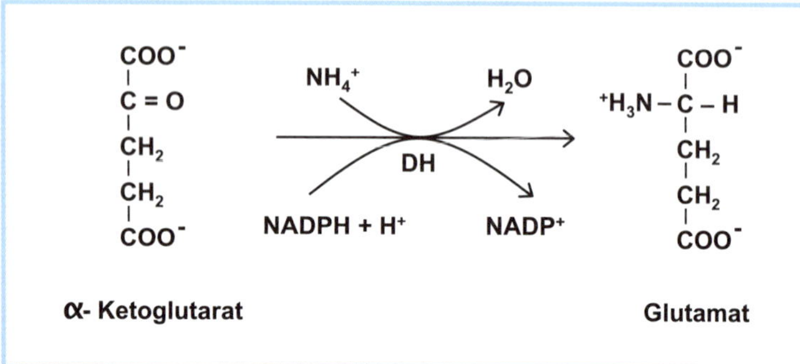


**Abb. 154:** $NH_4^+$-Inkorporation mit dem Enzym Glutamat-Dehydrogenase (DH).

## 12.3 Ammonium-Assimilation

Ammonium aus der Nitrat-/Nitritreduktion oder aufgenommenes $NH_4^+$ dient der Ammoniumassimilation. Aufgrund des $pK_s$-Werts von 9,25 liegt auch nach $NH_3$-Aufnahme überwiegend $NH_4^+$ vor, an dessen Assimilation drei verschiedene Enzyme mitwirken können:

- Glutamat-Dehydrogenase (GH)
- Glutamin-Synthetase (GS)
- Glutamat-Synthase (GOGAT)

Die **Glutamat-Dehydrogenase** reduziert α–Ketoglutarat und baut gleichzeitig $NH_4^+$ ein, so dass Glutamat entsteht (Abb. 154). Bei dem Prozess handelt es sich daher um eine reduktive Aminierung. Für die Ammoniumassimilation hat die Glutamat-Dehydrogenase unter normalen Bedingungen keine Bedeutung, da bei einem $K_m$-Wert von etwa 14 mM sehr hohe $NH_4^+$-Konzentrationen vorliegen müssen, damit eine nennenswerte Enzymaktivität erreicht wird. Millimolare $NH_4^+$-Konzentrationen sind jedoch nicht tolerierbar, da sie zu $NH_3$-Toxizität führen. Das Enzym spielt aber eine Rolle bei der **Entgiftung von $NH_3$**, wenn aufgrund von bestimmten Umweltbedingungen $NH_3$ akkumuliert, weil es von anderen Enzymen nicht schnell genug assimiliert wird.

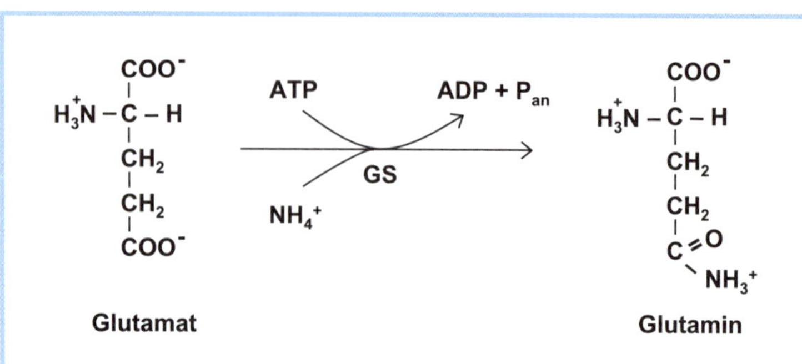


**Abb. 155:** Ammonium-Inkorporation mit dem Enzym Glutamin-Synthetase (GS).

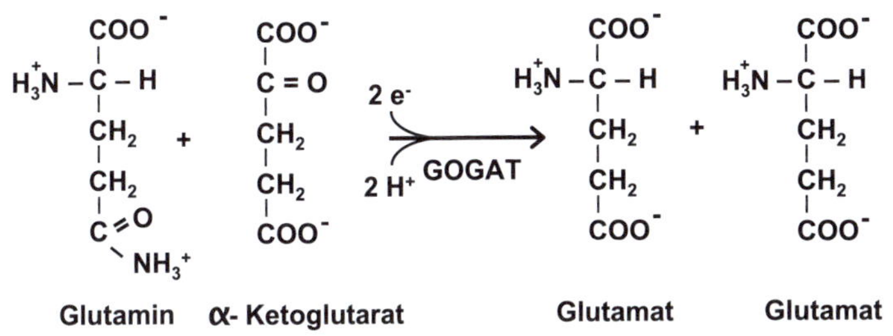


**Abb. 156:** Synthese von zwei Molekülen Glutamat aus Glutamin und α–Ketoglutarat mit dem Enzym Glutamat-Synthase (Glutamin-Oxoglutarat-Amino-transferase = GOGAT).

Aufgrund seines niedrigen $K_m$-Werts (etwa 0,2 µM) ist unter Normalbedingungen das Enzym **Glutamin-Synthetase** für die Ammoniumassimilation zuständig (Abb. 155). Für die Anlagerung von $NH_4^+$ an Glutamat wird Energie in Form von ATP benötigt. Das für diese Reaktion erforderliche Glutamat wird unter katalytischer Wirkung von **Glutamat-Synthase** (Abb. 156) gebildet. Bei gleichzeitiger Reduktion wird die Amidgruppe von Glutamin auf α-Ketoglutarat übertragen, so dass zwei Moleküle Glutamat entstehen.

## 12.4 Vergleich verschiedener N-Ernährungsformen

Unterschiedliche N-Ernährungsformen haben erhebliche physiologische Konsequenzen für den Stoffwechsel der Pflanze. Sie unterscheiden sich besonders in folgenden Eigenschaften:

- Energiebedarf
- pH-Änderung in der Rhizosphäre
- Kationen-Anionen-Bilanz

**Tab. 12.1:** **Energiebedarf von Ammoniumassimilation, Nitratreduktion und $N_2$-Fixierung umgerechnet auf ATP-Äquivalente (WERNER 1987).**

| Prozess | ATP-Verbrauch (mol ATP/mol N) |
|---|---|
| *1. Ammoniumassimilation* | |
| Reduktionsäquivalente (1 NADH + $H^+$) | 3 |
| ATP-Bereitstellung | 1 |
| | *Summe: 4* |
| *2. Nitratreduktion + Ammoniumassimilation* | |
| Reduktionsäquivalente (2 NADH + 2 $H^+$) | 6 |
| Ammoniumassimilation (s.o.) | 4 |
| | *Summe: 10* |
| 3. $N_2$-Fixierung + Ammoniumassimilation | |
| Reduktionsäquivalente (2 NADH + 2 $H^+$) | 6 |
| ATP-Bereitstellung | 8 |
| Ammoniumassimilation (s.o.) | 4 |
| | *Summe: 18* |

Der **Energiebedarf** unterscheidet sich je nach Ausgangsmolekül. Die energetisch günstigste Form ist $NH_4^+$ (Tab. 12.1). Umgerechnet auf ATP-Äquivalente und 1 mol N werden für die Ammoniumassimilation 4 mol ATP benötigt. Bei der Nitratreduktion erhöht sich der Bedarf (einschließlich Ammoniumassimilation) auf 10 und bei der $N_2$-Fixierung sogar auf 18 mol ATP-Äquivalente. Die Assimilation von $N_2$ ist damit mehr als viermal so energieaufwändig wie die Assimilation von $NH_4^+$.

Es ist zu bezweifeln, dass dies für das Wachstum und die Ertragsbildung von Leguminosen in jedem Fall limitierend wirkt. Auch von Leguminosen werden erhebliche Mengen an Assimilaten als **Exsudate** in die Rhizosphäre abgegeben, die 30% des in der Photosynthese gebundenen C enthalten können. Dies spricht dafür, dass in vielen Situationen Assimilate im Überfluss in die Wurzeln exportiert werden. Auch ein hoher Anteil der relativ unproduktiven **alternativen Atmung** spricht dafür, dass Wurzeln allgemein nicht unter Assimilatmangel leiden. In Weißlupinen führte die Umstellung von der Nitraternährung auf $N_2$-Fixierung zu einer teilweisen Umstellung von der alternativen auf die effizientere normale Atmung. Aber selbst unter diesen Bedingungen betrug die alternative Atmung noch 10% (Tab. 12.2).

**Tab. 12.2: Einfluss der Form der N-Ernährung auf den Anteil der alternativen Atmung von Weißlupinen (Lambers et al. 1980).**

| N-Form | Anteil der alternativen Atmung (%) |
|---|---|
| $NO_3$ | 32 |
| $N_2$ | 10 |

Inkubiert man Wurzeln von $NH_4^+$- und $NO_3^-$-ernährten Pflanzen in einem Agarmedium, dem der **pH-Indikator Bromkresolpurpur** zugesetzt wurde, so zeigt sich eine unterschiedliche Verfärbung (Abb. 157). Während der Indikator bei höheren pH-Werten (etwa pH 7) eine rötlichbraune Farbe zeigt, verfärbt er sich bei niedrigen pH-Werten und zeigt bei etwa pH 4 ein kräftiges Gelb. Aus dem Farbumschlag lässt sich schließen, dass $NH_4^+$-ernährte Pflanzen netto Protonen in die Rhizosphäre abscheiden, während $NO_3^-$-ernährte Pflanzen Protonen in der Rhizosphäre verbrauchen.

Ursache der Ansäuerung bei $NH_4^+$-Ernährung ist die Protonenabscheidung durch $H^+$-ATPase (vgl. Kapitel 4.4). Sie wird durch zwei Prozesse gefördert:

- teilweise Depolarisation des Membranpotentials
- Synthese organischer Säuren

Die Aufnahme des positiv geladenen Ammoniumions führt zu einer teilweisen **Depolarisation des Membranpotentials,** so dass der elektrochemische Protonengradient vermindert wird. Damit wird die Protonenabscheidung der $H^+$-ATPase erleichtert: Die Ionenpumpe muss gegen ein geringeres Gefälle arbeiten (Abb. 158). Das aufgenommene $NH_4^+$ muss assimiliert werden, um $NH_3$-Toxizität zu vermeiden (vgl. Kapitel 12.3). Hierfür werden organische Säuren benötigt, die für die Ammoniumassimilation produziert werden. Aufgrund der in der Zelle vorherrschenden pH-Werte und relativ niedrigen $pK_s$-Werte der organischen Säuren kommt es zu ihrer Dissoziation und damit zu einer Ansäuerung. Man spricht im Falle der $NH_4^+$-Ernährung (einschließlich $N_2$-Fixierung) daher von einer **physiologisch sauren Ernährung**.

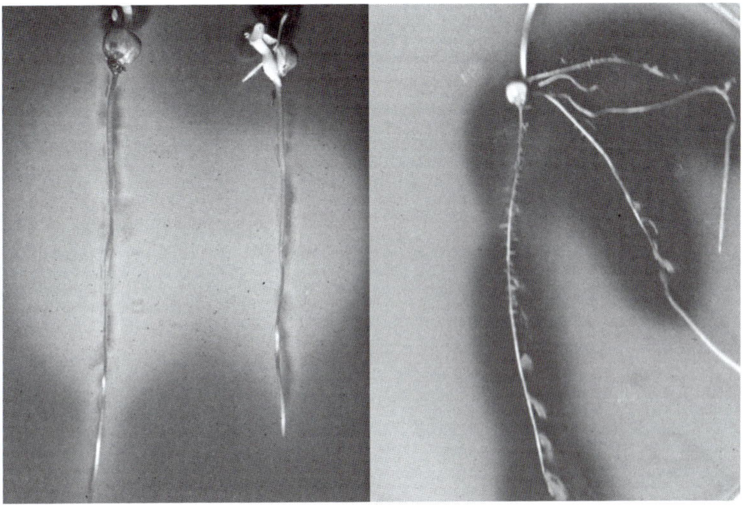

**Abb. 157:** Verfärbung des pH-Indikators Bromkresolpurpur in der Rhizosphäre $NH_4^+$- (links) und $NO_3^-$-ernährter (rechts) Maiskeimlinge. Braunrote Färbung zeigt eine Alkalisierung, Gelbfärbung eine Ansäuerung an (Photos: Yan).

Im Unterschied zur $NH_4^+$-Ernährung stellt die $NO_3^-$-Ernährung eine **physiologisch alkalische Ernährungsform** dar. Zwei Gründe sind ausschlaggebend:

- $H^+/NO_3^-$-Cotransport
- Nitratreduktion

Nitrat wird am Plasmalemma der Wurzelzellen in einem **$H^+/NO_3^-$-Cotransport** aufgenommen (Abb. 159). Die zuvor von der $H^+$-ATPase ausgeschiedenen Protonen gelangen wieder zurück in die Zelle. Ursache der Alkalisierung ist also nicht primär fehlende ATPase-Aktivität, sondern eine fehlende $H^+$-Nettoabgabe durch Influx von Protonen. Wie in Kapitel 12.2 dargestellt, bildet sich nach der **Reduktion von $NO_3^-$ zu $NO_2^-$** Salpetrige Säure, die aufgrund ihrer schwachen Dissoziation als protonierte Säure in die Plastiden gelangt und dadurch Protonen aus dem Cytosol exportiert. Ein Teil der im $H^+/NO_3^-$-Cotransport in das Cytosol importierten Protonen wird daher im Laufe der Nitratreduktion verbraucht und vermindert so die Verfügbarkeit von Protonen für die $H^+$-ATPase.

**Abb. 158:** Schematische Darstellung der sauren Wirkung von Ammonium.

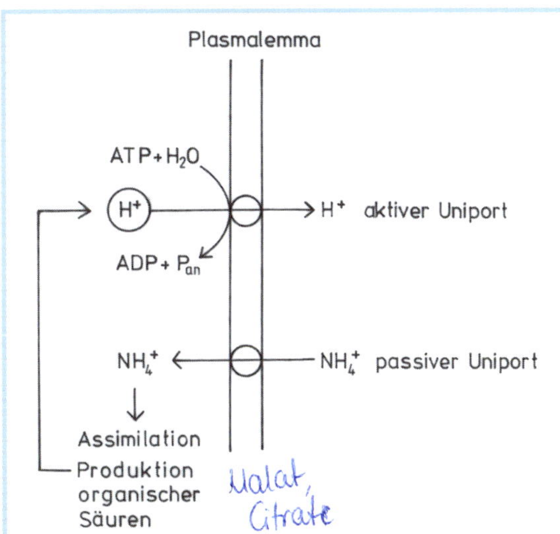


Da Stickstoff für die Ernährung der Pflanze einen mengenmäßig großen Beitrag leistet, nimmt die Aufnahme der verschiedenen N-Formen großen Einfluss auf die **Kationen-Anionen-**

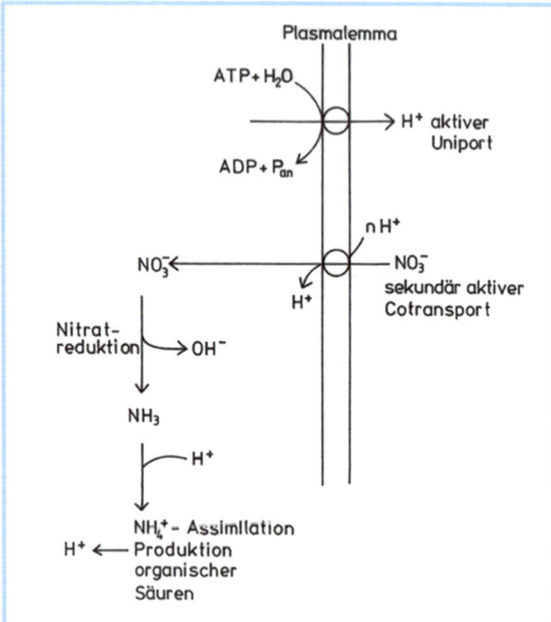


Abb. 159: Schematische Darstellung der alkalischen Wirkung von Nitrat.

**Bilanz.** Liegt $NO_3^-$-Ernährung vor, müssen relativ viele Anionen aufgenommen werden, während bei $NH_4^+$-Ernährung eine kationische Ernährungsform vorliegt. Da trotz eines negativen Membranpotentials die Aufnahme von Kationen und Anionen chemisch ausgeglichen sein muss, stellt sich die Frage, wie die Bilanz bei unterschiedlicher Ernährungsform erreicht wird. Es wurde bereits gezeigt, dass bei $NH_4^+$-Ernährung eine starke Nettoabgabe von Protonen beobachtet wird. Früher wurde angenommen, dass die $H^+$-Abgabe dem Ausgleich der überschüssigen Kationenaufnahme dient. Tatsächlich ist jedoch die $H^+$-Abgabe ein primärer Prozess, der nicht dazu dient, ein Kationen-Anionen-Gleichgewicht zu schaffen, sondern im Gegenteil einen elektrochemischen Gradienten aufzubauen, der die Nährstoffaufnahme antreibt (vgl. Kapitel 4.4).

Dennoch konnte in vielen Untersuchungen eine enge Beziehung zwischen der überschüssigen Kationenaufnahme und der Nettoabgabe von Protonen festgestellt werden. Ausgeglichen werden überschüssig aufgenommene Kationen durch die Synthese von organischen Anionen. Auslöser hierfür ist nicht ein Ladungsungleichgewicht, sondern ein Anstieg des cytosolischen pH-Wertes, der in engen Grenzen reguliert werden muss. Hohe cytosolische pH-Werte fördern daher die Aktivität der PEP-Carboxylase (Abb. 12), die über den Aufbau neuer Carboxylgruppen den pH-Wert absenkt und so die Menge an organischen Säureäquivalenten erhöht (biochemische pH-Regulation). Dissoziierte Protonen werden gepuffert oder über die $H^+$-ATPase ausgeschieden. Aufgrund des Protonenverbrauchs während der Nitratreduktion ist die Produktion organischer Anionen besonders bei $NO_3^-$-Ernährung ausgeprägt und dafür verantwortlich, dass bei dieser N-Form die Konzentration an organischen Anionen steigt (Tab. 12.3).

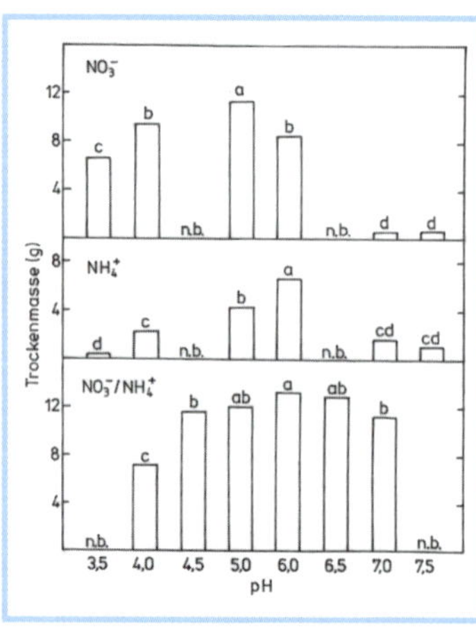


Abb. 160: Einfluss der N-Form (4 mM N) und des pH-Wertes der Nährlösung auf die Trockenmassebildung junger Kartoffelpflanzen. Unterschiedliche Buchstaben über den Säulen geben statistisch signifikante Unterschiede an; n.b. = nicht bestimmt (CAO und TIBBITTS 1994).

Die weitreichenden Effekte unterschiedlicher N-Ernährungsformen auf den pflanzlichen Stoffwechsel äußern

| Pflanzenart | mequ/100 g | | |
|---|---|---|---|
| | $NH_4^+$ | $NO_3$ | $N_2$ |
| Weizen | 51 | 71 | – |
| Weidelgras | 61 | 102 | – |
| Bodenfrüchtiger Klee | 80 | 196 | 147 |
| Weißklee | 111 | 173 | 161 |

**Tab. 12.3:** **Einfluss der Form der N-Ernährung auf die Konzentration an organischen Anionen des Sprosses (Jarvis und Robson 1983).**

sich bei verschiedenen Pflanzenarten unterschiedlich. Während manche Arten die $NH_4^+$-Ernährung bevorzugen (z.B. Reis), hat $NO_3^-$-Ernährung bei anderen Arten eine positive Wirkung, wobei auch der pH-Wert des Wurzelmediums eine Rolle spielt. So kann Nitraternährung in einem sauren Boden besonders günstig wirken, da die Rhizosphäre alkalisiert wird. Protonenstress durch Bodenazidität lässt sich so reduzieren. Häufig wirkt sich eine gemischte Ernährung mit $NH_4^+$ und $NO_3^-$ besonders günstig aus, da die jeweiligen Nachteile der N-Formen minimiert werden. Ein Beispiel ist in Abb. 160 gezeigt: $NO_3^-$-Ernährung verminderte die negativen Einflüsse eines niedrigen pH-Wertes der Nährlösung, während das Wachstum der Kartoffelpflanzen bei gemischter N-Form über einen breiten pH-Bereich optimal war.

## Weiterführende Literatur:

Schubert, S. und F. Yan: Nitrate and ammonium nutrition of plants: Effects on acid/base balance and adaptation of root cell plasmalemma $H^+$ ATPase. Z. Pflanzenernähr. Bodenk. 160, 275-281 (1997)

## Fragen:

- Mit welchen N-Formen können Pflanzen ernährt werden?
- Beschreiben Sie die verschiedenen Stufen der N-Assimilation!
- Nennen Sie die Ansprüche der Nitratreduktase und der Nitritreduktase an die Versorgung mit Energie und Pflanzennährstoffen!
- Welche prosthetischen Gruppen spielen für den Elektronentransfer in der Nitratreduktase, welche in der Nitritreduktase eine Rolle?
- Welche Enzyme sind an der Ammoniumassimilation beteiligt, und welche Funktionen kommen ihnen zu?
- Welche Konsequenzen haben unterschiedliche N-Formen für den Stoffwechsel der Pflanze?

# 13 Schwefel-Kreislauf

**Inhalt Kapitel 13**



## 13.1 Übersicht

Schwefel (S) durchläuft ähnlich wie C und N einen **Kreislauf**, der durch Oxidations- und Reduktionsprozesse gekennzeichnet ist (Abb. 161). Während die globalen jährlichen N-Flüsse etwa drei Größenordnungen kleiner sind als die C-Flüsse im Kohlenstoff-Kreislauf (vgl. Abb. 112), sind die S-Flüsse im Schwefel-Kreislauf noch einmal etwa eine Größenordnung kleiner als die N-Flüsse im Stickstoff-Kreislauf (vgl. Abb. 129).

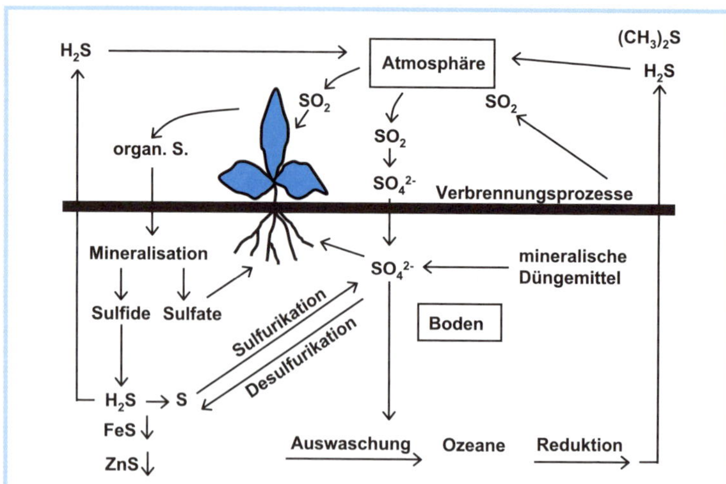


**Abb. 161:** Prozesse des Schwefel-Kreislaufs in der Natur.

## 13.2 Atmosphärische S-Deposition

Gegenwärtig stammen mehr als zwei Drittel der **Immission** von Schwefelgasen in die Atmosphäre von menschlichen Aktivitäten (Def. 13.1). Davon entstehen 90% auf der Nordhalbkugel. Anthropogene S-Freisetzungen aus **Verbrennungs-**

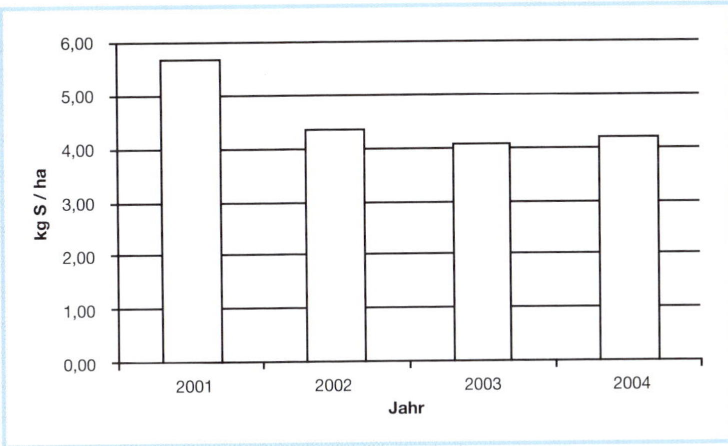


**Abb. 162:** Nasse S-Deposition auf der Versuchsstation des Instituts für Pflanzenernährung in Gießen.

**prozessen** stellen die wichtigste Quelle für Schwefeldioxid ($SO_2$) dar, das in die Atmosphäre abgegeben wird. Die wichtigste nicht-anthropogene Quelle für S-Emissionen ist Dimethylsulfid ($CH_3$-S-$CH_3$), das vom Phytoplankton in den Ozeanen abgegeben wird (Abb. 161). Außerdem setzen Vulkane, Sümpfe und Moore in geringen Mengen Schwefelwasserstoff ($H_2S$) und $SO_2$ frei.

Durch Verbesserungen der Gesetzgebung zum Umweltschutz ist man seit den siebziger und achtziger Jahren des vergangenen Jahrhunderts bemüht, die $SO_2$-**Emissionen** (Def. 13.1) zu reduzieren (USA: Clean Air Act, 1970; Bundesrepublik Deutschland: Technische Anleitung für die Reinhaltung der Luft, 1986). Neben gesundheitlichen Aspekten war es besonders das Ziel, Säureeinträge in sensible Ökosysteme, wie z.B. Binnenseen und Wälder, zu reduzieren. Die Verminderung der S-Emisionen war sehr erfolgreich, so dass seit einiger Zeit in vielen Gegenden Europas **S-Mangel** an Kulturpflanzen auftritt und S als Makronährstoff gedüngt werden muss (Abb. 162).

**Definition 13.1: Unter Immission versteht man den Eintrag von Stoffen in ein System. Emission ist die Abgabe von Stoffen aus einem System.**

$SO_2$ kann über die Spaltöffnungen der Blätter direkt von den Pflanzen aus der Atmosphäre aufgenommen werden, oder es wird in der Atmosphäre oxidiert und mit den Niederschlägen über Schwefelsäure als Sulfat ($SO_4^{2-}$) in den Boden eingetragen. Ähnlich wie Nitrat ist Sulfat in den meisten unserer Böden gut beweglich und unterliegt daher besonders in leichten Böden der Auswaschung. Dies ist mit ein Grund dafür, dass es durch die Reinhaltungsmaßnahmen der Luft so schnell zu **S-Mangel** bei Kulturpflanzen kommen konnte. Besonders betroffen sind Kulturpflanzen mit hohem S-Bedarf, wie z.B. Raps oder Backweizen (Abb. 22).

## 13.3 Mikrobielle Umsetzungen des Schwefels im Boden

Organischer Schwefel, z.B. in abgestorbener Pflanzensubstanz, kann im Boden mineralisiert werden (vgl. Def. 10.1). Dabei entstehen Sulfate (aus oxidiertem S) und Sulfide (aus reduziertem S). Als verfügbare S-Form kann

$SO_4^{2-}$ von den Pflanzenwurzeln aufgenommen werden. Sulfide können mit Zn und besonders Fe ausgefällt werden und sind als Sphalerit (ZnS) und Pyrit (FeS) nicht pflanzenverfügbar (Abb. 161). Schwefelwasserstoff kann von manchen **photoautotrophen Bakterien** anstelle von $H_2O$ als Elektronenquelle für die Photosynthese genutzt werden. Zu diesen Bakterien gehören grüne Schwefelbakterien (Chlorobiaceae) und Purpurbakterien (Rhodospirillaceae). Sie oxidieren $H_2S$ zu elementarem S (Abb. 163).

**Abb. 163:** Oxidation von $H_2S$ zu elementarem S durch photoauatotrophe Bakterien (grüne Schwefelbakterien und Purpurbakterien).

$$H_2S \rightarrow S + 2\,e^- + 2\,H^+$$

Unter **aeroben** Bedingungen kann eine Oxidation von elementarem S zu $SO_4^{2-}$ erfolgen. (Abb. 164). Dieser Prozess wird als **Sulfurikation** bezeichnet und dient **farblosen Schwefelbakterien** (z.B. *Thiobacillus*, *Beggiatoa*) der Energiegewinnung (Def. 13.2). Es handelt sich um einen der Nitrifikation analogen Vorgang. Bei hohen Konzentrationen an S im Boden und aeroben Verhältnissen können diese Organismen stark zur Bodenversauerung beitragen. Dies ist bei der Urbarmachung von Böden durch Entwässerung zu beachten. So wurden durch unüberlegte Entwässerung organischer Böden in Indonesien bereits riesige Waldflächen durch Versauerung in Ödland verwandelt.

**Definition 13.2: Sulfurikation ist die Oxidation von elementarem Schwefel (S) zu Sulfat ($SO_4^{2-}$).**

**Abb. 164:** Sulfurikation ist die Oxidation von elementarem S zu $SO_4^{2-}$ durch farblose Schwefelbakterien.

$$S + 1{,}5\,O_2 + H_2O \rightarrow 2\,H^+ + SO_4^{2-}$$

Unter **anaeroben** Bedingungen kann elementarer Schwefel zu Schwefelwasserstoff ($H_2S$) reduziert werden. Der gasförmige Schwefelwasserstoff kann aus dem Boden entweichen, so dass volatile S-Verluste entstehen. Ausgehend von $SO_4^{2-}$ kommt es unter anaeroben Bedingungen zu einem der Denitrifikation analogen Prozess, der **Desulfurikation** (Def. 13.3). Dabei handelt es sich um die Reduktion von $SO_4^{2-}$ zu $H_2S$ (Abb. 165). Bakterien der Gattung *Desulfovibrio* nutzen dabei $SO_4^{2-}$ als Elektronenakzeptor in ihrer Atmungskette.

**Definition 13.3: Desulfurikation ist die Reduktion von Sulfat ($SO_4^{2-}$) zu Schefelwasserstoff ($H_2S$).**

**Abb. 165:** Desulfurikation ist die Reduktion von $SO_4^{2-}$ zu $H_2S$ durch Arten der Gattung *Desulfovibrio*.

$$10\,H^+ + SO_4^{2-} + 8\,e^- \rightarrow H_2S + 4\,H_2O$$

## Weiterführende Literatur:

BASHKIN, V. N.: Modern Biogeochemistry. Kluwer Academic Publishers, Dordrecht (2002)

**Fragen:**

- Wie gelangt S in die Atmosphäre, wie in den Boden?
- Erläutern Sie die Begriffe Sulfurikation und Desulfurikation!
- Was ist bei der Entwässerung von Böden zur landwirtschaftlichen Nutzung zu beachten?
- Welche Funktionen haben grüne und farblose Schwefelbakterien im Boden?
- Welche Ähnlichkeiten haben Sulfat und Nitrat in ihrem Verhalten im Boden?

# 14 Schwefelassimilation der Pflanze

**Inhalt Kapitel 14**



## 14.1 Übersicht

Schwefel (S) wird in der Pflanze sowohl in oxidierter, als auch in reduzierter Form benötigt. Er wird überwiegend als $SO_4^{2-}$ von den Wurzeln aus der Bodenlösung aufgenommen. Dabei erfolgt ein aktiver $H^+/SO_4^{2-}$-Cotransport über das Plasmalemma. Sulfat wird über das Xylem in den Spross transportiert und überwiegend in Chloroplasten reduziert. Schwefel kann aber auch aus der Atmosphäre in Form von $SO_2$ über die Stomata aufgenommen werden. Nach $H_2O$-Anlagerung erfolgt eine Oxidation der schwachen Schwefeligen Säure ($H_2SO_3$) zur starken Schwefelsäure ($H_2SO_4$, Abb. 166). Die saure Wirkung kann in empfindlichen Pflanzen bei starker $SO_2$-Belastung zu Schädigungen führen.

$$\underset{\text{Schwefeldioxid}}{SO_2 + H_2O} \longrightarrow \underset{\text{Schwefelige Säure}}{H_2SO_3} \xrightarrow{\frac{1}{2} O_2} \underset{\text{Schwefelsäure}}{H_2SO_4} \longrightarrow 2\,H^+ + SO_4^{2-}$$

**Abb. 166:** Anlagerung von $H_2O$ an $SO_2$ führt zur Bildung von Schwefeliger Säure und anschließender Oxidation zur starken Schwefelsäure.

## 14.2 S-Verbindungen

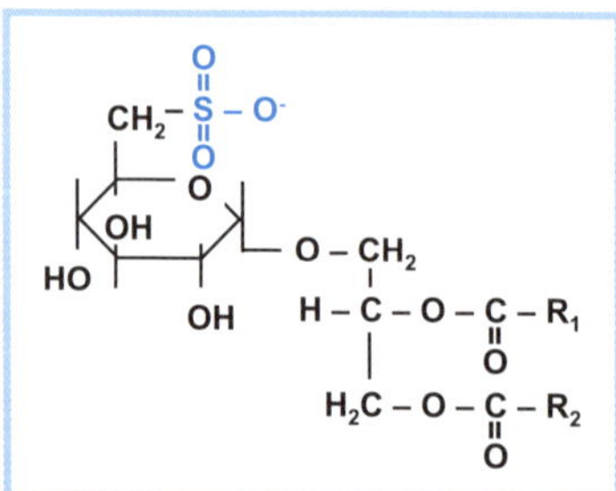

**Abb. 167:** Struktur der Sulfolipide: In der Sulfongruppe liegt S in oxidierter Form vor.

Im Vergleich zu $NO_3^-$ oder $Cl^-$ ist die Aufnahme von $SO_4^{2-}$ eher beschränkt. In Nährlösungen kann $SO_4^{2-}$ daher als Gegenion eingesetzt werden, wenn Kationenkonzentrationen variiert werden sollen. Auch die Speicherung von $SO_4^{2-}$ in den Vakuolen ist geringer als bei den beiden anderen Anionen. Oxidierter S kommt nicht nur in $SO_4^{2-}$, sondern auch in organischen Verbindungen vor. Ein Beispiel ist **Agar-Agar**, der aus marinen Rotalgen gewonnen wird. Es handelt sich um ein Polysaccharid, das aus Galactoseeinheiten besteht, die mit $SO_4^{2-}$ -Gruppen verestert sind. **Sulfolipide**, die als Membranbausteine fungieren, enthalten oxidierten S in der Sulfongruppe (Abb. 167). Eine besondere Stellung nehmen die in Kreuzblütlern (Cruciferae) vorkommenden **Glucosinolate** (Senföle) ein. In diesen Verbindungen, die z.T. aromabildende Funktionen haben (z.B. Senf), z.T. unerwünscht sind (z.B. Raps), liegt S sowohl in oxidierter, als auch in reduzierter Form vor (Abb. 168).

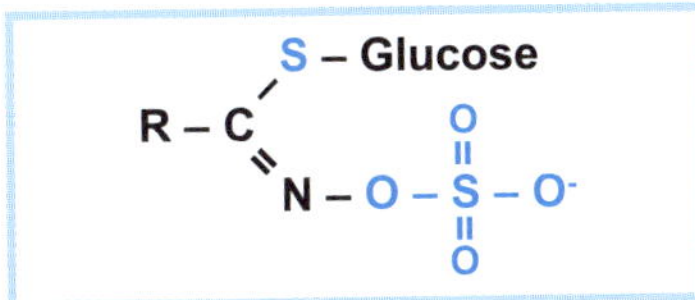


**Abb. 168:** Struktur der Glucosinolate (Senföle): S liegt in reduzierter und oxidierter Form vor.

$$CH_2 = CH - CH_2 - S - S - CH_2 - CH = CH_2$$

**Abb. 169:** Struktur des Lauchöls Diallyldisulfid, das in Knoblauch vorkommt.

Nicht zu verwechseln mit den Senfölen sind die **Lauchöle** in den Zwiebelgewächsen (Liliaceae). Sie enthalten S nur in reduzierter Form und sind ebenfalls aromabildend (Abb. 169). In verschiedenen **prosthetischen Gruppen** (Def. 14.1) ist S in reduzierter Form eingebaut und ermöglicht so erst die Aktivität bestimmter Enzyme (Abb. 170).

**Definition 14.1: Prosthetische Gruppen sind Nicht-Proteinkomponenten von Enzymen. Im Unterschied zu Coenzymen, die sich nur kurzzeitig während der biochemischen Reaktion an das Enzym binden, sind prosthetische Gruppen über kovalente Bindungen fest mit dem Proteinteil des Enzyms verbunden.**

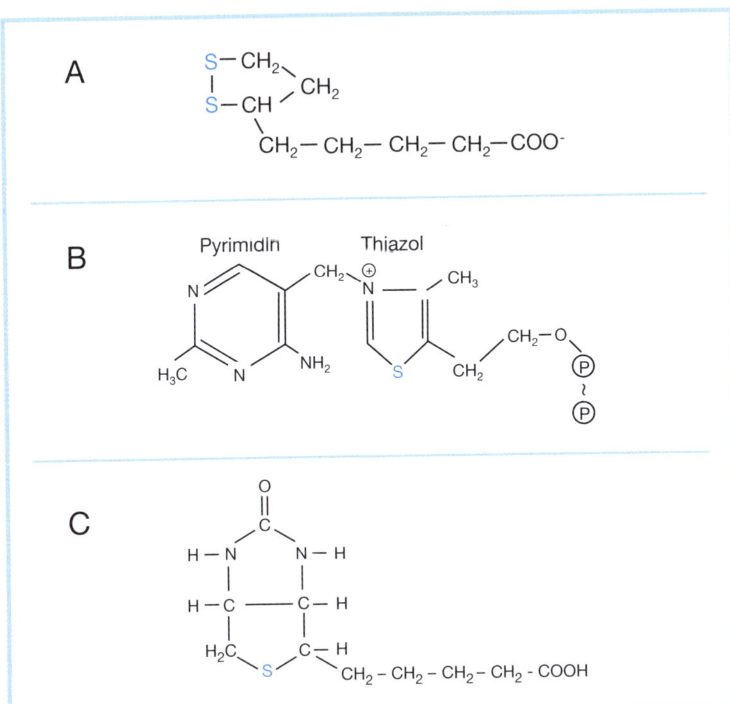


**Abb. 170:** Reduzierter Schwefel in prosthetischen Gruppen:

A: Liponsäure (prosthetische Gruppe der Pyruvat-Dehydrogenase),

B: Thiaminpyrophosphat (prosthetische Gruppe der Pyruvat-Dehydrogenase)

C: Biotin (prosthetische Gruppe der Acetyl-CoA-Carboxylase).

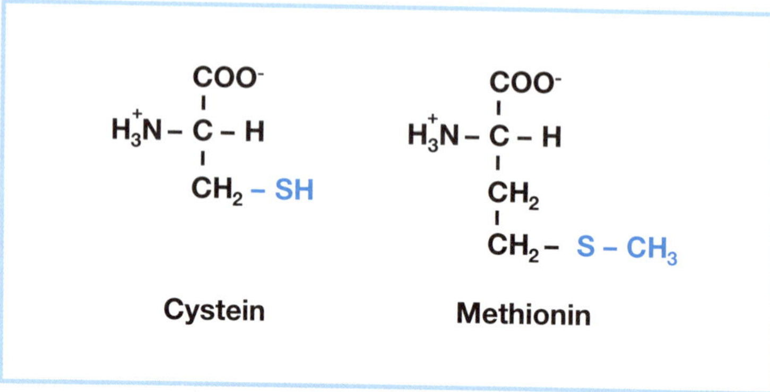


**Abb. 171:** Strukturen der Aminosäuren Cystein und Methionin: Cystein trägt die Thiolgruppe, Methionin fungiert als Methylgruppenüberträger.

Reduzierter S in der **Thiolgruppe** (Sulfhydrilgruppe) spielt eine entscheidende Rolle im katalytischen Zentrum vieler Enzyme, besonders der Oxidoreduktasen. Auf die Bedeutung dieser Gruppe für die Backqualität wurde bereits in Kapitel 6.4 hingewiesen. Die Thiolgruppe wird ausschließlich von der Aminosäure Cystein bereitgestellt. In der Aminosäure Methionin ist das H-Atom der Thiolgruppe durch eine Methylgruppe ersetzt: Aus diesem Grund liegt keine funktionsfähige Thiolgruppe vor (Abb. 171). Methionin spielt eine wichtige Rolle bei der Übertragung von Methylgruppen.

## 14.3 S-Reduktion

Obwohl auch Nebenwege beschrieben wurden, dürfte die S-Reduktion fast ausschließlich in den Chloroplasten erfolgen. Dies überrascht nicht, da die S-Assimilation energieaufwändig ist. Zur Aktivierung wird ATP benötigt, die Reduktion erfordert Elektronen. Beides wird von der photosynthetischen Lichtreaktion bereitgestellt. Ähnlich wie für die C- und N-Reduktion liefert **Ferredoxin** die notwendigen Elektronen auch für die S-Reduktion. Damit ist Ferredoxin eine zentrale Schaltstelle für die Verteilung von Elektronen (Abb. 172). Der Vorteil ist, dass die verschiedenen Assimilationsleistungen je nach Bedarf aufeinander abgestimmt werden können.

**Abb. 172:** Elektonenübertragung durch Ferredoxin für verschiedene Assimilationsleistungen im Chloroplasten.

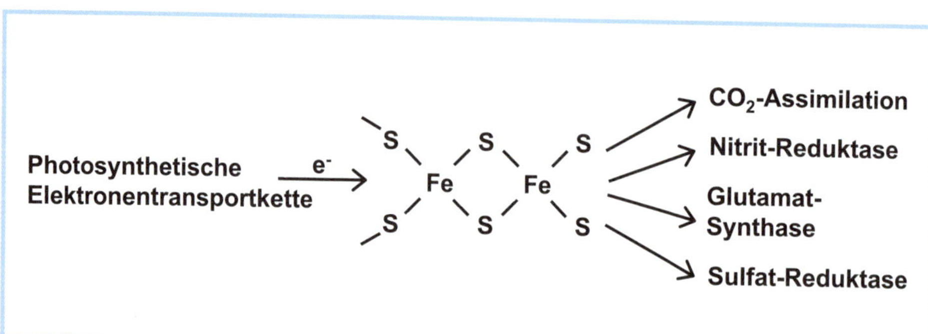

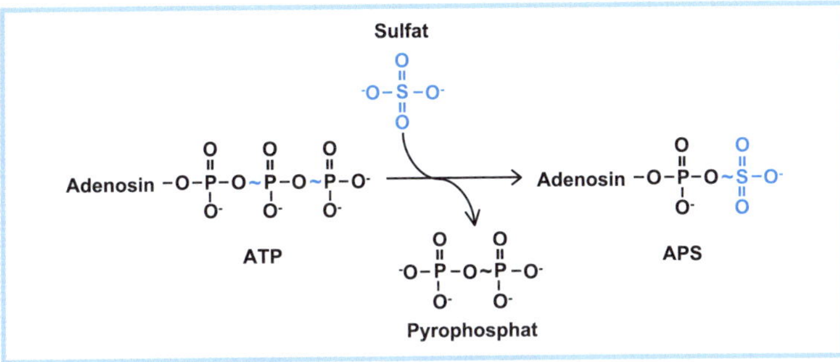


**Abb. 173:** Aktivierung von Sulfat mit dem Enzym ATP-Sulfurylase.

An der **$SO_4^{2-}$-Assimilation** sind vier Enzyme beteiligt:

- ATP-Sulfurylase
- Adenosinphosphosulfat-Transferase (APS-Transferase)
- Thiosulfat-Redukatse
- Acetylserin-Sulfhydrase

Mit Hilfe der **ATP-Sulfurylase** wird Sulfat zunächst aktiviert. Unter Abspaltung von Pyrophosphat wird Sulfat energiereich an Adenosinmonophosphat (AMP) gebunden, so dass Adenosinphosphosulfat (APS) gebildet wird (Abb. 173). In dieser Form ist Sulfat reaktionsfreudig und kann unter Abspaltung von AMP mit dem Enzym **APS-Transferase** auf Glutathion übertragen werden (Abb. 174). **Glutathion** ist ein Tripeptid, das aus den drei Aminosäuren Glutamat, Cystein und Glycin besteht (Abb. 175). Entscheidend ist die Thiolgruppe, an die die Bindung der Sulfongruppe erfolgt.

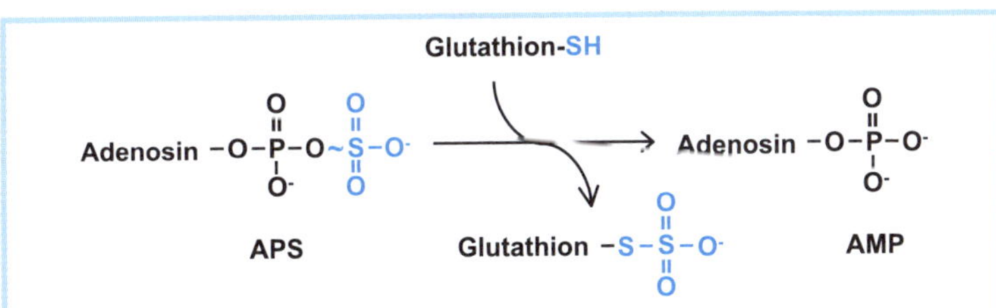


**Abb. 174:** Übertragung von Sulfat auf Glutathion mit dem Enzym APS-Transferase.

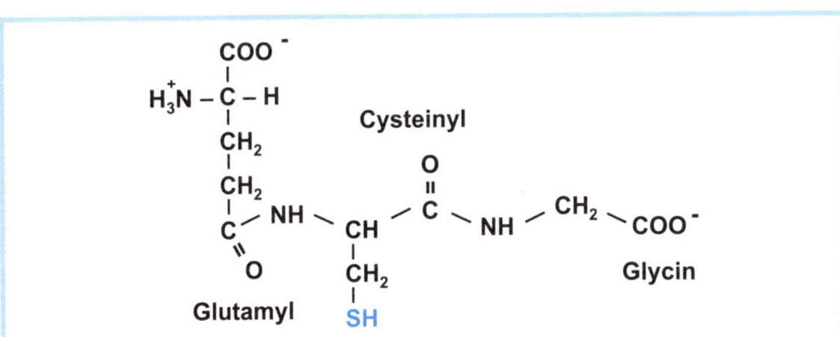


**Abb. 175:** Struktur von Glutathion.

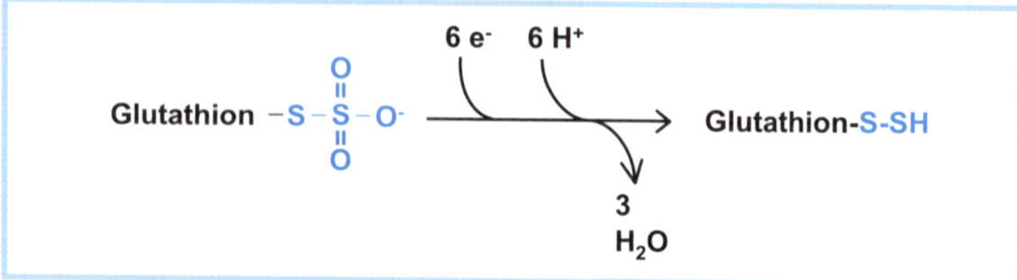


**Abb. 176:** Reduktion der Sulfongruppe mit dem Enzym Thiosulfat-Reduktase.

Die Sulfongruppe kann nun durch die **Thiosulfat-Reduktase** reduziert werden, und es entsteht eine Thiolgruppe (Abb. 176). Im vierten Schritt wird unter Spaltung von Acetylserin mit dem Enzym **Acetylserin-Sulfhydrase** die Thiolgruppe auf den Serinrest übertragen, so dass die Aminosäure Cystein entsteht (Abb. 177). Cystein ist die Ausgangsverbindung, aus der S in reduzierter Form in andere Verbindungen überführt wird. Auch in dieser Assimilationsleistung ist der tierische Organismus auf die Pflanze angewiesen.

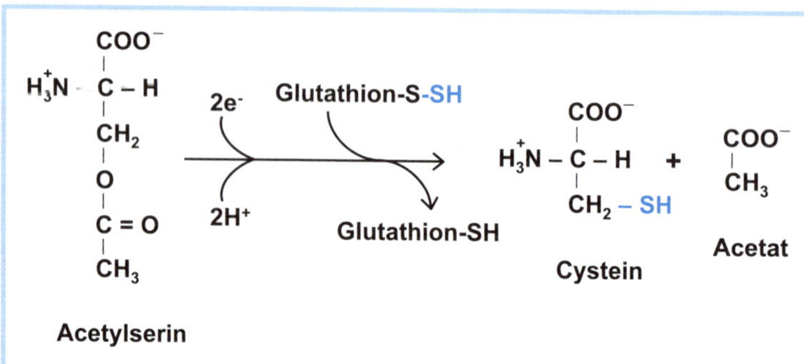


**Abb. 177:** Übertragung der Thiolgruppe auf einen Serinrest und Bildung der Aminosäure Cystein durch das Enzym Acetylserin-Sulfhydrase.

## Weiterführende Literatur:

HAWKESFORD, M. J. (Hrsg.): Sulphur Metabolism in Plants – Integrating Complexity. Special Issue of the Journal of Experimental Botany **55**, No 404 (2004)

### Fragen:

- Wie wird S von der Pflanze aufgenommen?
- Nennen Sie S-Verbindungen in oxidierter und reduzierter Form!
- Beschreiben Sie den Grundaufbau von Senfölen und Lauchölen!
- Welche Rolle spielt die Thiolgruppe und in welcher Verbindung kommt sie vor?
- Nennen Sie die vier Enzyme der Sulfatreduktion!
- Welche Rolle spielt Ferredoxin bei der S-Assimilation?

# 15 Für die Ernährung der Pflanze wichtige Bodeneigenschaften

Inhalt Kapitel 15



## 15.1 Übersicht

Der Boden ist das natürliche Substrat der Pflanze. Mit ihrem Wurzelsystem ist die Pflanze nicht nur in ihm verankert, sondern sie bezieht auch die meisten Nährstoffe aus der Bodenlösung. Ausnahmen sind die Nährstoffe C und O, die in Form von $CO_2$ überwiegend aus der Atmosphäre aufgenommen werden. Sonderfälle stellen die $N_2$-Fixierung der Leguminosen und die Nährstoffversorgung von Kulturpflanzen über die Blattdüngung dar. Für die Nährstoffversorgung ist der Boden daher ein wichtiges Medium. Einzelne Böden können sich in ihrem Vermögen, die Pflanzen mit Nährstoffen zu versorgen, erheblich unterscheiden. Seit Generationen unterscheidet man in der Praxis die Böden hinsichtlich ihres Nährstoff-Nachlieferungsvermögens und spricht beispielsweise in Norddeutschland von armen Geestböden und reichen Marschböden, in Hessen von armen Mittelgebirgsböden und reichen Niederungsböden. Physikalische Faktoren der **Bodenfruchtbarkeit** (Def. 10.6) sind Gegenstand dieses Kapitels, organische Faktoren werden in Kapitel 16 und chemische Faktoren in Kapitel 17 behandelt.

## 15.2 Physikalische Eigenschaften

Physikalisch kann ein Boden in drei Phasen eingeteilt werden:

- Gasphase
- flüssige Phase
- feste Phase

Für die Vitalität und das Funktionsvermögen des Wurzelsystems ist ein ausgewogenes Verhältnis der einzelnen Phasen zueinander Voraussetzung. Ein optimales Verhältnis liegt bei etwa 50% (fest), 25% (flüssig), 25% (gasförmig). Die flüssige und gasförmige Phase befinden sich in den Poren, die nicht von festen Bodenpartikeln ausgefüllt werden. Das Verhältnis der einzelnen Phasen zueinander wird durch die Bodenart (vgl. Kapitel 15.5) und

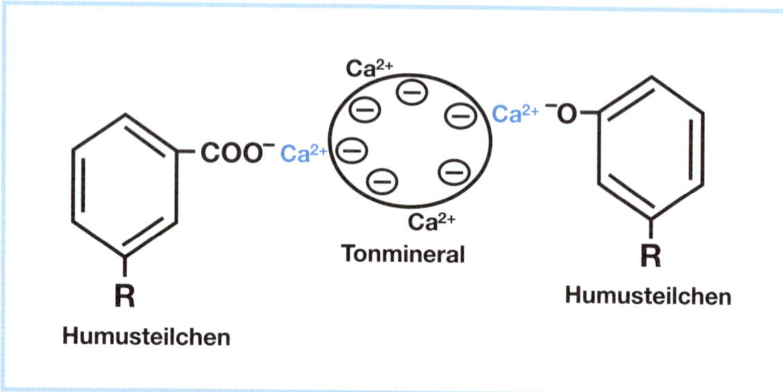


**Abb. 178:** Modellhafte Darstellung der Vernetzung von Tonmineralen und organischen Molekülen zu stabilen Ton-Humuskomplexen.

die Konzentration an Humus (vgl. Kapitel 16) maßgeblich beeinflusst. Die Vernetzung der Bodenteilchen bestimmt die **Bodenstruktur**, d.h. die räumliche Anordnung der festen Bodenpartikel zueinander. Calcium übernimmt bei der Vernetzung von Tonmineralen und Huminstoffen eine ähnliche Funktion wie im Apoplasten der Pflanze (Abb. 178, vgl. Kapitel 3.4) und trägt zu einer Stabilisierung der Bodenstruktur bei.

**Bodenverdichtung** infolge zu dichter Lagerung der Bodenpartikel vermindert den Porenanteil. Dies erschwert das Eindringen der Wurzeln in den Boden, hemmt die Sauerstoffversorgung und führt je nach Wasserversorgung zu Staunässe oder Wassermangel (vgl. Kapitel 7.5 und 7.7). Besonders diejenigen Nährstoffe, die wenig beweglich sind (z.B. P und K) können sich Pflanzen nur unzureichend aus einem verdichteten Boden aneignen. Der unsachgemäße Einsatz schwerer Maschinen auf zu feuchtem Boden kann zur Bodenverdichtung führen und so die Nährstoffversorgung beeinträchtigen. Auch unterschiedliche Bodenbearbeitungsverfahren können die **Nährstoffverfügbarkeit** beeinflussen.

**Abb. 179:** Nesterartige Chlorosen in einem Gerstenbestand aufgrund von Bodenverdichtung (Photo: Schubert).

Die **Gasphase** ist für die Zufuhr ($O_2$, und $N_2$) und Ableitung ($CO_2$) der Gase bedeutsam. $N_2$ wird für die biologische $N_2$-Fixierung benötigt, $O_2$ für die Atmung. Während die Versorgung mit $N_2$ kaum limitiert sein dürfte, kann es bei $O_2$-Mangel zu ATP-Mangel in den Wurzeln kommen, so dass die Aufnahme von Nährstoffen beeinträchtigt ist. Besonders bei empfindlichen Kulturpflanzenarten lässt sich dies häufig im Feld beobachten. Auf verdichteten Stellen entwickeln die Pflanzen zunächst Chlorosen, bei stärkerem Stress auch Nekrosen (Abb. 179).

Die **flüssige Phase** versorgt die Pflanzen mit Wasser (Kapitel 7), ermöglicht den Transport von Nährstoffen zur Wurzel mittels Diffusion oder Massenfluss (vgl. Kapitel 4.2) und vermindert den Eindringwiderstand des Bodens. Die **feste Phase** des Bodens ist Nährstoffträger und Nährstoffspeicher. Neben der Berücksichtigung der organischen Substanz (Kapitel 16) können Böden anhand von drei wichtigen Eigenschaften hinsichtlich ihrer potentiellen Fähigkeit, Nährstoffe an die Pflanzenwurzel zu liefern, charakterisiert werden:

- Ausgangssubstrat
- Bodentyp
- Bodenart

## 15.3 Ausgangssubstrat

Das **Ausgangssubstrat**, aus dem sich ein Boden entwickelt, bildet die Grundlage, die darüber entscheidet, ob der Boden nährstoffarm oder nährstoffreich, sauer oder alkalisch ist. Dabei ist es für die Nährstoff- und Basenkonzentration unerheblich, ob sich ein Boden aus einem **Gestein** oder einem **Sediment** entwickelt hat. Nährstoffreiche Böden können sowohl aus Gesteinen als auch aus Sedimenten entstehen und umkehrt (Tab. 15.1). Allerdings weisen Böden aus Sedimenten meistens eine größere Durchwurzelungstiefe auf. Dies wirkt sich günstig auf die Wasserversorgung aus. Auch organische Ausgangssubstrate können sich erheblich in ihrer Nährstoffkonzentration unterscheiden: Während Hochmoore nur wenige Nährstoffe enthalten, sind Niederungsmoore nährstoffreich.

| Ausgangssubstrate | Beispiele | Eigenschaften |
|---|---|---|
| Gesteine | | |
| Saure Gesteine | Granit, Gneis | nährstoffarm |
| Basische Gesteine | Basalt, Diabas, Gabbro | nährstoffreich |
| Sedimente | | |
| - Flusssedimente | Quarzsand | nährstoffarm |
| | Glimmer, Feldspäte | nährstoffreich |
| - Windsedimente | Flugsand | nährstoffarm |
| | Löss | nährstoffreich |
| Organische Substrate | | |
| | Hochmoore | nährstoffarm |
| | Niederungsmoore | nährstoffreich |

**Tab. 15.1: Übersicht über die Nährstoffeigenschaften der Ausgangssubstrate von Böden.**

## 15.4 Bodentyp

Der **Bodentyp** ist das Produkt von langfristig (Jahrhunderte bis Jahrtausende) andauernden Bodenbildungsprozessen und wird charakterisiert durch eine bestimmte Abfolge von Bodenhorizonten im vertikalen Bodenprofil

**Tab. 15.2: Übersicht über die Nährstoffeigenschaften verschiedener Bodentypen.**
**A-Horizont = Oberboden,**
**B-Horizont = Unterboden,**
**C-Horizont = Ausgangssubstrat,**
**p = Pflügen,**
**h = Humusanreicherung,**
**l = Lessivierung,**
**t = Tonanreicherung,**
**v = Verwitterung,**
**e = Auswaschung,**
**s = Sesquioxidanreicherung.**

| | Bodentyp | Vertikale Horizontfolge |
|---|---|---|
| nährstoffreich | Schwarzerde | $A_p$<br>$A_h$<br>C |
| | Parabraunerde | $A_p$<br>$A_l$<br>$B_t$<br>C |
| | Basische Braunerde | $A_p$<br>$B_v$<br>C |
| nährstoffarm | Podsol | $A_p$<br>$A_e$<br>$B_{hs}$<br>C |
| | Ranker | $A_p$<br>C |
| | Saure Braunerde | $A_p$<br>$B_v$<br>C |

Definition 15.1: Der Bodentyp ist charakterisiert durch die vertikale Abfolge von Horizonten im Bodenprofil. Er entsteht unter dem Einfluss von Ausgangssubstrat und klimatischen Faktoren und kann durch die Bewirtschaftung langfristig beeinflusst werden.

Definition 15.2: Pedogenese ist die Bodenbildung aus dem Ausgangssubstrat.

(Def. 15.1). Er wird vom Ausgangssubstrat, von klimatischen Gegebenheiten und auch von der Bewirtschaftung geprägt. Die **Pedogenese** (Def. 15.2) hat einen wesentlichen Einfluss auf die Verfügbarkeit von Pflanzennährstoffen. Eine **Schwarzerde**, die zu den fruchtbarsten Böden zählt (Tab. 15.2), entwickelt sich nur unter dem Einfluss eines semiariden Klimas mit warmen Sommern und kalten Wintern aus carbonathaltigem Lockersediment. Aufgrund eines geringen Abbaus organischer Substanz und unter dem Einfluss der Bodenfauna kommt es zur Ausbildung mächtiger A-Horizonte (bis zu 1 m) mit hohen Kohlenstoffkonzentrationen. Aufgrund geringer Bodenfeuchte findet auch keine nennenswerte Verlehmung (Tonmineralbildung), Verbraunung (Oxidbildung) und Lessivierung (Verlagerung von Tonteilchen) statt.

Das Gegenteil stellt die Entwicklung eines **Podsols** aus quarzreichem Lockersediment dar: Dieser Bodentyp zählt zu den unfruchtbarsten Bodentypen, da Nährstoffe, die bereits im Ausgangssubstrat nur in geringer Konzentration vorliegen, infolge hoher Niederschläge ausgewaschen werden. Auf diese Weise kommt es sogar zur Verlagerung von Oxiden und organischen Bodenteilchen in den B-Horizont und zur Ausbleichung des A-Horizontes (Tab. 15.2).

## 15.5 Bodenart

Die **Bodenart** (= Textur) beschreibt die körnungsmäßige Zusammensetzung des **Feinbodens** (Tab. 15.3, Def. 15.3). Zum Feinboden zählen Bodenteilchen mit einem

| Korngrößenfraktion | Symbol | Durchmesser |
| --- | --- | --- |
| Ton | T | < 2 µm |
| Schluff | U | 2–63 µm |
| Sand | S | 63–2000 µm |

**Tab. 15.3:** **Einteilung der Körngrößenfraktionen des Feinbodens.**

Durchmesser von < 2 mm. Sie sind für die Betrachtung der Nährstoffverfügbarkeit ausschlaggebend. Im Allgemeinen ist die Tonfraktion nährstoffreich, da sie aus Tonmineralen besteht, die hohe Nährstoffkonzentrationen aufweisen. Eine große Oberfläche ermöglicht auch die Freisetzung von Nährstoffen mit hoher Rate. Die Sandfraktion ist aufgrund eines hohen Quarzanteils häufig nährstoffarm, Schluff nimmt eine mittlere Stellung ein.

**Definition 15.3:** Die Bodenart (= Bodentextur) beschreibt die körnungsmäßige Zusammensetzung eines Feinbodens. Der Feinboden enthält die Korngrößenfraktionen < 2 mm.

Allerdings muss bei dieser Charakterisierung die **Verwitterungsintensität** berücksichtigt werden. Verwitterung führt zu geringeren Korngrößen, wobei die Oberfläche zunimmt, so dass die Zugänglichkeit für die Nährstoffe steigt. Mit zunehmender Verwitterung führen starke Niederschläge aber auch zur Auswaschung von Nährstoffen. Dies ist in den feuchten Tropen der Fall: Starke Verwitterung hat hier zu kleinen Korngrößen (bis zu Al- und Fe-Oxiden) geführt, die jedoch aufgrund der Auswaschung nährstoffarm sind. Umgekehrt können junge, wenig entwickelte Böden, z.B. in Flussauen, große Bodenteilchen der Sandfraktion enthalten, die aus Glimmern oder anderen primären Mineralen bestehen und nährstoffreich sind.

Die Verwitterung von **primären Bodenmineralen** setzt Nährstoffe frei (Tab. 15.4), wobei diese primären Minerale in **sekundäre Minerale** umgewandelt werden, die **Tonminerale** (Def. 15.4). Pflanzen mit großer Wurzeloberfläche, wie z.B. Gräser, können durch die Freisetzung von K aus primären Mineralen mit diesem Nährstoff ausreichend versorgt werden. Für weniger effiziente Pflanzen reicht die geringe K-Freisetzungsrate für die Ernährung nicht aus. Böden, in denen Tonminerale vorherrschen, sind bindige, schwere Böden mit guten chemischen (Nährstoffversorgung, pH-Wert), aber schlechten physikalischen Eigenschaften (Durchlüftung, Wasserhaushalt, Wärmehaushalt).

**Definition 15.4:** Tonminerale sind sekundäre Minerale, die durch Verwitterung aus primären Mineralen hervorgehen. Aufgrund ihrer Korngröße sind sie überwiegend der Tonfraktion zuzurechnen.

| Primäres Mineral | Pflanzennährstoff |
| --- | --- |
| Feldspat | Ca, K, Na |
| Muskovit (K-Glimmer) | K |
| Biotit (Mg-Glimmer) | K, Mg, Fe |
| Olivin | Mg, Fe |
| Pyroxene | Mg, K, Fe |
| Hornblenden | Mg, Ca, Fe |
| Apatit | P, Ca |

**Tab. 15.4:** **Freisetzung von Pflanzennährstoffen bei der Verwitterung primärer Minerale.**

Ausgewogene und günstige Voraussetzungen für die Pflanzenernährung bieten **Lehmböden**, in denen die drei Korngrößenfraktionen jeweils etwa zu einem Drittel vertreten sind. Sie besitzen neben günstigen chemischen Eigenschaften bei richtiger Bewirtschaftung auch gute physikalische Voraussetzungen für die Pflanzenernährung.

## Weiterführende Literatur:

BLUME, H.-P. (Hrsg.): Handbuch des Bodenschutzes. Bodenökologie und –belastung. Vorbeugende und abwehrende Schutzmaßnahmen. Ecomed Verlagsgesellschaft, Landsberg (1990)

### Fragen:

- Nennen Sie Gründe, weshalb die flüssige Phase und die Gasphase des Bodens in einem bestimmten Verhältnis zu seiner festen Phase stehen sollten!
- Erläutern Sie die Begriffe Bodentyp und Bodenart!
- Wie ist der Feinboden definiert?
- Nennen Sie Bodentypen mit guter und Bodentypen mit schlechter Nährstoffversorgung!
- Wie beeinflusst die Bodenart die Nährstoffkonzentration im Boden?
- Nennen Sie Unterschiede primärer und sekundärer Minerale für die Ernährung der Pflanze!
- Welchen Einfluss hat die Bodenstruktur auf die Pflanzenernährung?

# 16 Organische Substanz des Bodens

## 16.1 Übersicht

Inhalt Kapitel 16



In Kapitel 1 wurde gezeigt, dass sich die Pflanze nicht primär von **Humus**, also von organischer Substanz, sondern von anorganischen Substanzen ernährt. Dennoch hat der Humus des Bodens für die Ernährung der Pflanze eine nicht zu unterschätzende Bedeutung. Durch **Mineralisation** können aus dem Humus Pflanzennährstoffe freigesetzt werden, und Humus verbessert die **Bindung von Nährstoffen** im Boden. Biologische, chemische und physikalische Faktoren sind dafür verantwortlich, dass sich die organische Substanz auf die Bodenfruchtbarkeit günstig auswirken kann. Da ein zu hoher Gehalt an organischer Substanz auch eine unkontrollierte Freisetzung von Nährstoffen durch Mineralisation bedeutet, sollten keinesfalls möglichst hohe Konzentrationen, sondern optimale Konzentrationen an organischer Substanz in einem Boden angestrebt werden.

## 16.2 Begriffsbestimmungen

Trocknet man einen Boden bei 105 °C bis zur Gewichtskonstanz, so erhält man die **Trockensubstanz** eines Bodens (Abb. 180). Man entfernt die flüssige Phase und bestimmt gravimetrisch die feste Phase eines Bodens. Dabei wird das Kristallwasser von Mineralen nicht erfasst. Es zählt definitionsgemäß zur festen Phase. Der trockene Boden wird dann bei 800–950 °C oxidiert, wobei das aus den organischen Stoffen freigesetzte $CO_2$ aufgefangen und bestimmt wird (Abb. 180). Auf tonarmen Böden ist auch eine gravimetrische Bestimmung des Glühverlustes möglich. Kalkhaltige Böden erfordern zunächst eine Entkalkung. Bei der Umrechnung des C-Gehaltes in **organische Substanz** kann eine mittlere C-Konzentration der organischen Substanz von 58% zugrunde gelegt werden. Da die

**Abb. 180:** Bestimmung der organischen Substanz des Bodens.

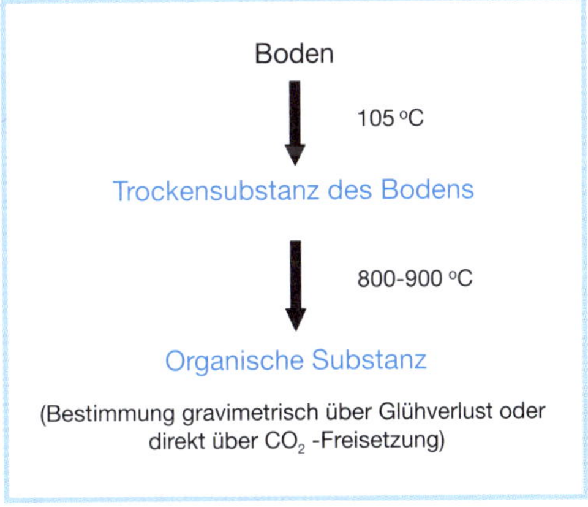

Abb. 181: Zusammensetzung der organischen Substanz.

Humus: ca. 90% (abgestorbene organische Substanz)
- Streustoffe (Nährhumus)
- Huminstoffe (Dauerhumus)

Biomasse: ca. 10% (lebende organische Substanz)
- Pflanzenwurzeln
- Bodenflora
- Bodenfauna

C-Konzentrationen zwischen 40-60% schwanken können, kann der Umrechnungsfaktor 1,7- 3,2 betragen.

Die organische Substanz lässt sich in den **Humus** und die **Biomasse** unterteilen (Abb. 181). Der Humus macht mengenmäßig den bei weitem größten Teil der organischen Substanz aus. Häufig werden deshalb die Begriffe Humus und organische Substanz gleichgesetzt. Humus im engeren Sinne ist jedoch nur die abgestorbene organische Substanz. Sie besteht aus Streustoffen der Flora und Fauna und kann durch Abbau Pflanzennährstoffe freisetzen. Sie wird daher auch als **Nährhumus** bezeichnet. Umformungsprozesse führen dagegen zu stabilen organischen Fraktionen, den Huminstoffen, die nur zögerlich abgebaut werden. Dies ist der **Dauerhumus**.

Nach Körschens wird die **organische Bodensubstanz** in zwei Gruppen unterteilt:

- inerte organische Bodensubstanz
- umsetzbare organische Bodensubstanz

**Definition 16.1: Unter einem Standort versteht man die klimatischen Voraussetzungen und die Bodeneigenschaften, die das Pflanzenwachstum und die Ertragsbildung bestimmen.**

Die **inerte organische Bodensubstanz** ist die Menge an organischer Substanz, die bei einer Schwarzbrache auf einem **Standort** (Def. 16.1) nicht unterschritten wird. Sie ist abhängig vom Tonanteil des Bodens: Durch Bindung an Tonminerale ist die organische Substanz weitgehend vor enzymatischem Abbau geschützt. Je höher der Tonanteil, desto größer ist daher der Anteil der inerten organischen Bodensubstanz. Die **umsetzbare organische Bodensubstanz** repräsentiert die Fraktion, die potentiell mineralisierbar ist. Im Vergleich zu einer rein mineralischen Düngung führt diese Fraktion langfristig zu signifikanten Mehrerträgen (Abb. 182). Dieses Beispiel zeigt, wie wichtig Dauerfeldversuche für die Quantifizierung langfristiger Auswirkungen von Bewirtschaftungsmaßnahmen sind: Manche Konsequenzen der Landbewirtschaftung werden erst nach Jahrzehnten sichtbar.

Auf Sandböden betragen die Mehrerträge aufgrund einer organischen Düngung im Vergleich zu einer rein mineralischen Düngung 10% und mehr. Sie sind hauptsächlich auf das verbesserte Wasserhaltevermögen des Bodens zurückzuführen: Grobporen, die das Wasser nicht entgegen der Schwerkraft zurückhalten können, werden zugunsten der mittleren Poren, die für die **Feldkapazität** (Def. 16.2) entscheidend sind, zurückgedrängt. Aber auch auf Lehmböden mit optimalem Wasserhaushalt konnte eine Ertragsverbesserung

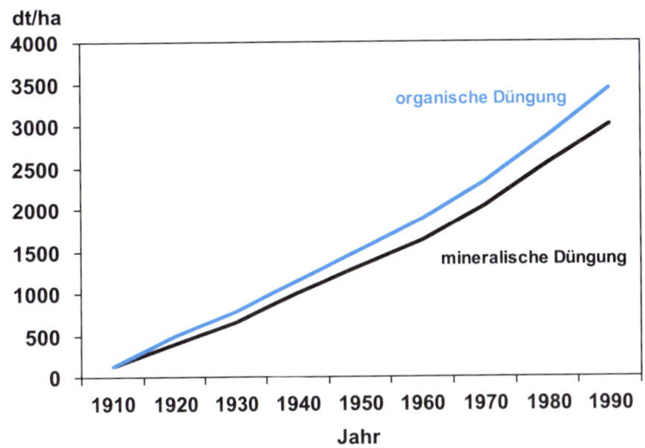


**Abb. 182:** Mehrertrag durch organische Düngung im Vergleich zu einer mineralischen Düngung im langjährigen Feldversuch (Summenkurven)

von 5% durch organische Düngung gegenüber einer rein mineralischen Düngung festgestellt werden.

**Definition 16.2:** **Unter Feldkapazität versteht man das Wasserhaltevermögen (Wasserkapazität) eines natürlich gelagerten Bodens in Durchwurzelungstiefe.**

Unter verschiedenen Standortvoraussetzungen sind es biologische, chemische und physikalische Faktoren, die im Einzelfall mit unterschiedlichem Anteil für die günstigen Einflüsse einer organischen Düngung im Vergleich zu einer rein mineralischen Düngung verantwortlich sind (Abb. 183). Organische Substanz ist Futter für das **Edaphon** (Def. 16.3). Neben Pflanzennährstoffen können dadurch auch andere günstige Stoffe (z.B. Phytohormone) von Bakterien freigesetzt werden. Die Förderung der biologischen Aktivität kann auch die Populationsanteile von Bodenbakterien verändern und so zur Verminderung von bodenbürtigen Krankheiten beitragen.

**Definition 16.3:** **Das Edaphon ist die Gesamtheit der Bodenorganismen.**

Postmortale (abgestorbene) organische Substanz gelangt in Form von Streustoffen, z.B. über die Düngung, in den Boden (Abb. 184). Nach Zer-

- Biologische Faktoren
  Futter für das heterotrophe Edaphon
  (Erhöhung der biologischen Aktivität: Freisetzung von für die Pflanze günstigen Substanzen, Verminderung von bodenbürtigen Krankheiten)
- Chemische Faktoren
  Freisetzung von Nährstoffen bei Mineralisation und Humifizierung
- Physikalische Faktoren
  Erhöhung des Porenanteils von dichten, schweren Böden
  (Verbesserung von Wasser- und Lufthaushalt)
  Erhöhung des Anteils von Sorptionskörpern
  (Verbesserung des Wasser- und Nährstoffhaushaltes)
  Verminderung der Erosionsgefahr
  (besonders bei schluffreichen Böden durch Vernetzung von Kolloidteilchen)

**Abb. 183:** Für die Bodenfruchtbarkeit günstige Eigenschaften der organischen Substanz.

**Abb. 184:** Umsetzung der organischen Substanz im Boden.

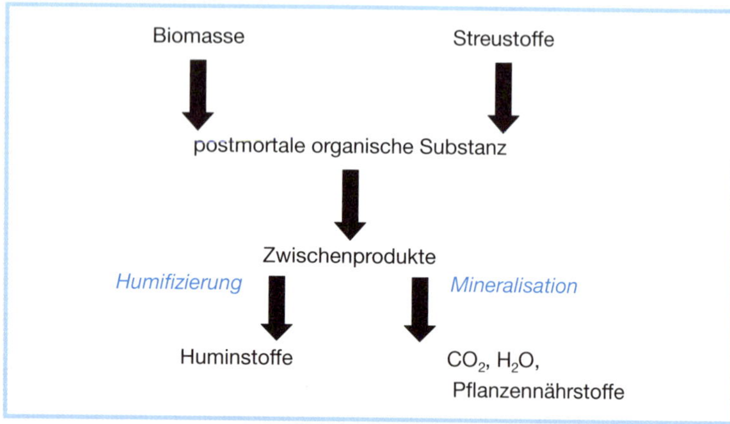


**Definition 16.4: Unter Humifizierung versteht man die biochemische Umwandlung von postmortalen organischen Zersetzungsprodukten in Huminstoffe.**

kleinerung dieser umsetzbaren organischen Bodensubstanz durch Bodentiere werden Zwischenprodukte gebildet, die entweder mineralisiert oder humifiziert werden können. **Mineralisation** (Def. 10.1) führt zur Freisetzung von Pflanzennährstoffen, **Humifizierung** (Def. 16.4) dagegen zu stabilisierten Substanzen, den Huminstoffen.

**Abb. 185** Untergliederung der organischen Bodensubstanz nach Körschens.

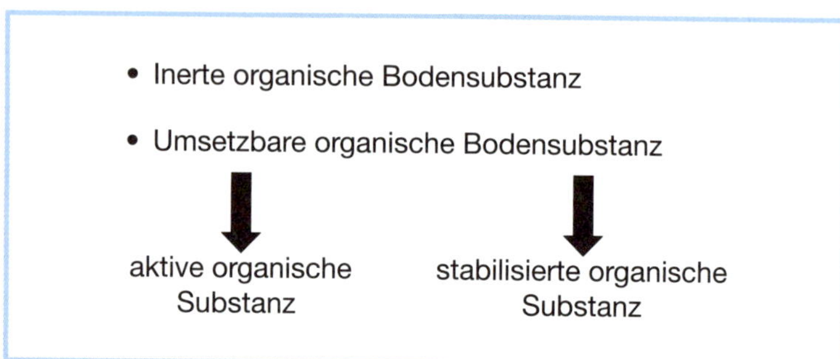


**Tab. 16.1: VDLUFA-Richtwerte für die Einstufung von Konzentrationen der aktiven organischen Bodensubstanz, extrahiert als heißwasserlöslicher organischer Kohlenstoff.**

Da stabile und instabile Fraktionen der organischen Substanz unterschiedliche Funktionen für die Bodenfruchtbarkeit haben, ist eine analytische Trennung von großer Bedeutung. Man kann die mineralisierbaren und nicht mineralisierbaren Fraktionen annäherungsweise mit einem Heißwasserextrakt unterscheiden. Der heißwasserlösliche Kohlenstoff wird im Gegensatz zur stabilisierten organischen Bodensubstanz als **aktive organische Bodensubstanz** bezeichnet (Abb. 185). Es handelt sich hierbei um einen Parameter, der das Mineralisationspotential eines Bodens beschreibt.

| Konzentration (mg/100 g Boden) | Gehaltsstufe |
|---|---|
| > 40 | 1 (sehr hoch) |
| 30-40 | 2 (hoch) |
| 25-30 | 3 (mittel: anzustreben) |
| 20-25 | 4 (gering) |
| < 20 | 5 (sehr gering) |

Mit der Bewirtschaftung, besonders mit der organischen Düngung, sollten optimale Werte der aktiven organischen Substanz im Boden angestrebt werden (Tab. 16.1).

## 16.3 Huminstoffe

Humifizierung führt zur Bildung von **Huminstoffen**. Drei wichtige Gruppen von Huminstoffen sind zu unterscheiden:

- Fulvosäuren
- Huminsäuren
- Humine

**Tab. 16.2:** **Eigenschaften der Huminstoffe.**

| Parameter | Fulvosäure | Huminsäuren | Humine |
|---|---|---|---|
| Polymerisationsgrad | niedrig | mittel | hoch |
| Mobilität | Hoch | Mittel | gering |
| C-Konzentration (%) | 45 | 55 | > 60 |
| N-Konzentration (%) | 0.5–2 | 3–8 | – |
| Nährstoffbindung | gering | hoch | gering |
| Farbe | gelb-rotbraun | braun-schwarz | schwarz |
| Entstehung | vorwiegend abiotisch | | vorwiegend biotisch |

Hierbei handelt es sich um organische Verbindungen mit unterschiedlichen Eigenschaften, die sich u.a. aus dem Polymerisationsgrad, der C- und N-Konzentration sowie der Fähigkeit zur Nährstoffbindung ergeben (Tab. 16.2). Während **Fulvosäuren**, die vorwiegend abiotisch entstehen, für die Pflanzenernährung unerwünscht sind, haben **Huminsäuren** und **Humine** sehr günstige Eigenschaften. Huminsäuren haben vor allem eine Bedeutung für die Sorption (Def. 3.6) von Nährstoffen, Humine tragen aufgrund ihres hohen Polymerisationsgrades besonders zur physikalischen Stabilität des Bodens bei.

**Abb. 186:** Kerngruppen von Huminstoffen.

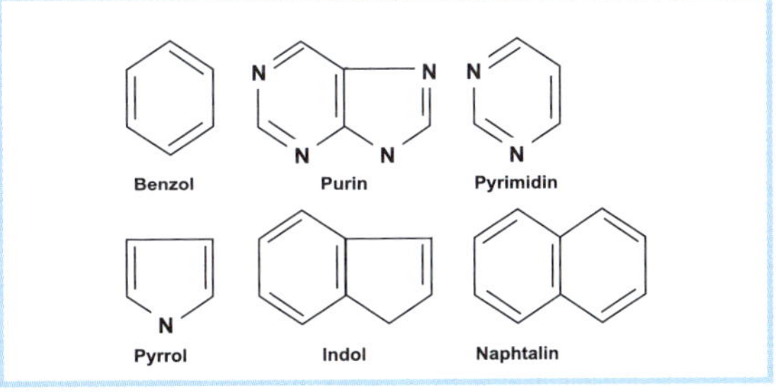


Huminstoffe bestehen aus aromatischen Kernen (Abb. 186), die über unterschiedliche Brücken dreidimensional miteinander verknüpft sind. Besonders diese aromatischen Ringstrukturen stellen dem mikrobiellen Abbau einen großen Widerstand entgegen. Nährstoffe, die in diesen Kerngruppen enthalten sind, stehen für die Mineralisation kaum zur Verfügung. Die verbindenden Brücken werden durch Gruppen aus C, N, O und S gebildet

| | | |
|---|---|---|
| C: | $R-CH_2-R$ | $R-C=C-R$ |
| N: | $R-NH-R$ | $R-N=R$ |
| O: | $R-O-R$ | |
| S: | $R-S-R$ | |

**Abb. 187:** Brücken zwischen den Kerngruppen von Huminstoffen.

(Abb. 187). Für die Nährstoffbindung sind die reaktiven Seitengruppen verantwortlich (Abb. 188): Dissoziierte Carboxylgruppen sorbieren Kationen, protonierte Aminogruppen Anionen. Hydroxylgruppen und Thiolgruppen können in biochemischen Reaktionen glycosidische Bindungen zu anderen reaktiven Seitengruppen aufbauen und so den Polymerisationgrad erhöhen.

| | |
|---|---|
| **Carboxylgruppe:** | $R-COO^-$ |
| **Hydroxylgruppe:** | $R-OH$ |
| **Carbonylgruppe:** | $R=C=O$ |
| **Aminogruppe:** | $R-NH_3^+$ |
| **Thiolgruppe:** | $R-SH$ |

**Abb. 188:** Reaktive Seitengruppen von Huminstoffen.

## 16.4 Humuswirtschaft

Böden können sehr unterschiedliche Konzentrationen an Humus aufweisen. Böden mit < 5% organischer Substanz werden als Mineralböden bezeichnet, ab 5% spricht man von organischen Böden (Tab. 16.3).

**Tab. 16.3:** **Bezeichnung der Böden nach ihren Humuskonzentrationen (SCHEFFER und SCHACHTSCHABEL 1984).**

| Bezeichnung | Humus (%) | C (%) |
|---|---|---|
| Humusarm | < 1 | < 0,6 |
| Schwach humos | 1-2 | 0,6-1,2 |
| Mittel humos | 2-4 | 1,2-2,3 |
| Stark humos | 4-8 | 2,3-4,6 |
| Sehr stark humos | 8-15 | 4,6-8,7 |
| Humusreich | 16-30 | 8,7-17,4 |

Die Humuskonzentration eines Bodens ist nicht konstant, sondern wird von Aufbau- und Abbauprozessen in einem Fließgleichgewicht gehalten. Drei wichtige Faktoren bestimmen das Niveau dieses Fließgleichgewichts:

- Ausgangssubstanzen
- Standort
- Bewirtschaftung

Als **Ausgangssubstanzen** für die Humusbildung kommen abgestorbene Pflanzenwurzeln, Vegetationsrückstände, organische Dünger und Körpersubstanzen abgestorbener Bodenorganismen in Frage. Die Zusammensetzung dieser Substanzen entscheidet darüber, ob es zur Mineralisation oder zur Humifizierung kommt (vgl. Kapitel 21). Da die Bodenfauna die Ausgangssubstanzen neben der Energiegewinnung benutzt, um neue arteigene Körpersubstanz aufzubauen, ist besonders ein enges C : N-Verhältnis für den Abbau wichtig. Substanzen mit weitem C : N-Verhältnissen werden daher schlechter abgebaut als solche mit engem C : N-Verhältnis (Tab. 16.4).

**Tab. 16.4:**
**C : N-Verhältnisse verschiedener organischer Substanzen.**

| Substanzen | C : N |
|---|---|
| Regenwürmer | 4–6 |
| Pilzmyzel | 10–15 |
| Junge Gräser | 10–40 |
| Stallmist | 20–25 |
| Getreidestroh | 50–100 |

Folgende **Standorteigenschaften** beeinflussen in erster Linie die Abbaugeschwindigkeit der organischen Substanz im Boden:

- Bodenfeuchte
- Bodentemperatur
- pH-Wert
- Porenvolumen und Porenverteilung ($O_2$)

Einen entscheidenden Einfluss auf die Humuskonzentration des Bodens nimmt die **Bewirtschaftung**. Ein Vergleich der Ackernutzung mit der Grünlandnutzung mag dies verdeutlichen. Ein Boden unter Ackernutzung hat beispielsweise eine Humuskonzentration von 2%. Bei einer Bodendichte von 1,5 errechnet sich eine Menge an organischer Substanz von 300 t $ha^{-1}$ bis 30 cm Tiefe. Bei einer Konzentration von 6% eines Grünlandbodens bis 15 cm Tiefe ergibt sich eine Menge von 450 t $ha^{-1}$. Wird das Grünland umgebrochen, so stellen sich neue Gleichgewichtsverhältnisse ein, die zu einem Nettoabbau von 150 t $ha^{-1}$ organischer Substanz führen. Umgekehrt wird in diesem Beispiel bei Umwidmung des Ackerlandes zu Grünland die gleiche Menge an organischer Substanz akkumuliert.

Hierbei handelt es sich um Prozesse, die anfänglich schnell ablaufen, so dass beim Grünlandumbruch mit großen Mengen an N aus der Mineralisation zu rechnen ist. Umgekehrt werden nach der Grünlandansaat zunächst über mehrere Jahre große Mengen an N gebunden. Diese schnellen Veränderungen in den ersten Jahren werden rasch geringer. Trotzdem wird ein neues Gleichgewicht erst nach Jahrzehnten erreicht (Abb. 189).

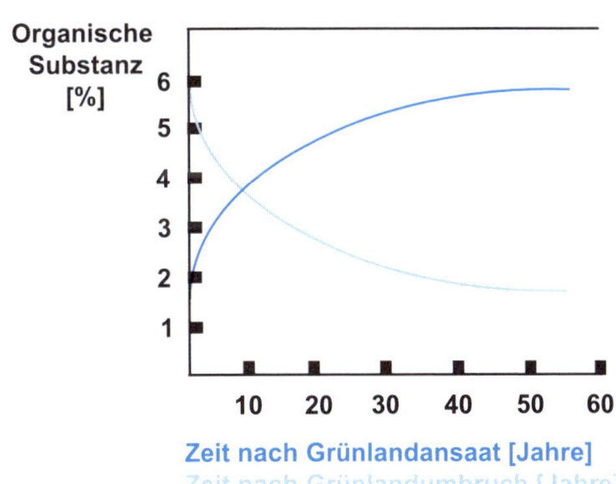


**Abb. 189:** Aufbau bzw. Abbau von organischer Substanz im Zeitverlauf nach Grünlandansaat oder Grünlandumbruch.

Die natürliche Vegetation bilden in Mitteleuropa auf vielen Standorten Eichen- und Buchenwälder. Im Vergleich zur Grünlandnutzung, besonders aber zur Ackernutzung fallen unter Waldnutzung jährlich erheblich größere Mengen an organischen Ausgangsstoffen an (Abb. 190). Berücksichtigt man die infolge der Bo-

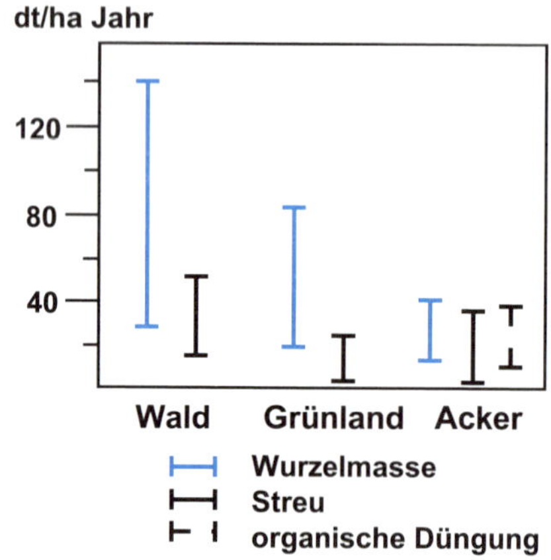


**Abb. 190:** Jährliche Mengen organischer Ausgangsstoffe bei unterschiedlicher Bodennutzung.

denbearbeitung stärkere Durchlüftung des Bodens unter Ackernutzung, die die Abbauprozesse verstärkt, so entsteht unter Ackernutzung ein Defizit an organischer Substanz, das zu suboptimalen Humuskonzentrationen führt. Eine nachhaltige Nutzung von Ackerland erfordert unter mitteleuropäischen Bedingungen daher eine regelmäßige organische Düngung.

## Weitergehende Literatur:

SCHEFFER, F. und P. SCHACHTSCHABEL: Lehrbuch der Bodenkunde. Ferdinand Enke Verlag, Stuttgart (1982)

### Fragen:

- Was versteht man unter Humus?
- Warum ist Humus für die Pflanzenernährung von Bedeutung?
- Nennen Sie Gründe für Mehrerträge durch organische Düngung im Vergleich zu einer rein mineralischen Düngung!
- Wie ist ein Standort definiert?
- Wie sind Huminstoffe aufgebaut?
- Was versteht man unter Mineralböden?
- Was ist bei einem Grünlandumbruch zu beachten?
- Warum erfordert eine nachhaltige Bewirtschaftung von Ackerland auf den meisten Standorten Mitteleuropas eine regelmäßige organische Düngung?

# 17 Nährstoffbindung im Boden

## 17.1 Übersicht

Inhalt Kapitel 17


Bei der Verwitterung von primären Mineralen werden Pflanzennährstoffe freigesetzt, die in die Bodenlösung gelangen, in sekundäre Minerale eingebaut oder oberflächlich an Bodenteilchen gebunden werden. Daraus resultieren drei wichtige Fraktionen von Pflanzennährstoffen, die am Beispiel von Kalium ($K^+$) dargestellt werden sollen (Abb. 191). **$K^+$ in der Bodenlösung** ist direkt für die Pflanze verfügbar. Es steht mit zwei anderen Fraktionen im Gleichgewicht. Werden dem Boden Kaliumsalze über die Düngung zugeführt, so liegt $K^+$ nach Lösung der Salze in der Bodenlösung vor. Durch die Konzentrationserhöhung wird das Gleichgewicht verschoben, so dass ein Teil in die **austauschbar gebundene Fraktion** übergeht. Diese Fraktion wird ebenfalls als pflanzenverfügbar angesehen. Es handelt sich um sorbiertes $K^+$ (Def. 3.6). Darüber hinaus kann $K^+$, ähnlich wie $NH_4^+$, aufgrund seines Ionenradius **spezifisch** von bestimmten Tonmineralen **gebunden** werden. Diese Fraktion wird als teilweise pflanzenverfügbar angesehen. Auch Anionen können in bestimmten Fällen an Bodenteilchen sorbiert oder adsorbiert werden.

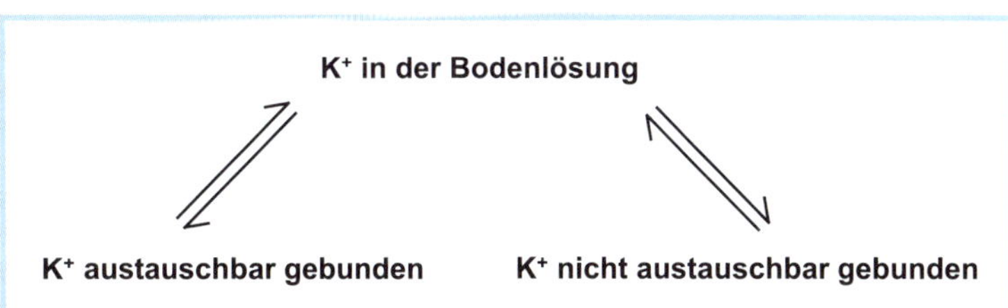


**Abb. 191:** $K^+$-Fraktionen im Boden.

## 17.2 Sorption

Die **Sorption** von Pflanzennährstoffen wurde bereits in Kapitel 3.4 definiert und allgemein beschrieben. Die Ionen behalten während der Sorption ihre Hydrathülle bei. Es handelt sich daher um eine relativ lockere Bindung von Ionen an elektrisch geladenen Oberflächen, die reversibel ist. In dem Maße,

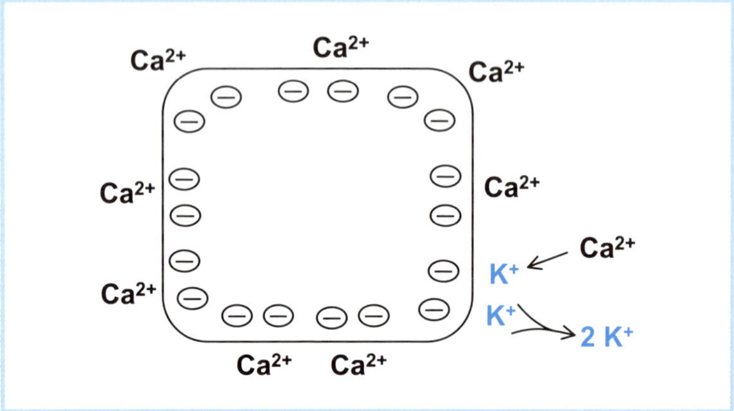


**Abb. 192:** Desorption von $K^+$ durch $Ca^{2+}$ von einem Bodenteilchen.

wie Nährstoffe von der Pflanzenwurzel aus dem Boden aufgenommen werden, können sorptiv gebundene Nährstoffe in die Bodenlösung nachgeliefert werden (Abb. 192).

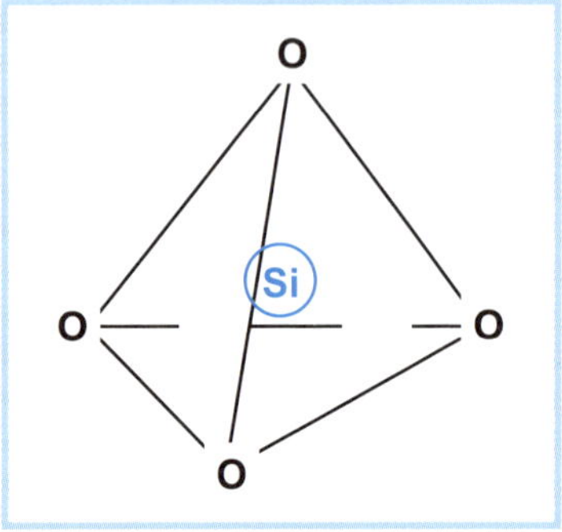


**Abb. 193:** Aufbau der Si-Tetraeder.

Um zu verstehen, wie die negative Ladung von Tonmineralen zustande kommt, ist es zunächst erforderlich, sich mit dem Aufbau von Tonmineralen zu beschäftigen. Dies soll beispielhaft an den Schichtsilikaten besprochen werden. Schichtsilikate bestehen, wie der Name andeutet, aus zwei schichtförmig angeordneten Elementareinheiten:

- Si-Tetraeder
- Al-Oktaeder

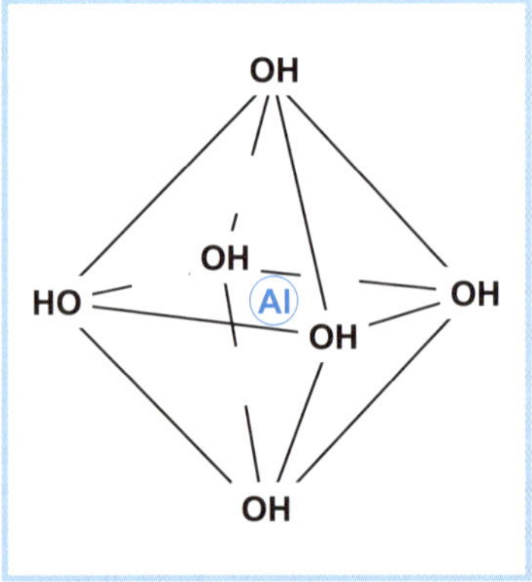


**Abb. 194:** Aufbau der Al-Oktaeder.

**Si-Tetraeder** kann man sich als Pyramiden mit drei Seiten (ohne Grundfläche) vorstellen (Abb. 193). An den drei Ecken der Grundfläche sitzt jeweils ein O-Atom, ebenso wie ein viertes O-Atom an der Spitze der Pyramide. Die vier O-Atome sind mit einem Si-Atom im Zentrum verbunden. Daraus ergibt sich eine imaginäre Oberfläche von vier Einzelflächen (Tetraeder = Vierflächner). Die **Al-Oktaeder** kann man sich als doppelt angeordnete, vierseitige Pyramiden vorstellen. An den vier Ecken der Grundfläche sitzen OH-

Gruppen, ebenso wie an den nach unten und oben gerichteten Spitzen. Das Zentralatom ist Al (Abb. 194). In diesem Fall entstehen acht imaginäre Einzelflächen (Oktaeder = Achtflächner). In den Schichtsilikaten bilden die Tetraeder und Oktaeder homogene Schichten, die sich abwechseln. Je nach Abfolge der einzelnen Elementarschichten unterscheidet man beispielsweise 1:1-Tonminerale oder 2:1-Tonminerale (Abb. 195). Die resultierenden Schichtpakete und die daraus aufgebauten Silikate sind in dieser Form elektrisch neutral.

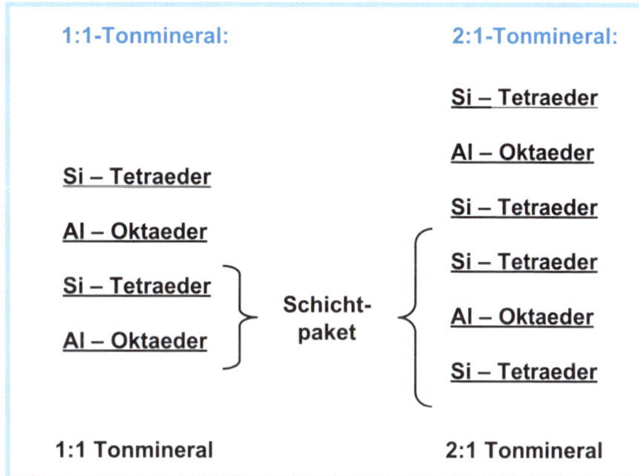


**Abb. 195:** Aufbau der Schichtsilikate.

Die elektrische Aufladung der Tonminerale geht auf zwei Ursachen zurück:

- isomorpher Ersatz
- Freisetzung von $H^+$

Unter dem **isomorphen Ersatz** versteht man die Substitution der Zentralatome durch andere Atome mit ähnlichem Durchmesser. So kann Si als Zentralatom der Si-Tetraeder durch Al ersetzt werden. Da Al im Gegensatz zum vierwertigen Si nur dreiwertig ist, fehlt nach isomorphem Ersatz eine positive Ladung, so dass das Mineral negativ aufgeladen ist. In ähnlicher Weise kann das dreiwertige Al als Zentralatom der Al-Oktaeder durch Fe oder Mg ersetzt werden. Auch hierbei entsteht ein Defizit an positiver Ladung, wodurch ebenfalls eine negative Ladung des Minerals resultiert (Abb. 196). Je ausgeprägter der isomorphe Ersatz, desto stärker die negative Ladung des Minerals. **Freisetzung von $H^+$** kann an zwei Gruppen von Bodenteilchen erfolgen: Neben OH-Seitengruppen der Al-Oktaeder von Tonmineralen können auch phenolische Hydroxyl-Gruppen und Carboxyl-Gruppen von Humusteilchen dissoziieren und auf diese Weise zur negativen Aufladung beitragen.

**Isomorpher Ersatz des Zentralatoms in den Grundbausteinen der Tonminerale:**

Si-Tetrateder: $Si^{IV} \rightarrow Al^{III}$

Al-Oktaeder: $Al^{III} \rightarrow Fe^{II}, Mg^{II}$

**Dissoziation von Protonen bei hohem pH-Wert:**

SiOH-Gruppen der Tonminerale

$R\text{-}OH \rightarrow H^+ + R\text{-}O^-$

Carboxylgruppen und phenolische Hydroxylgruppen von Humusteilchen

$R\text{-}COOH \rightarrow H^+ + R\text{-}COO^-$

**Abb. 196:** Isomorpher Ersatz und Freisetzung von $H^+$ als Ursachen der negativen Aufladung von Bodenteilchen.

**Definition 17.1: Die Austauschkapazität beschreibt quantitativ die Sorptionsfähigkeit von Böden oder von Bodenteilen.**

Die negative Aufladung von Tonmineralen und Humusteilchen ist nicht nur für die sorptive Bindung und Nachlieferung von Pflanzennährstoffen wichtig, sondern trägt erheblich zur Bodenstabilität bei. Aufgrund seiner Zweiwertigkeit und kleinen Hydrathülle kann $Ca^{2+}$ Ton- und Humusteilchen zu stabilen Ton-Humus-Komplexen verbinden (Abb. 178). Wegen dieser Eigenschaften sollte $Ca^{2+}$ etwa 80% der **Austauschkapazität** (Def. 17.1) absättigen.

Die Austauschkapazitäten einzelner Tonminerale unterscheiden sich beträchtlich (Tab. 17.1). Während Zweischichttonminerale wie der **Kaolinit** eine geringe Austauschkapazität aufweisen, haben Dreischichttonminerale, wie z.B. **Illit**, besonders aber der **Montmorillonit** eine große Austauschkapazität. Dies hängt zum einen mit dem Ausmaß an isomorphem Ersatz, z.T. aber auch mit der Ausbildung von inneren Oberflächen (s.u.) zusammen. Böden mit hohem Anteil an Tonmineralen und hoher Quantität von Tonmineralen mit starkem isomorphem Ersatz sind daher auch durch hohe Austauschkapazitäten gekennzeichnet. Auch der Humus trägt zur Austauschkapazität bei. Allerdings sollte die in Tab. 17.1 gezeigte Austauschkapazität der organischen Substanz nicht überbewertet werden, da sie auf die Masse bezogen ist, und die organische Substanz nur eine geringe Dichte besitzt.

| Bodenteilchen bzw. Bodentyp | Austauschkapazität (mequ/100 g) |
|---|---|
| Kaolinit | 10 |
| Illit | 30 |
| Montmorillonit | 100 |
| Humus | 100 |
| Podsol | 12 |
| Parabraunerde | 17 |
| Marschboden | 28 |

**Tab. 17.1: Austauschkapazitäten ausgewählter Bodenteilchen und Bodentypen.**

Es wurde bereits erwähnt, dass sorptiv gebundene Nährstoffe bei Entzug der Nährstoffe durch die Pflanzenwurzel in die Bodenlösung nachgeliefert werden können. Das quantitative Maß für diese Nachlieferung ist die **Pufferkapazität**. Die Pufferkapazität ist definiert als Quotient aus der **Quantität** eines Nährstoffs und der **Intensität** eines Nährstoffs (Abb. 197). Die Quantität ist die Menge des Nährstoffs, die bei Entzug durch die Pflanzenwurzel potentiell in die Bodenlösung nachgeliefert werden kann. In den meisten Fällen werden als Maß für die Quantität die austauschbaren Nährstoffe herangezogen, gegebenenfalls auch ein Teil der nichtaustauschbar gebundenen Nährstoffe (Abb. 191). Die Intensität wird durch die freie Konzentration des Nährstoffs in der Bodenlösung beschrieben.

$$P = Q/I$$

**Abb. 197:** Pufferkapazität eines Bodens.
P = Pufferkapazität,
Q = Quantität eines Nährstoffs,
I = Intensität eines Nährstoffs.

Je höher die Austauschkapazität eines Bodens, desto besser ist seine Pufferung. Eine gute Pufferung der Nährstoffe ist sowohl bei der Düngung als auch bei der Nährstoffaufnahme der Pflanzen wichtig. Dies sei anhand von zwei Böden, die sich im Tonanteil unterscheiden, dargestellt (Abb. 198). Während der Boden mit 40% Tonanteil eine hohe Pufferkapazität aufweist, hat der Boden mit 5% Ton eine geringe Pufferkapazität. Soll die Pflanze 1 mmol $K^+$

pro 100 g Boden (Quantität) aufnehmen, so geht dieser Nährstoffentzug im tonreichen Boden mit einer Verminderung der $K^+$-Konzentration in der Bodenlösung von etwa 0,8 mM $K^+$ einher, während im Sandboden eine Änderung von fast 5 mM $K^+$ (Intensität) erfolgt. Die zur Ernährung der Pflanze notwendige $K^+$-Menge setzt daher in einem tonarmen Boden mit geringer Pufferkapazität nicht nur höhere $K^+$-Konzentrationen in der Bodenlösung voraus, sondern die $K^+$-Konzentrationen in der Bodenlösung sind auch größeren Schwankungen unterworfen. Aus diesem Grund ist die **Auswaschungsgefahr** von Nährstoffen in Sandböden zumeist größer als in Tonböden. Die **Fruchtbarkeit** wird in Tonböden durch die Pufferung günstig beeinflusst, da die Nährstoffkonzentrationen geringeren Schwankungen unterworfen sind, so dass Nährstoffe gleichmäßig an die Pflanzenwurzeln angeliefert werden können.

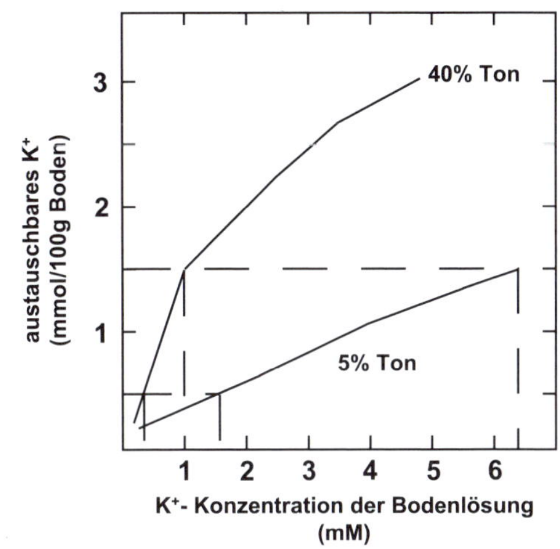


**Abb. 198:** $K^+$-Pufferkurven für zwei Böden mit unterschiedlichem Tonanteil.

$$Fe\text{-}OH + H^+ \rightarrow Fe\text{-}OH_2^+$$

$$AL\text{-}OH + H^+ \rightarrow ALOH_2^+$$

$$R\text{-}OH + H^+ \rightarrow R\text{-}OH_2^+$$

**Abb. 199:** Die Anionensorption erfolgt aufgrund der Protonierung von Hydroxylgrupppen der Tonminerale, Fe- und Al-Hydroxide und Huminstoffe in sauren Böden.

In den Böden Mitteleuropas sind die Tonminerale überwiegend negativ geladen und daher geeignet, Nährstoffkationen sorptiv zu binden. Anionen können auf diese Weise nicht gebunden werden und unterliegen daher (mit Ausnahme von Phosphat, s.u.) leicht der **Auswaschung**. Dies trifft besonders auf die Nährstoffanionen **Nitrat** und **Chlorid**, aber auch auf **Sulfat** zu. Die Düngung von Nitrat und Sulfat sollte daher möglichst im Frühjahr und nicht vor der vegetationslosen Niederschlagsperiode im Herbst erfolgen. In sauren Böden, besonders in den feuchten Tropen, werden die Hydroxylgruppen von Tonmineralen, Fe- und Al-Hydroxiden sowie Huminstoffen protoniert und können Anionen sorptiv binden (Abb. 199). Unter diesen Bedingungen sind Nährstoffkationen stärker auswaschungsgefährdet.

**Definition 17.2:**
**Bei einer spezifischen Bindung geht die Hydrathülle des gebundenen Iones verloren. Beispiele für spezifische Bindungen sind die $K^+$- und $NH_4^+$-Fixierung in 2:1-Tonmineralen und die Adsorption von $H_2PO_4^-$, $SO_4^{2-}$ und $MoO_4^{2-}$ an Al-und Fe-Hydroxiden und Tonmineralen.**

## 17.3 Spezifische Bindung

Im Gegensatz zur Sorption geht bei der **spezifischen Bindung** die Hydrathülle der Ionen bei der Bindung verloren (Def. 17.2). Die Bindungsstärke ist damit größer, so dass die Verfügbarkeit für die Pflanze geringer ist. Zwei Formen der spezifischen Bindung sollen dargestellt werden:

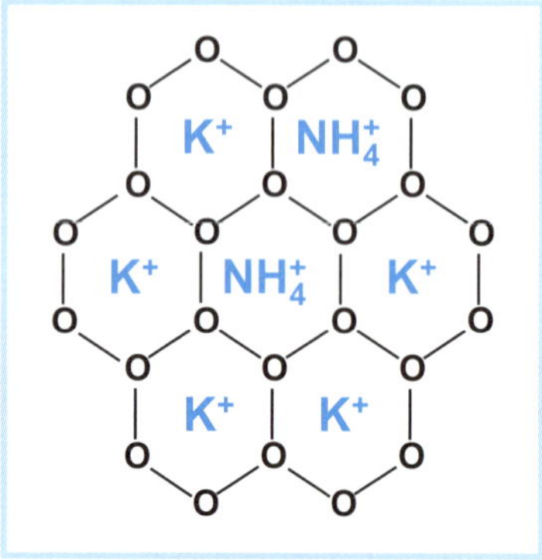


Abb. 200:
$K^+$ und $NH_4^+$ werden unter Abstreifen ihrer Hydrathüllen in die Zwischenschichten von 2:1-Tonmineralen eingelagert. Die nicht hydratisierten Ionen passen exakt in die Hohlräume,die von den O-Atomen von jeweils zwei monomolekularen Wasserschichten zwischen den Si-Tetraedern gebildet werden.

- Kalium- und Ammoniumfixierung
- Phosphatadsorption

Aufgrund ihres spezifischen Ionendurchmessers können $K^+$ und $NH_4^+$ in den Zwischenschichten von 2:1-Tonmineralen unter Abstreifen ihrer Hydrathülle **fixiert** werden. Zu den 2:1-Tonmineralen zählen beispielsweise **Illite** und **Montmorillonite**, die durch Verwitterung aus **Glimmern** entstehen. 2:1-Tonminerale sind aus Schichtpaketen aufgebaut, die jeweils aus einer Si-Tetraederschicht, einer Al-Oktaederschicht und einer Si-Tetraederschicht bestehen (Abb. 195). Zwischen diesen Schichtpaketen können $K^+$ und $NH_4^+$ fixiert werden. Dabei streifen sie ihre Hydrathüllen ab und werden mit hoher Bindungsenergie in die Hohlräume zwischen sechs O-Atomen von jeweils zwei monomolekularen Wasserschichten zwischen den Si-Tetraedern eingelagert (Abb. 200). Die Konsequenz ist eine Kontraktion der Schichtpakete.

Diese Fixierung ist **reversibel**: Bei sehr niedriger Konzentration in der Bodenlösung können beide Ionen aus den Zwischenschichten unter Aufweitung der Tonminerale herausdiffundieren (Abb. 201). Aus diesem Grund sind fixierte Ionen teilweise pflanzenverfügbar. Aufgrund der geringen Freisetzungsrate können sich nur Pflanzen mit großer Wurzeloberfläche unter günstigen Bedingungen (Bodenfeuchte, Bodenstruktur) diese Nährstoffe mit ausreichend großer Rate aneignen. Für weniger effiziente Pflanzen muss eine Meliorationsdüngung mit Kalium erfolgen. Je nach Fixierungskapazität sind hierfür mehrere Hundert Kilogramm bis einige Tonnen Kalium pro Hektar erforderlich, die in Teilgaben, bevorzugt zu den ineffizienten Kulturpflanzen gedüngt werden sollten.

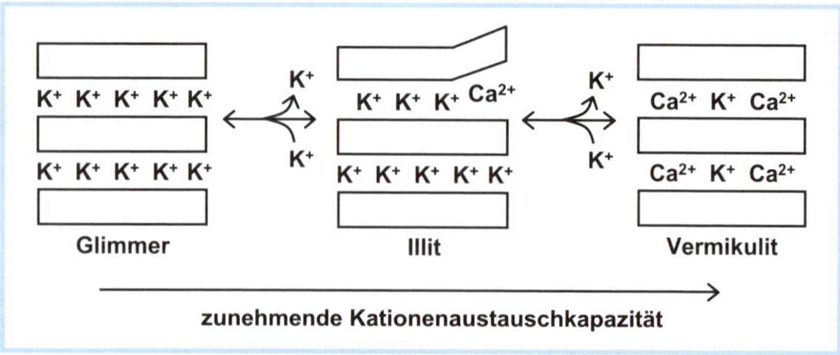


Abb. 201:
Verwitterung von Glimmern zu 2:1-Tonmineralen durch $K^+$-Freisetzung und reversible Fixierung von $K^+$ in 2:1-Tonmineralen.

Eine weitere Form der spezifischen Bindung ist die **Adsorption** von Phosphat, Sulfat und Molybdat an Al- und Fe-Hydroxiden sowie Tonmineralen. Es handelt sich dabei um einen **Ligandenaustausch**, bei dem Hydroxylionen frei-

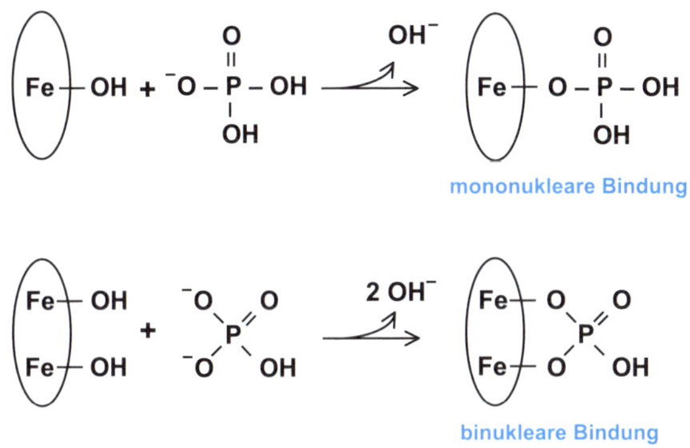


**Abb. 202:**
Adsorption durch Ligandenaustausch.

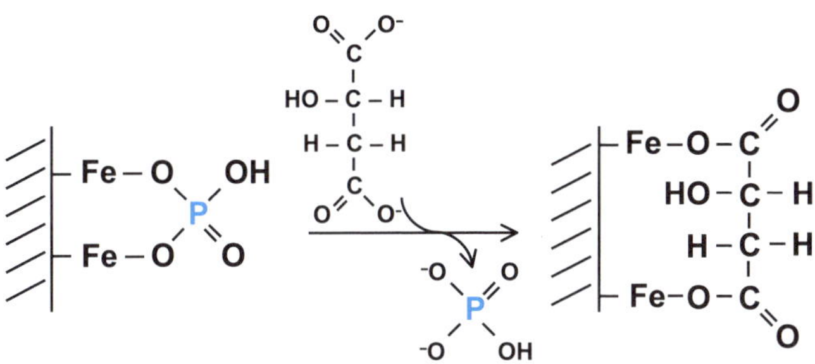

**Abb. 203:**
Organische Anionen fördern die Desorption von Phosphat.

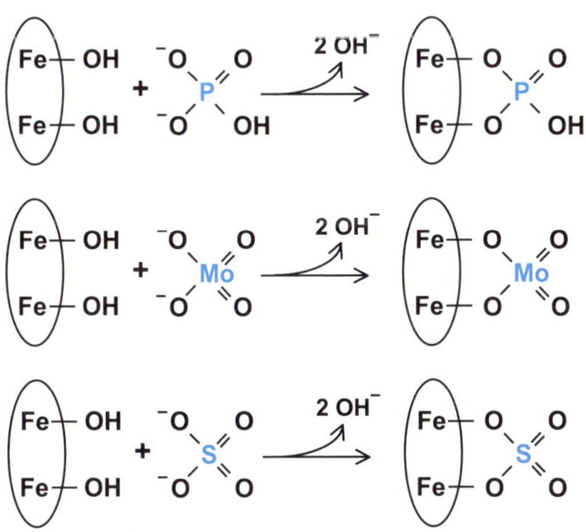

**Abb. 204:**
Neben Phosphat werden auch Molybdat und Sulfat adsorbiert.

gesetzt werden (Abb. 202). Je nachdem, ob ein oder zwei Hydroxylionen freigesetzt werden, spricht man von mono- oder binuklearer Bindung. Im zweiten Fall wird das Anion wesentlich stärker gebunden. Aufgrund der chemischen Gleichgewichtsverhältnisse fördert ein niedriger pH-Wert die Adsorption, **Aufkalkung** des Bodens verbessert dagegen die Phosphatverfügbarkeit. Durch Abscheidung von organischen Anionen wie Malat oder Citrat können Pflanzenwurzeln ebenfalls zur Desorption von adsorbiertem Phosphat beitragen (Abb. 203). Aufgrund ihres ähnlichen Aufbaus werden Sulfat und Molybdat ähnlich wie Phosphat adsorbiert und sind daher auf stark verwitterten, sauren Böden allgemein schlecht verfügbar (Abb. 204).

## Weiterführende Literatur:

Scheffer, F. und P. Schachtschabel: Lehrbuch der Bodenkunde. Ferdinand Enke Verlag, Stuttgart (1982)

### Fragen:

- Definieren Sie: Sorption, Fixierung, Adsorption, spezifische Bindung von Ionen!
- Welche $K^+$-Fraktionen im Boden tragen zur Ernährung der Pflanze bei?
- Wodurch wird die Sorption von Nährstoffkationen an Tonmineralen ermöglicht?
- Warum ist die Auswaschungsgefahr für Nährstoffe auf Sandböden größer als auf Tonböden?
- Was versteht man unter der Pufferkapazität eines Bodens?
- Wie wirkt sich die Düngung von Kalium auf einem Tonboden, wie auf einem Sandboden auf die Konzentration des Nährstoffs in der Bodenlösung aus?
- Warum sind Phosphat, Sulfat und Molybdat in einem sauren Boden schlecht verfügbar, und warum wird die Verfügbarkeit durch Kalkung verbessert?

# 18 Nährstoffverfügbarkeit

## 18.1 Überblick

Inhalt Kapitel 18



Für die Versorgung der Pflanze mit Nährstoffen ist nicht der Gesamtgehalt des Bodens entscheidend, sondern die verfügbare Konzentration. In Kapitel 17 wurde gezeigt, dass neben der Nährstoffkonzentration der Bodenlösung auch unterschiedlich stark an Bodenteilchen gebundene Nährstoffe zur Ernährung beitragen können. Während austauschbar gebundene Nährstoffe (= sorbierte Nährstoffe) als verfügbar angesehen werden, sind spezifisch gebundene Nährstoffe nur unter bestimmten Bedingungen (gute Bodenstruktur, ausreichende Bodenfeuchte, Vorliegen spezifischer Aneignungsstrategien effizienter Pflanzenarten) verfügbar. Manche Nährstoffe, wie z.B. N, P und S, kommen organisch gebunden vor. Bevor sie von der Pflanze aufgenommen werden können, müssen sie in der Regel mineralisiert werden. Für die Ausbringung von Düngemitteln ist eine quantitativ möglichst treffsichere Prognose des Düngebedarfs anhand der vorliegenden Nährstoffverfügbarkeit wünschenswert. Drei Verfahren werden zur Bestimmung des Düngebedarfs herangezogen:

- Bodenanalyse
- Pflanzenanalyse
- Bilanzierung

Während die ersten beiden Verfahren Gegenstand dieses Kapitels sind, wird die Bilanzierung in Kapitel 20 besprochen. Besondere Formen der Pflanzen- und Bodenanalyse sind Gegenstand des Kapitels 19. Alle Verfahren haben Vor- und Nachteile, die es abzuwägen gilt. Generell ist nur die **Bodenanalyse** geeignet, eine echte Prognose zu liefern, da man anhand von Bodenproben vor oder zu Beginn der Vegetationsperiode die verfügbaren Pflanzennährstoffe quantifiziert (Abb. 205). Die chemische oder physikalisch-chemische Extraktion lässt jedoch manche Faktoren der Nährstoffverfügbarkeit unberücksichtigt, so dass man in der **Pflanzenanalyse** die Pflanze selbst als Extraktionsmittel einsetzt. Nachteil ist hierbei die späte Information über die aufgenommenen Nährstoffe, so dass Konsequenzen für die Düngung der Kultur mit Ausnahme der N-Spätdüngung nicht mehr rechtzeitig erfolgen können. Die Information kommt erst nachfolgenden Kulturen zugute. Ähnliches trifft für die **Bilanzierung** zu. Letztere ist nur sinnvoll nutzbar, wenn zunächst die Nährstoffversorgung des Bodens analysiert wird (Ist-Zustand) und die Input- (Import an Nährstoffen) und Outputgrößen (Export an Nährstoffen) möglichst lückenlos quantifizierbar sind.

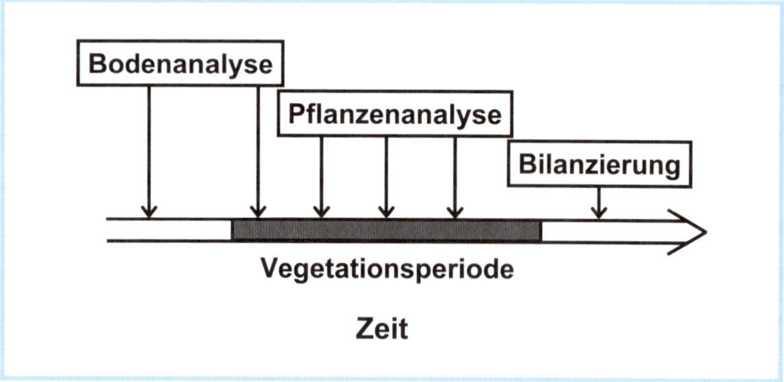


**Abb. 205:** Zeitpunkte unterschiedlicher Verfahren zur Bestimmung des Düngebedarfs.

## 18.2 Bodenanalyse

Die Bodenanalyse gliedert sich in sechs Einzelschritte:

- Probennahme
- Probenaufbereitung
- Extraktion
- Chemische Analyse
- Interpretation der Daten
- Prognose des Düngebedarfs

Die **Probennahme** muss äußerst gewissenhaft durchgeführt werden. Für die Bodenanalyse muss die Probenmenge, die auf Nährstoffe analysiert wird, repräsentativ sein. Die 500 g Boden, die man mit dem Bohrstock in einer Profiltiefe von 0-30 cm entnimmt, muss in ihrer chemischen Zusammensetzung den 4,5 Millionen kg Boden der Ackerkrume eines Hektars entsprechen. Zu diesem Zweck ist es erforderlich, mit einem Bohrstock gut verteilt etwa 20 Einstiche pro Hektar vorzunehmen. Ist der Boden heterogen, müssen gegebenenfalls zusätzliche Einstiche vorgenommen werden. Die Einzelproben werden vereinigt und gemischt. Die Einstiche müssen für die Fläche repräsentativ sein. Fahrspuren und sonstige Verdichtungen sowie wechselnde Bodeneigenschaften sind zu berücksichtigen; eventuell sind Teilflächen gesondert zu beproben.

Bei der **Probenaufbereitung** wird die Bodenprobe getrocknet und der Grobboden (Teilchen > 2 mm) vom Feinboden durch Siebung abgetrennt. Nur der Feinboden wird analysiert. Ziel der **Extraktion** ist es, durch Auswahl eines geeigneten Extraktionsmittels die unterschiedliche Bindungsstärke von Nährstoffen zu berücksichtigen. Daher gibt es eine Vielzahl unterschiedlicher

*Wasser*

-für Phosphat, Nitrat, pH, heißwasserlösliches Bor

*Austauscherlösungen*

-Ammoniumacetat (1 M) für Kationen

-$CaCl_2$ (0,025 M) für Magnesium

-$CaCl_2$ (0,01 M) für pH

-$CaCl_2$ (0,1 M) für Cadmium)

*Anorganische Säuren*

-HCl (0,1 M) für Kalium

-$HNO_3$ (0,43 M) für Kupfer

*Organische Säuren*

-CAL-Methode (0,1 M Ca-Lactat, 0,1 M Ca-Acetat und Essigsäure, pH 4,1)

-Lactat-Methode (0,02 M Ca-Lactat und HCl, pH 3,6)

*Komplexbildner*

-EDTA ( Ethylendiamin-Tetraacetat, 0,05 M) für Mikronährstoffe)

-DTPA (Diethylentriamin-Pentaacetat (0,005 M) für Mikronährstoffe und toxische Schwermetalle)

**Abb. 206:** Extraktionsmittel zur Bestimmung der Nährstoffverfügbarkeit.

Extraktionsmittel, von denen einige in Abbildung 206 aufgelistet sind. Mit einem definierten Volumen des Extraktionsmittels wird eine bestimmte Probenmenge für eine festgelegte Zeitdauer ausgeschüttelt. Wasserextraktionen erfassen nur Nährstoffe in der Bodenlösung, Austauscherlösungen zusätzlich sorbierte Nährstoffe. Mit anorganischen und organischen Säuren sowie Komplexbildnern lassen sich in unterschiedlichem Ausmaß spezifisch gebundene Nährstoffe erfassen. Mit 0,1 M HCl-Lösung wird auch ein Teil des spezifisch gebundenen Kaliums extrahiert. Die CAL-Methode ist eine Standardmethode des VDLUFA (Verband der landwirtschaftlichen Untersuchungs- und Forschungsanstalten) zur Extraktion von Kalium und Phosphat.

Nach Filtration des Extrakts schließt sich die **chemische Analyse** an. Gängige Verfahren zur quantitativen Analyse von Kationen sind die Flammenphotometrie und die Atomabsorptionsspektrometrie (AAS). Anionen lassen sich anfärben (Kolorimetrie) und photometrisch messen oder ionenchromatographisch (IC) auftrennen und mit Leitfähigkeitsdetektoren quantifizieren. Chlorid wird über Titration bestimmt. Ionenaktivitäten (besonders pH-Wert) werden mit ionenselektiven Elektroden potentiometrisch gemessen.

Die **Interpretation der Daten** erfordert zunächst die Umrechnung von Lösungskonzentrationen in Bodenkonzentrationen. Häufig werden noch heute die veralteten Oxidformeln für die Beschreibung von Nährstoffkonzentrationen in Böden und Düngemitteln benutzt. Statt der veralteten Angabe von

**Tab. 18.1: Umrechnungsfaktoren für die Berechnung von Elementangaben aus den Oxidformeln**

| Oxidformel | Umrechnungsfaktor | Elementangabe |
|---|---|---|
| mg $K_2O$/100 g Boden | 8,3 → | mg K/kg Boden |
| mg $P_2O_5$/100 g Boden | 4,4 → | mg P/kg Boden |
| mg MgO/100 g Boden | 6,0 → | mg Mg/kg Boden |

mg $K_2O$ pro 100 g Boden sollte eine Angabe in mg K pro 1 kg Boden bevorzugt werden (Tab. 18.1). Wie bereits erwähnt, kann eine Bodenanalyse nicht alle Faktoren der Nährstoffverfügbarkeit berücksichtigen. Eine fachmännische Interpretation der Daten berücksichtigt Boden- und Klimaeigenschaften sowie die Vorgeschichte (Fruchtfolge, organische Düngung, u.s.w.) des Standorts.

Zur **Prognose des Düngebedarfs** greift man auf Tabellenübersichten zurück, die in umfangreichen Feldversuchen erarbeitet wurden. Ein Beispiel ist in Tab. 18.2 für den Nährstoff Kalium gezeigt. Diese Übersichten geben für die einzelnen Nährstoffe Gehaltsklassen an. Die Gehaltsklassen A-E beschreiben den Versorgungszustand des Bodens. Gehaltsklasse C beschreibt den anzustrebenden Gehalt, die Klassen A und B Unterversorgung, die Klassen D und E Überversorgung (Abb. 207). Daraus lässt sich, gegebenenfalls unter Berücksichtigung der Bodenart, der Düngebedarf ableiten.

**Tab. 18.2: VDLUFA-Richtwerte für die K-Gehaltsklasse C.**

| Bodenart | mg $K_2O$/100 g Boden | mg K/kg Boden |
|---|---|---|
| Sehr leichte Böden (0–5% Ton) | 6–10 | 50–80 |
| Leichte Böden (6–12% Ton) | 10–15 | 80–120 |
| Mittlere Böden (13–25% Ton) | 10–20 | 80–170 |
| Schwere Böden (> 25% Ton) | 13–26 | 110–220 |

Aufgrund der besonderen Bedeutung des Stickstoffs für die Ernährung der Pflanze und der komplizierten Dynamik dieses Nährstoffs im Boden wurden zur Prognose des N-Düngebedarfs besondere Methoden zur Bodenanalyse entwickelt. Bei der in den siebziger Jahren des letzten Jahrhunderts von Wehrmann und Mitarbeitern eingeführten **$N_{min}$-Methode** wird der mineralische Stickstoff ($N_{min}$ = $NO_3^-$-N + $NH_4^+$-N) zu Beginn der Vegetationsperiode quantifiziert (Def. 18.1). Im Unterschied zu den Standardmethoden erfolgt die Bodenprobenahme nicht nur in der Ackerkrume, sondern in einer Profiltiefe von bis zu 90 cm. Mit einem dreiteiligen $N_{min}$-Bohrstock werden Proben aus 0-30 cm, 30-60 cm und 60-90 cm Schichttiefe gezogen. Wegen der Mineralisierbarkeit des organischen Stickstoffs müssen die Proben gekühlt ins Labor transportiert und unverzüglich analysiert werden. $N_{min}$ wird mit einer 0,025 M $CaCl_2$-Lösung extrahiert und photometrisch gemessen.

**Definition 18.1:** $N_{min}$ ist der mineralische Bodenstickstoff ($NO_3^-$-N + $NH_4^+$-N).

Unter den relativ homogenen Bedingungen Norddeutschlands hat sich die $N_{min}$-Methode bewährt und konnte dazu beitragen, die N-Düngung zu

| Gehaltsklasse | Kurzdefinition |
|---|---|
| **A** | *sehr niedriger Gehalt*<br>(stark erhöhte Düngung empfohlen) |
| **B** | *niedriger Gehalt*<br>(erhöhte Düngung empfohlen) |
| **C** | *anzustrebender Gehalt*<br>(Erhaltungsdüngung in der Regel nach P-Abfuhr) |
| **D** | *hoher Gehalt*<br>(verminderte Düngung empfohlen) |
| **E** | *sehr hoher Gehalt*<br>(keine Düngung empfohlen) |

**Abb. 207:** Definition der Gehaltsklassen für den pflanzenverfügbaren Phosphor im Boden (VDLUFA 1997).

optimieren (Abb. 208). Während unter gleichförmigen Standortbedingungen die N-Mineralisation über die Kalibrierung in umfangreichen Feldversuchen erfasst wird, muss unter stark schwankenden Standortbedingungen (Boden- und Klimafaktoren) mit unterschiedlichen Mineralisationsraten gerechnet werden. Daraus ergibt sich eine unvorhersehbare Nachlieferung von mineralischem N aus der organischen Fraktion. Auch der große Aufwand der Bodenprobengewinnung trug zu einer schlechten Akzeptanz unter den Landwirten bei. Aus diesem Grunde wurde die von NEMETH entwickelte **EUF-Methode** (EUF = Elektro-Ultrafiltration) von MENGEL und seinen Mitarbeitern für die N-Düngeprognose in die Praxis eingeführt. Sie wird heute in großem Umfang von der Südzucker-AG für die Prognose des Düngebedarfs eingesetzt.

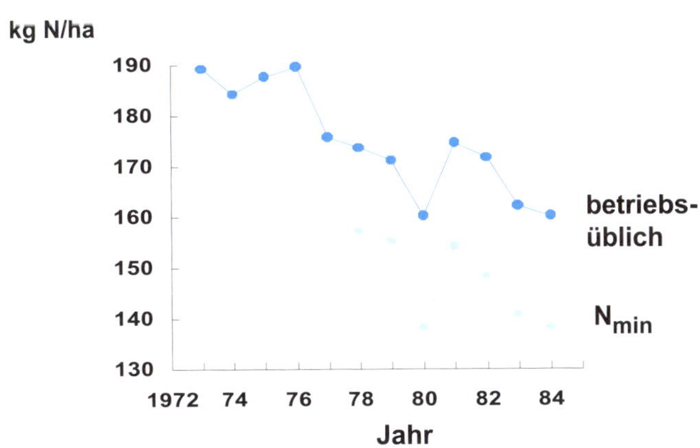


**Abb. 208:** Verminderung des Einsatzes von mineralischem Stickstoff zu Zuckerrüben nach Einführung der $N_{min}$-Methode in 70 landwirtschaftlichen Betrieben (WEHRMANN und SCHARPF 1986).

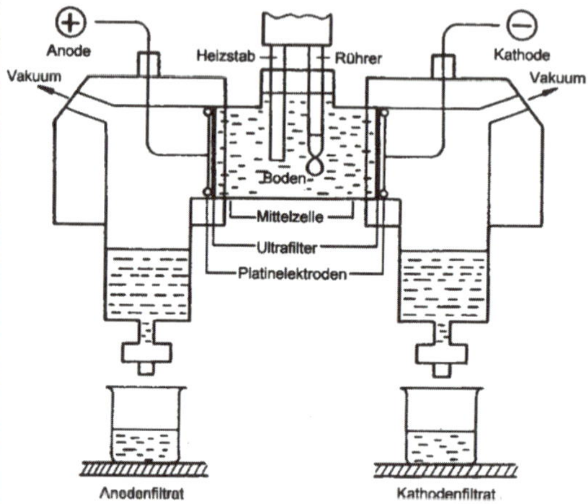


**Abb. 209**
Prinzip der Elektro-Ultrafiltration (EUF).

Im Unterschied zur $N_{min}$-Methode erfolgt die Bodenprobennahme nicht im Frühjahr, sondern im Spätsommer des Vorjahres. Es wird nicht das gesamte Bodenprofil bis 90 cm Tiefe, sondern nur die Ackerkrume mit einem speziellen EUF-Bohrstock beprobt. Die Proben werden einheitlich bei 40 °C getrocknet und wie bei den Standardmethoden gesiebt. Die Bodenprobe wird in einer Extraktionszelle mit Wasser suspendiert und gerührt (Abb. 209). Die **Extraktion von Kationen und Anionen** erfolgt bei definierter Temperatur in einem elektrischen Feld (Abb. 210). Von der Kathode werden die Kationen, von der Anode die Anionen angezogen. Filter diskriminieren Teilchen mit einem Molekulargewicht von > 20.000, so dass nur niedermolekulare Bodenbestandteile extrahiert werden (Ultrafiltration).

**Abb. 210:**
Extraktionsbedingungen der konventionellen EUF-Methode.

1. Fraktion
   30 Minuten Extraktion bei 20 °C, 200V

2. Fraktion
   5 Minuten Extraktion bei 80 °C, 400 V

Grundsätzlich können alle Nährstoffe, die in Ionenform im Boden vorliegen, mittels EUF extrahiert werden. Der besondere Vorteil der Methode liegt darin begründet, dass durch unterschiedlich starke Extraktionsbedingungen (Temperatur und Spannung) Aussagen über die potentiellen Nachlieferungsraten von Nährstoffen gemacht werden können. Der größte Nachteil der Methode besteht in den hohen Investitionskosten für die EUF-Geräte. Neben dem mineralischen N ($N_{min}$) wird auch eine anionische organische N-Fraktion extrahiert, die als **$N_{org}$** bezeichnet wird (Def. 18.2).

**Definition 18.2:**
**$N_{org}$ ist eine Teilfraktion des organisch gebundenen N im Boden. Sie wird mittels EUF- oder $CaCl_2$-Extraktion gewonnen.**

Bei $N_{org}$ handelt es sich nicht um den gesamten organisch gebundenen Stickstoff des Bodens, sondern um eine Teilfraktion, die nur einen kleinen Teil des organischen Bodenstickstoffs ausmacht (Abb. 211). Sie enthält beispielsweise Aminosäuren, Aminozucker und Peptide, die leicht mineralisierbar sind. $N_{org}$ ist jedoch keine Durchgangsfraktion und beschreibt auch nicht quantitativ den potentiell mineralisierbaren Stickstoff. Trotz umfangreicher

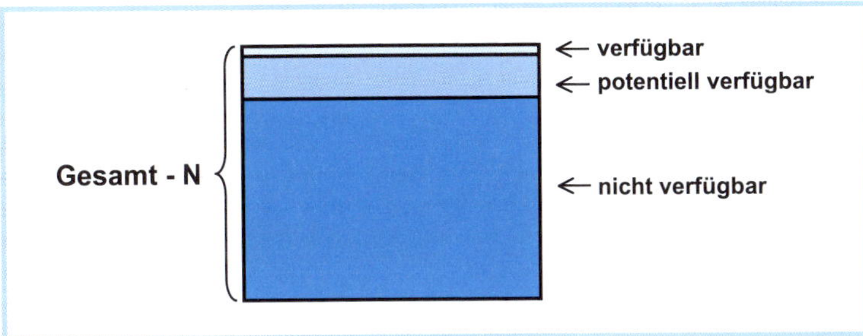


**Abb. 211:** Schematische Übersicht über die N-Fraktionen im Boden zur Illustration der Größenverhältnisse.

Untersuchungen konnte die genaue Rolle der $N_{org}$-Fraktion bisher nicht befriedigend geklärt werden. Dennoch ist es ein Parameter, der das N-Mineralisationsverhalten eines Bodens beschreibt und als solcher bei der Düngeprognose erfolgreich Berücksichtigung findet.

## 18.3 Pflanzenanalyse

Unter dem Begriff „Pflanzenanalyse" wird hier eine Methodik verstanden, die es erlaubt, den Düngebedarf eines Bodens zu bestimmen. Vorteil der Pflanzenanalyse gegenüber der Bodenanalyse ist die Möglichkeit, pflanzenspezifische Faktoren zu berücksichtigen, die die Nährstoffverfügbarkeit beeinflussen (z.B. Wurzellänge, Wurzelexsudation), da die Pflanze selbst als Extraktionsmittel eingesetzt wird. Dabei geht die Pflanzenanalyse von zwei Voraussetzungen aus. Erstens gibt es eine Beziehung zwischen der Konzentration an verfügbaren Nährstoffen im Boden und der Nährstoffkonzentration in der Pflanze. Im Idealfall ist diese Beziehung linear, so dass man von einer Indikatorpflanze spricht (vgl. Abb. 8). Zweitens gibt es eine Beziehung zwischen der Konzentration des Nährstoffs in der Pflanze und dem Wachstum bzw. der Ertragsbildung (vgl. Abb. 88).

Obwohl sich bei näherer Betrachtung Ausnahmen von diesen Gesetzmäßigkeiten erkennen lassen, ist festzustellen, dass das Pflanzenwachstum mit zunehmender Konzentration des Nährstoffs im pflanzlichen Gewebe zunächst fast linear ansteigt, während mit höherer Konzentration eine Sättigung eintritt. Insofern lässt sich eine bestimmte Nährstoffkonzentration feststellen, bei der maximales Pflanzenwachstum möglich ist. Unterhalb dieser Nährstoffkonzentration nimmt das Wachstum bzw. die Ertragsbildung ab (Abb. 212). Dieser Wert wird

**Abb. 212:** Darstellung der kritischen Konzentration für den Nährstoff Kalium.

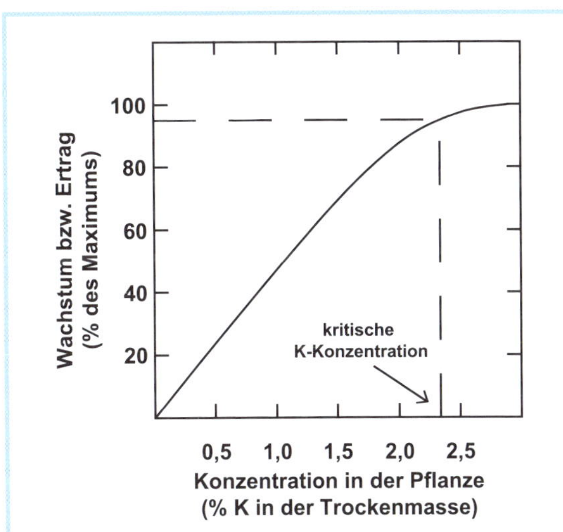

**Definition 18.3: Die kritische Nährstoffkonzentration in einer Pflanze ist diejenige Konzentration, bei der 95% der Wachstums bzw. des Ertrags erreicht werden.**

als kritische Nährstoffkonzentration definiert. Da die Kurve im Sättigungsbereich nur allmählich ansteigt, und das Maximum nur ungenau zu bestimmen ist, wählt man aus pragmatischen Gründen nicht den 100%-, sondern den 95%-Wert (Def. 18.3).

Obwohl die Pflanzenanlyse nach dem Konzept der kritischen Nährstoffkonzentration gegenüber der Bodenanalyse, abgesehen von der zeitlichen Komponente, entscheidende Vorteile hat, ergeben sich folgende Probleme, die es zu berücksichtigen gilt:

- aktuelle Nährstoffkonzentration
- Unterschiede in der Nährstoffnutzungseffizienz
- Unterschiede zwischen Pflanzenorganen
- Nährstoffverhältnisse
- Verdünnungsffekte
- Nährstofftoxizität
- physiologischer Nährstoffmangel

Die Pflanzenanalyse zur Charakterisierung des Bodens spiegelt grundsätzlich die **aktuelle Nährstoffkonzentration** in der Pflanze wider. Je nach Variation der Standortfaktoren kann diese in mehr oder weniger weiten Bereichen schwanken. Bei manchen Nährstoffen ist die Variation so groß, dass die Pflanzenanalyse für die Bestimmung der langfristigen Nährstoffverfügbarkeit ungeeignet ist. Ein typisches Beispiel ist Mn, welches bei Überstauung des Bodens mit abnehmendem Redoxpotential und pH-Wert exponentiell in seiner Verfügbarkeit ansteigt (vgl. Kapitel 7.7). Wechselfeuchte während der Vegetationsperiode kann daher zu starken Schwankungen der Mn-Konzentrationen in der Pflanze führen. Eine Analyse zu einem bestimmten Zeitpunkt ist daher nicht unbedingt repräsentativ. Aus diesem Grund erfolgt auch die Mn-Extraktion aus einem Boden in Gegenwart eines Reduktionsmittels.

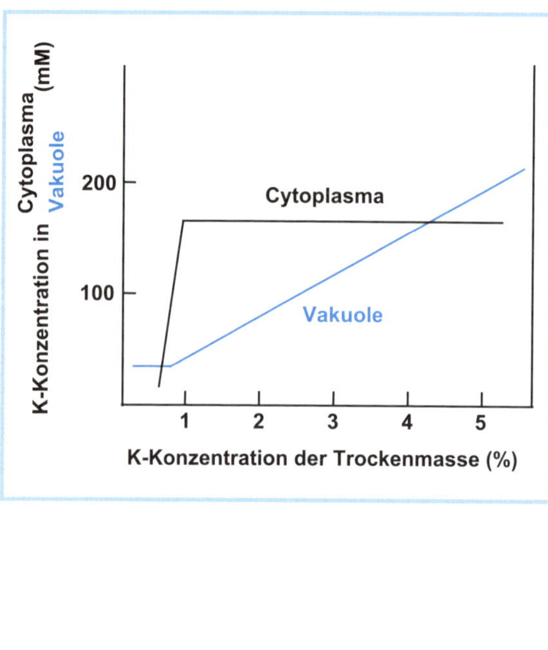


**Abb. 213:** Verteilung von Kalium zwischen Vakuole und Cytoplasma in Abhängigkeit von der Gesamtkonzentration im Gewebe (nach LEIGH und WYN JONES 1984).

Besonders stabile Werte werden für die Nährstoffe N, P, K und S erhalten, da diese in besonderer Weise in der Pflanze gespeichert werden und damit weniger großen Schwankungen unterlegen sind. Dies soll für Kalium näher erläutert werden. Mit zunehmender K-Konzentration in der pflanzlichen Trockenmasse steigt zunächst die K-Konzentration im Cytoplasma, später erst in der Vakuole an (Abb. 213). Ab einer bestimmten Gesamtkonzentration im Gewebe (in diesem Fall 0,8% K in der Trockenmasse) nimmt die Konzentration im Cytoplasma nicht weiter zu. Die Vakuole fungiert als Pufferkompartiment, aus dem bei Bedarf Kalium in das Cytoplasma nachgeliefert werden kann. Nimmt der Bedarf für Wachstumsprozesse zu, ohne dass der Nährstoff aus dem Boden nachgeliefert werden kann, so erfolgt eine Mobilisierung aus den Vakuolenvorräten, so dass die Konzentration im Cytoplasma konstant bleibt. Für die Pflanzenanalyse ergeben sich stabile Werte, die nicht nur eine Momentaufnahme darstellen.

**Tab. 18.3: Kritische K-Konzentration in den Blättern verschiedener Kulturpflanzenarten (nach BERGMANN 1992)**

| Kulturpflanzenart | Kritische K-Konzentration (%) |
|---|---|
| Winterweizen | 3,5–5,5 |
| Mais | 3,0–4,5 |
| Raps | 2,8–4,5 |
| Kartoffel | 5,0–6,5 |
| Zuckerrübe | 3,8–7,0 |

Pflanzenarten unterscheiden sich in der **Nährstoffnutzungseffizienz** (Def. 18.4). Dies führt dazu, dass sich die kritischen Nährstoffkonzentrationen unterscheiden. So kann die Zuckerrübe in den Vakuolen sehr effizient K durch Na substituieren, so dass die kritischen K-Konzentrationen bei Verfügbarkeit von Na wesentlich niedriger als bei Nichtverfügbarkeit liegen. So lässt sich die im Vergleich zu anderen Kulturpflanzenarten weite Spanne kritischer K-Konzentrationen in Zuckerrüben erklären (Tab. 18.3).

**Definition 18.4:** Die Nährstoffnutzungseffizienz beschreibt das Wachstum oder die Ertragsbildung bezogen auf die Menge des aufgenommenen Nährstoffs.

Große Unterschiede gibt es zwischen $C_3$- und $C_4$-Gräsern in der N-Nutzungseffizienz. Während in $C_4$-Gräsern nur 5-10% des löslichen Blattproteins auf das Enzym Rubisco mit seinem hohen N-Gehalt entfallen, sind es in $C_3$-Gräsern 30-60%. Dementsprechend sind die kritischen N-Konzentrationen in $C_3$-Gräsern höher als in $C_4$-Gräsern. Bei niedriger N-Konzentration erreichen $C_4$-Gräser eine wesentlich größere Trockenmasseproduktion (Tab. 18.4). Ähnlich große Unterschiede lassen sich in den kritischen $Ca^{2+}$-Konzentration von monokotylen und dikotylen Pflanzen feststellen (Tab. 18.5). Dikotyle Pflanzen haben einen anderen Zellwandaufbau; dieser ist dafür verantwortlich, dass Zellwände dikotyler Pflanzen mehr $Ca^{2+}$ binden als Zellwände monokotyler Pflanzen.

Große Unterschiede gibt es in der Eignung verschiedener **Organe** für die Pflanzenanalyse. Obwohl Verallgemeinerungen schwierig sind, lässt sich sagen, dass ältere Blätter grundsätzlich geeignet sind zur Analyse gut im Phloem verlagerbarer Nährstoffe wie N, P, K und Mg (Tab. 18.6). Bei mangelnder Aufnahme aus dem Boden werden diese Nährstoffe in alten Blättern mobilisiert und über das Phloem in die jüngeren, wachsenden Organe

| N-Düngungsstufe | N-Konzentration (% TM) | | Trockenmasse (g/Gefäß) | |
|---|---|---|---|---|
| | $C_3$ | $C_4$ | $C_3$ | $C_4$ |
| $N_1$ | 1,8 | 0,9 | 11 | 22 |
| $N_2$ | 2,6 | 1,2 | 20 | 35 |
| $N_3$ | 2,8 | 1,6 | 27 | 35 |
| $N_4$ | 2,8 | 2,0 | 35 | 48 |

**Tab. 18.4: Beziehung zwischen der N-Konzentration und der Trockenmasseproduktion von $C_3$- und $C_4$-Gräsern (nach BERGMANN 1992).**

**Tab. 18.5: Kritische Ca-Konzentrationen von monokotylen und dikotylen Pflanzen (% Ca in der Trockenmasse, nach BERGMANN 1992)**

| Monotokotyle | Ca-Konzentration | Dikotyle | Ca-Konzentration |
|---|---|---|---|
| Sommerweizen (Spross) | 0,4–1,0 | Luzerne (Spross) | 2,0–2,5 |
| Weidelgras (Spross) | 0,6–1,2 | Tomate (ausgewachsenes Blatt) | 3,0–4,0 |

verlagert. Die Pflanze ist somit bestrebt, die Konzentrationen dieser Nährstoffe in den jungen, wachsenden Organen konstant zu halten. Eine Analyse des Ernährungszustands dieser Organe erlaubt daher keine Aussage über den Ernährungszustand der Gesamtpflanze. Umgekehrt eignen sich junge Blätter und Früchte für solche Nährstoffe, die nur schlecht über das Phloem verlagert werden. Diese Organe zeigen einen Mangel am ehesten an.

**Tab. 18.6: Für die Pflanzenanalyse geeignete Organe bei Nährstoffmangel**

| Alte Blätter | Junge Blätter | Früchte |
|---|---|---|
| N | Ca | Ca |
| P | B | B |
| K | Fe | |
| Mg | | |

Bisher wurde der einfachste Fall angesprochen, nämlich dass nur ein Nährstoff im Mangel vorliegt. Tatsächlich aber liegen häufig mehrere Nährstoffe im Mangel vor oder es tritt eine Überversorgung mit einem Nährstoff hinzu. In diesen Fällen bietet sich die Bestimmung von **Nährstoffverhältnissen** an. Allerdings reichen Nährstoffverhältnisse allein nicht aus, da optimale Verhältnisse auch auf niedrigem Niveau auftreten können. Eine Berücksichtigung der absoluten Konzentrationen ist auch in diesen Fällen unbedingt erforderlich.

Im niedrigen Konzentrationsbereich kann es durch eine nährstoffinduzierte Stimulation des Wachstums zu einer Verminderung der Nährstoffkonzentration (**Verdünnungseffekt**) kommen (Abb. 214). Dieser Effekt wird besonders beobachtet, wenn Nährstoffe nicht mit ausreichender Rate aus älteren Blättern in die jungen Organe verlagert werden. Nicht nur Nährstoffmangel, sondern auch **Nährstofftoxizität** lässt sich mit der Pflanzenanalyse erfassen. Toxische Konzentrationen treten in erster Linie in alten Blättern auf; insofern sind sie grundsätzlich für eine Analyse besonders geeignet.

Ein besonderes Problem für die Pflanzenanalyse stellt der **physiologische Nährstoffmangel** dar. In diesem Fall enthält das Pflanzegewebe ausreichende Nährstoffkonzentrationen, aber dennoch treten Wachstumsreduktionen oder Mangelsymptome auf. Ein typisches Beispiel ist der physiologische Fe-Mangel auf Kalkstandorten. Durch alkalische Ernährung, mangelnde Lichintensität und Staunässe kommt es zu einem Phänomen, das als **Kalkchlorose** bezeichnet wird. Eisen, das von den Pflanzen aufgenommen wurde, wird im Apoplasten der Blätter immobilisiert und täuscht ausreichende Konzentrationen vor, obwohl das Fe für die Chloroplasten nicht verfügbar ist. Folge ist ein Nährstoffmangel, der durch eine Fe-Gesamtanalyse nicht erfasst wird. Auch

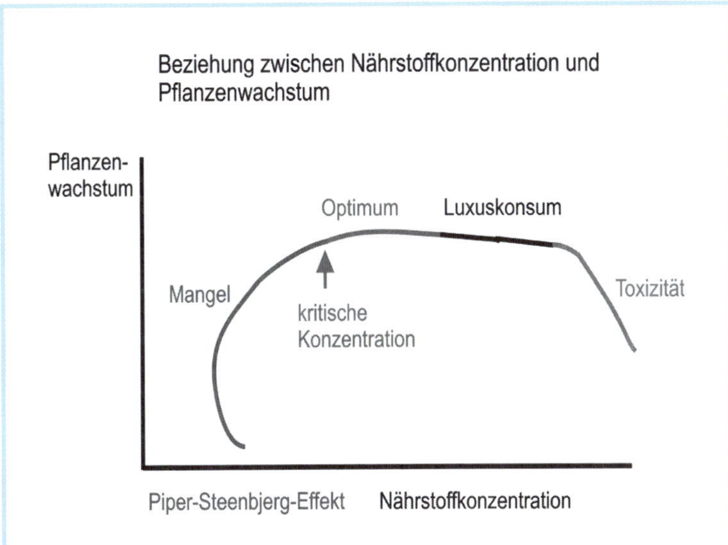


**Abb. 214:** Beziehung zwischen Nährstoffkonzentration in der Pflanze und Wachstum.

Extraktionen mit verdünnten Säuren oder Fe-Chelatoren liefern keine befriedigenden Ergebnisse.

Trotz der verschiedenartigen Probleme gibt es **typische Anwendungsgebiete**, in denen die Pflanzenanalyse der Bodenanalyse überlegen ist. Dazu zählen besonders die Stadiendüngung des Getreides und die Düngung von perennierenden Kulturen (Abb. 215). Der **Nitratschnelltest** erfasst als Momentaufnahme den verfügbaren Stickstoff im Boden. Es wird dabei die Nitratkonzentration des Xylemsafts an der Sprossbasis gemessen. Da die Beprobung von tiefen Bodenhorizonten sehr aufwändig und die Durchwurzelung bei **perennierenden Kulturen** oft ungleichmäßig ist, sind Bodenanalysen für Obstbäume, Weinreben u.ä. nur bedingt geeignet. Auch die Speicherfähigkeit des Holzes bleibt unberücksichtigt. In diesen Fällen ist die Pflanzenanalyse unverzichtbar.

- Nitratschnelltest (N, Getreide)
- Chlorophyllmeter, N-Sensor (N, Getreide)
- Grünland (zusätzlich zur Bestimmung der Futterqualität)
- perennierende Kulturen

**Abb. 215:** Wichtige praktische Anwendungsgebiete der Pflanzenanalyse.

## Weiterführende Literatur:

Richter, C: Agrikulturchemie und Pflanzenernährung. Margraf Publishers, Weikersheim (2005)
Steffens, D.: Agrikulturchemisches Praktikum. Grauer, Stuttgart (2004)

## Fragen:

- Beschreiben Sie die Vorgehensweise bei der Durchführung einer Bodenanalyse zur Erstellung einer Düngebedarfsprognose!
- Warum werden bei der Bodenanalyse unterschiedliche Extraktionsmittel eingesetzt?
- Warum sind für die N-Düngebedarfsprognose besondere Methoden erforderlich?
- Was bedeuten die Begriffe $N_{min}$ und $N_{org}$?
- Erläutern Sie die Vorgehensweise bei der $N_{min}$-Methode!
- Beschreiben Sie das Prinzip der EUF-Methode!
- Was versteht man unter der kritischen Nährstoffkonzentration?
- Vergleichen Sie die Vor- und Nachteile einer Pflanzenanalyse gegenüber der Bodenanalyse!
- Welche Faktoren können das Ergebnis einer Pflanzenanalyse beeinflussen?

# 19 Fernerkundung und GPS

## 19.1 Grundlagen

Inhalt Kapitel 19



In den Kapiteln 17 und 18 wurden die Boden- und Pflanzenanalyse als Instrumente der Düngebedarfsprognose vorgestellt. Beide Verfahren sind relativ aufwändig, so dass man bestrebt ist, Alternativen zu entwickeln. Eine solche Alternative können **optische Verfahren** sein, die die Lichtabsorption von Pflanzen im Bereich verschiedener Wellenlängen in Abhängigkeit von Stressfaktoren und der Ernährung nutzen. Die Auswertung von Aufnahmen aus der Luft kann dabei zu völlig neuen Informationen beitragen, wie Abb. 216 zeigt. Räumliche Unterschiede der Nährstoffversorgung eines Standortes, die im Bestand nicht unbedingt sichtbar sind, können auf diese Weise sichtbar gemacht werden.

In Kapitel 3 wurde bereits dargelegt, dass viele Nährstoffmangelsymptome mit Farbveränderungen der Blätter einhergehen. So zeigen N-Mangelpflanzen

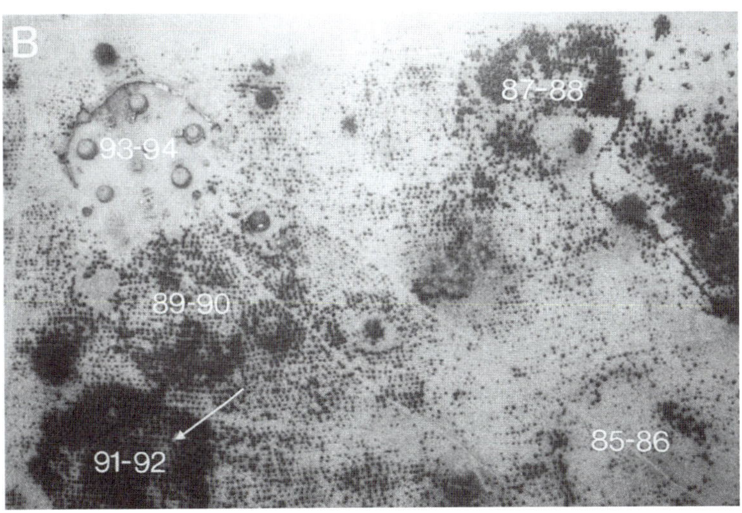


**Abb. 216:** Dokumentation von Siedlungsbewegungen in Westafrika. Die Luftaufnahme zeigt die wechselnden Orte von Eingeborenendörfern in unterschiedlichen Jahren (gegenwärtige Siedlung: 93-94). Die zeitlich kürzer zurückliegenden Siedlungsorte zeigen stärkere Dunkelfärbung aufgrund der stärkeren Lichtabsorption der Pflanzen bei besserer Nährstoffversorgung (Photo: Bürkert).

häufig geringere Grünfärbung und stärkere Gelbfärbung. Phosphormangel und Kältestress können sich in Rotverfärbungen äußern. Die selektive Auswertung bestimmter Wellenlängen kann so zur spezifischen Identifizierung und Quantifizierung eines Nährstoffmangels beitragen. Hierzu wird die Lichtabsorption mit Hilfe von Filtern auf Wellenlängen reduziert, die für die Analyse eine spezifische Information liefern.

Grundlage hierfür ist der **L a b-Farbraum** (Abb. 217), der das gesamte Lichtspektrum dreidimensional definiert. Die Abszisse a beschreibt die Wellenlängen vom Grün- zum Rotbereich, die Ordinate b die Wellenlängen vom Blau- zum Gelbbereich. Die für die Charakterisierung der Pflanzen nicht genutzte Lichtstärke (L) wird durch die dritte Dimension beschrieben. In diesem Farbraum kann jeder Verfärbung der Pflanze eine Koordinate zugeordnet werden, die eine mathematisch genaue Festlegung erlaubt. Damit lässt sich nicht nur ein für das menschliche Auge sichtbarer Nährstoffmangel identifizieren, sondern die Empfindlichkeit der digitalen Technik erlaubt sogar die Quantifizierung von Nährstoffmängeln, die für das menschliche Auge nicht sichtbar sind.

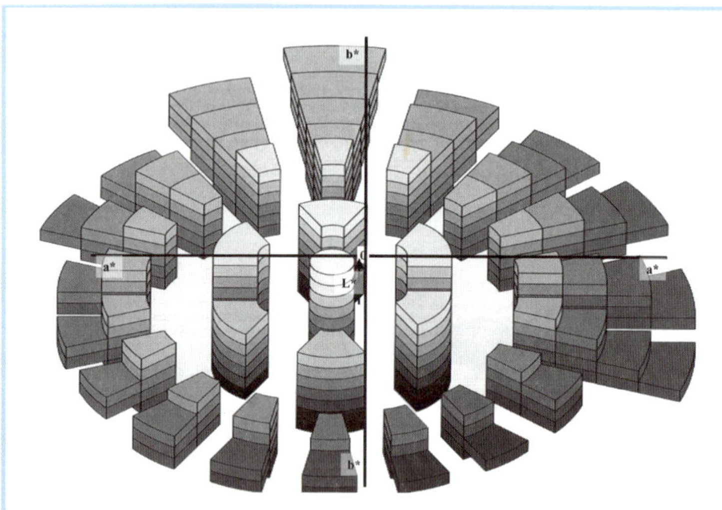


**Abb. 217:** Der L a b-Farbraum beschreibt das Lichtspektrum dreidimensional (a = Abszisse, b = Ordinate, L = Lichtintensität; nach GRAEFF et al. 2001).

## 19.2 Fernerkundung

Fernerkundungsmethoden vom Flugzeug aus haben sich in der **Diagnose von verschiedenen Stressfaktoren** wie Dürre, Bodenversalzung und Luftverschmutzungen seit langem bewährt. Hierbei wird die Reflexion in einem bestimmten Bereich des Infrarotlichts genutzt, um Beeinträchtigungen des Pflanzenwachstums zu erfassen. Obwohl dieses Verfahren relativ unspezifisch ist, lassen sich durch unterstützende Untersuchungen am Boden auch indirekte Schlussfolgerungen, z.B. hinsichtlich der Bodenstruktur, ziehen.

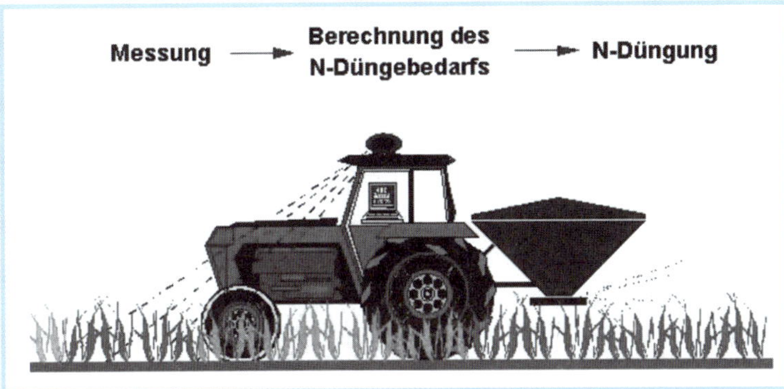


Abb. 218:
Dosierung der N-Spätdüngung bei Getreide mit Hilfe des N-Sensors und Schlepper-Bordcomputers (System Yara).

Voraussetzung ist jedoch, dass sich die Ursache der Absorptionsunterschiede eindeutig auf einen bestimmtem Faktor zurückführen lässt, und sich nicht mehrere Faktoren überlagern.

Für die **Diagnose von Ernährungsstörungen** ist die Technik am weitesten für Stickstoff entwickelt. Mit Hilfe des von Norsk-Hydro (heute Yara) entwickelten **N-Sensors** lässt sich bei der N-Düngung der N-Versorgungszustand des Getreides direkt vom Schlepper aus erfassen. Die Quantifizierung der N-Menge lässt sich über das Bordcomputersystem optimieren (Abb. 218). Aufgrund des relativ späten Bedarfs der Getreidepflanze an N für die Ertragsbildung und Qualitätserzeugung lassen sich optische Verfahren für die Bemessung der N-Stadiendüngung zu Getreide besonders erfolgreich nutzen. Auch hierbei kann es problematisch sein, dass eine Gelbfärbung der Pflanzen nicht nur einen N-Mangel, sondern auch S-Mangel oder Bodenverdichtung anzeigen kann. Eine genaue Kenntnis des Standortes ist daher erforderlich, um solche Fehlerquellen auszuschließen. Im Falle anderer Nährstoffe erfolgt die Düngung nach Erfassung des Nährstoffbedarfs durch optische Methoden in der Vegetationsperiode meistens zu spät. Die Nutzung der Information ist dann erst in der folgenden Vegetationsperiode möglich.

Abb. 219:
Chlorophyllmeter (Photo: Yara).

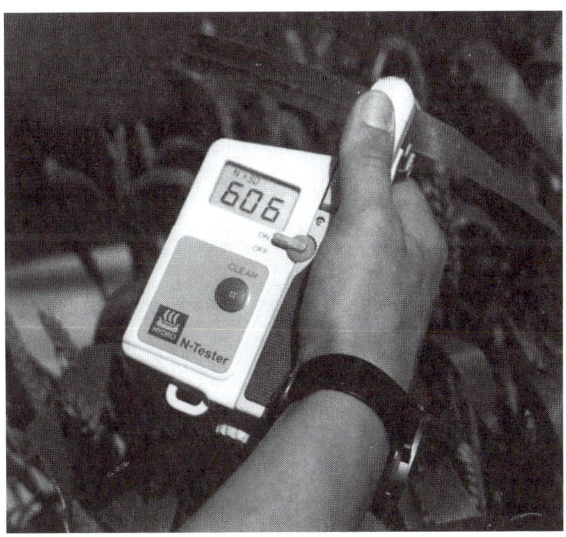


Ähnlich wie mit dem N-Sensor lässt sich die N-Nachlieferung des Bodens während der Vegetationsperiode mit dem **Chlorophyllmeter** (Abb. 219) quantifizieren. Dieser ebenfalls von Norsk-Hydro entwickelte **N-Tester** erfasst nicht die Lichtabsorption, sondern die Lichttransmission eines eingespannten Blattes. Um einen repräsentativen Mittelwert zu erhalten, sind ähnlich viele Messungen an Einzelblättern wie Einzelproben bei der Bodenanalyse erforderlich. Inzwischen liegen Kalibrierungswerte für verschiedene Sorten von Winterweizen, Wintergerste, Winterroggen und Triticale vor, so dass die vom Gerät ausgewiesenen Messwerte mit entsprechenden Tabellenwerten korrigiert werden können. Eine teilflächenspezifische zweite und dritte N-Gabe ist damit grundsätzlich möglich.

## 19.3 GPS

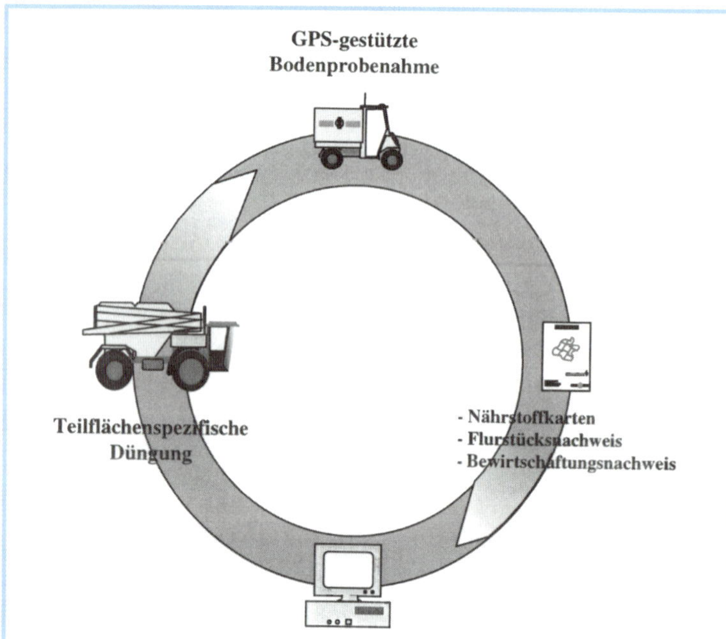


**Abb. 220:** Präzisionsdüngung mittels GPS-gestützter Bodenprobennahme und teilflächenspezifischer Düngung.

Das aus der Verkehrsnavigation bekannte satellitengestützte GPS (global positioning system) wird seit einigen Jahren erfolgreich für die Präzisionsdüngung herangezogen. Nach einmaliger exakter Vermessung lassen sich GPS-gestützte Bodenproben entnehmen, die nicht nur die Erstellung von Nährstoffkarten, sondern auch von Bewirtschaftungsnachweisen erlauben (Abb. 220). Heterogene Großflächen lassen sich so hinsichtlich bodenspezifischer Eigenschaften wie Humusgehalt, pH-Wert, Tongehalt usw. charakterisieren (Abb. 221). Auf dieser Grundlage kann mit Hilfe von Nährstoffkarten eine teilflächenspezifische Düngung durchgeführt werden, die sich hinsichtlich ihrer Wirksamkeit sogar durch teilflächenspezifische Erfassung der Erntemenge überprüfen lässt. GPS erlaubt so eine Verbesserung der Genauigkeit der Düngung, indem der Variabilität der Bodeneigenschaften Rechnung getragen wird.

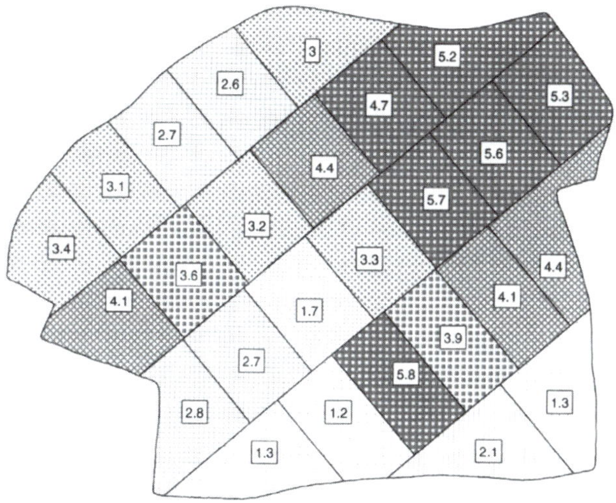


**Abb. 221:** Bodenkartierung mittels GPS-gestützter Bodenprobennahme.

## Weiterführende Literatur:

GRAEFF, S., D. STEFFENS und S. SCHUBERT: Use of reflectance measurements for the early detection of N, P, Mg, and Fe deficiencies in *Zea mays* L.. J. Plant Nutr. Soil Sci. 164, 445-450 (2001)

## Fragen:

- Nennen Sie Vor- und Nachteile optischer Verfahren gegenüber der Pflanzen- und Bodenanalyse für die Nährstoffbedarfsprognose!
- Was versteht man unter dem L a b-Farbraum?
- Erläutern Sie die Funktionsweise des N-Testers!
- Wie lässt sich eine Präzisionsdüngung bei Variabilität der Bodeneigenschaften in der Fläche realisieren?
- Welche Vorteile bietet GPS für die Düngung?

# 20 Nährstoffbilanz

**Inhalt Kapitel 20**



**Definition 20.1:**
**Unter Eutrophierung versteht man die natürliche oder künstliche Anreicherung von Pflanzennährstoffen in stehenden oder langsam fließenden Gewässern oder Meeresteilen. Ausgangsfaktoren sind in erster Linie Phosphor- und Stickstoffverbindungen, wobei normalerweise Phosphor als produktionsbegrenzender Minimumstoff den Eutrophierungsgrad bestimmt. Die Folge der Eutrophierung ist eine übermäßige Steigerung der pflanzlichen Produktion, die beim Absterben der Pflanzen zu Faulschlammbildung, Sauerstoffmangel, Änderung der Zusammensetzung von Flora und Fauna sowie Ungenießbarkeit des Wassers führt.**

## 20.1 Übersicht

Es war Justus von Liebig, der als erster auf die Notwendigkeit hinwies, dass man zur Erhaltung der Bodenfruchtbarkeit entzogene Nährstoffe wieder zurückführen muss. In seinem berühmten Buch „Die Chemie in ihrer Anwendung auf Agricultur und Physiologie" schrieb er 1850: „Als Prinzip des Ackerbaues muss angesehen werden, dass der Boden in vollem Maße wieder erhalten muss, was ihm genommen wird" (vgl. Kapitel 1). Daraus wurde in der Mitte des letzten Jahrhunderts fälschlicherweise die Notwendigkeit möglichst hoher (mineralischer) Düngung abgeleitet. Folge dieser Missinterpretation der Mineralstofftheorie waren Belastungen der Umwelt, besonders durch den Nährstoff Stickstoff (vgl. Kapitel 10), z.T. aber auch durch Phosphor aufgrund der **Eutrophierung** (Def. 20.1) von Gewässern. Zur Optimierung der Pflanzenproduktion und zur Vermeidung von Umweltproblemen durch die Düngung ist eine ausgeglichene **Nährstoffbilanz** erforderlich. Einschränkend muss betont werden, dass für die Pflanzenernährung die Bilanzierung zwar wichtig ist, aber nicht ausreicht, da sie nicht zwischen verfügbaren und unverfügbaren Nährstoffen unterscheidet.

## 20.2 Aufstellen einer Nährstoffbilanz

Die Nährstoffbilanz ergibt sich aus der Differenz von Nährstoffzufuhr und Nährstoffverlusten (Def. 20.2). Die **Nährstoffzufuhr** kann aus folgenden Quellen erfolgen:

- Mineralverwitterung
- atmosphärische Nährstoffeinträge
- Organische Düngung
- $N_2$-Fixierung
- mineralische Düngung

Der Beitrag der verschiedenen Quellen zur Nährstoffzufuhr kann in Einzelfällen sehr unterschiedlich sein; eine Verallgemeinerung lässt sich daher nur mit Vorbehalt machen. So ist die **Mineralverwitterung** zwar Ausgangsprozess für die Freisetzung der meisten Nährstoffe, aufgrund der geringen Rate spielt sie jedoch für intensiv wirtschaftende Betriebe meistens keine Rolle. Eine Ausnahme stellt die Freisetzung von spezifisch gebundenem Kalium aus den Zwischenschichten von primären Silikaten wie Glimmern dar, die zur Bildung von sekundären Mineralen wie Vermikulit oder Illit führen kann. In Kapitel 17.3 wurde bereits darauf hingewiesen, dass effiziente Pflanzen sich dieses Kalium mit ausreichend hoher Rate aneignen können. Hierzu zählen aufgrund ihrer großen Wurzeloberfläche besonders die Gräser, einschließlich unserer Getreidearten. Allerdings besteht bei Vorliegen von sekundären 2:1-Mineralen, besonders bei niedrigen pH-Werten, die Gefahr der Tonmineralzerstörung, so dass die Bodenfruchtbarkeit gefährdet ist. Eine langjährig negative K-Bilanz, wie sie auf manchen Standorten Deutschlands zu finden ist, ist daher unbedingt zu vermeiden.

**Definition 20.2: Nährstoffbilanz = Nährstoffzufuhr - Nährstoffverluste.**

Je nach Nährstoff und Standort können die **atmosphärischen Nährstoffeinträge** sehr unterschiedlich sein. In Meeresnähe kommt z.B. dem Eintrag von Na, Cl und Mg eine größere Bedeutung zu. Er liegt für Na und Cl bei 100 bis 200 kg $ha^{-1}$ $a^{-1}$, für Mg bei etwa 10 bis 20 kg $ha^{-1}$ $a^{-1}$. Aufgrund der humiden Verhältnisse an der deutschen Küste stellen diese Einträge kein Problem dar, da überschüssige Salze aus dem Bodenprofil ausgewaschen werden. Anders ist die Situation in ariden Gebieten, wo es durch solche Einträge über das Bewässerungswasser zur Versalzung landwirtschaftlich genutzter Böden kommt.

Mit der Verbrennung fossiler Rohstoffe wurden seit der Industrialisierung Deutschlands ausreichende Mengen an Schwefel in Höhe von etwa 40 bis 60 kg S $ha^{-1}$ $a^{-1}$ in die Böden eingetragen, so dass eine S-Düngung nicht erforderlich war. Erst die Begrenzung der S-Emissionen infolge entsprechender Gesetzgebung seit den achtziger Jahren des letzten Jahrhunderts machten aufgrund geringerer Einträge eine S-Düngung erforderlich (vgl. Kapitel 13.2). Eine besondere Rolle kommt den N-Einträgen zu. Während diese Einträge regional in der Vergangenheit über 100 kg N $ha^{-1}$ $a^{-1}$ betrugen, kann auch hier in den letzten Jahren aus Umweltsicht eine wesentliche Verbesserung verzeichnet werden. Während für sensible natürliche Ökosysteme, wie z.B. Wälder und Heidegebiete, die N-Einträge die kritische Grenze übertrafen, waren diese Immissionen für Agrarökosysteme zur Deckung des N-Bedarfs bei weitem nicht ausreichend. Auch für die N-Einträge haben sich aufgrund der gesetzlichen Einschränkungen die Mengen wesentlich reduziert (vgl. Kapitel 10.2).

Defizite in der Nährstoffzufuhr, die nicht durch Mineralverwitterung oder atmosphärische Deposition gedeckt werden, sollten zunächst über betriebseigene **organische Düngemittel** oder sogenannte Sekundärrohstoffdünger zugeführt werden (Kapitel 21). Diese Vorgehensweise trägt der Notwendigkeit Rechnung, die Nährstoffe in einem Kreislauf zu halten und sie wieder zu verwenden, anstatt sie zusammen mit Abfallstoffen zu deponieren. Mit zunehmender Bedeutung nachwachsender Rohstoffe für die Energiegewinnung, z.B. in Form von Bioethanol, Biodiesel und Biogas, kommt den N- und P-haltigen Reststoffen aus der Extraktion und Vergärung eine wichtige Bedeutung zu.

Erst nach Ausschöpfung dieser Möglichkeiten und der Minimierung vermeidbarer Verluste sollten die biologische **$N_2$-Fixierung** (vgl. Kapitel 11) und die **mineralische Düngung** (Kapitel 22) genutzt werden, um Defizite in der Nährstoffbilanz auszugleichen.

**Nährstoffverluste** sind in vier Gruppen zu unterteilen, die unterschiedlich bewertet werden müssen:

- volatile Verluste
- Auswaschung
- Entzug
- Fixierung

**Volatile Verluste** und **Auswaschung von Nährstoffen** stellen nicht nur einen ökonomischen Verlust dar, sondern sind z.T. auch umweltrelevant. Aus diesem Grund kommt der Minimierung dieser Verluste eine besondere Bedeutung zu. Wie in Kapitel 10.5 beschrieben, trifft dies in erster Linie für N zu, aber auch die C-, P- und S-Emissionen dürfen nicht vernachlässigt werden. Volatile N-Verluste treten in Form von $NH_3$, $N_2$ und $N_2O$ auf, S-Verluste in Form von $H_2S$ sowie C-Verluste in Form von $CO_2$.

Unter humiden Bedingungen kann die **Nährstoffauswaschung** einen maßgeblichen Einfluss auf die Nährstoffbilanz haben. Sie wird bestimmt durch das Produkt aus Sickerwassermenge und der Konzentration der im Sickerwasser gelösten Nährstoffe. Entscheidend für die Vermeidung der Nährstoffauswaschung ist daher der Pflanzenbestand: Bei dichten, gut wachsenden Beständen können Auswaschungsverluste vermieden werden, da nicht nur die Nährstoffe, sondern auch das Bodenwasser von den Pflanzen entzogen wird. Große Verluste drohen dagegen in der vegetationslosen Zeit, besonders bei milden Temperaturen im Winter, die die Mineralisation begünstigen, und hohen Niederschlagsmengen, welche die Feldkapazität (vgl. Def. 16.2) übersteigen.

Das Ausmaß der Auswaschung einzelner Nährstoffe hängt auch von ihrer Bindung an Bodenteilchen ab. Anionische Nährstoffe, die wie Nitrat, Bicarbonat oder Chlorid nur sorptiv gebunden werden, unterliegen in unseren Böden leicht der Auswaschung. Bei spezifischer Bindung, wie sie bei Phosphat auftritt, treten Sickerverluste nur geringfügig auf. Phosphat kann jedoch durch Bodenerosion ebenfalls verloren gehen. Obwohl $Ca^{2+}$ aufgrund seiner Zweiwertigkeit und kleinen Hydrathülle recht fest an Bodenteilchen gebunden wird, kommt es auch in höheren Konzentrationen in der Bodenlösung vor und kann daher leicht ausgewaschen werden. Es stellt daher für Anionen das wichtigste Begleitkation bei der Auswaschung dar. Unter den humiden Bedingungen Mitteleuropas gehen den Böden jährlich 100 bis 200 kg Ca $ha^{-1}$ verloren, die durch Kalkung ersetzt werden müssen.

Der **Nährstoffentzug** eines Pflanzenbestandes errechnet sich aus dem Produkt von Trockenmasseertrag und Nährstoffkonzentration. Während volatile Verluste und Auswaschungsverluste durch geeignete agronomische Maßnahmen häufig weitgehend vermieden werden können, stellt der Nährstoffentzug durch den Pflanzenbestand einen potentiellen, nicht vermeidbaren Verlust dar (Kapitel 20.3). Durchschnittliche Nährstoffentzüge für verschiedene Kulturpflanzenarten bei hohem Ertragsniveau sind in Tab. 20.1 aufgelistet.

| Kulturart | N | P | K |
|---|---|---|---|
| Getreide | 150 | 40 | 120 |
| Winterraps | 130 | 40 | 180 |
| Zuckerrüben | 300 | 50 | 400 |
| Kartoffeln | 140 | 30 | 200 |
| Körnermais | 180 | 80 | 200 |
| Wiese (3 Schnitte) | 270 | 40 | 250 |
| Luzerne | 380 | 50 | 400 |

**Tab. 20.1: Nährstoffentzüge verschiedener Kulturpflanzen bei hohem Ertragsniveau (kg ha$^{-1}$).**

Die **Fixierung von Nährstoffen** betrifft die biologische Immobilisierung von N, P und S, die spezifische Bindung von $K^+$ und $NH_4^+$ in den Zwischenschichten von 2:1-Tonmineralen sowie die Okklusion von Phosphaten (Def. 20.3). Da alle Prozesse der Fixierung, wenn auch in unterschiedlichem Maße, reversibel sind, stellen sie keine echten Verluste für die Nährstoffbilanz dar. Aufgrund begrenzter Nährstoffressourcen, besonders hinsichtlich des Phosphors, werden besondere Anstrengungen in der Forschung unternommen, Strategien zu entwickeln, mit denen diese fixierten Nährstoffe den Kulturpflanzen wieder verfügbar gemacht werden können.

**Definition 20.3: Bei der Okklusion lagern sich unter sauren Bodenbedingungen Al-Oxide und/oder Fe-Oxide auf Bodenphosphaten ab. Die mantelförmige Umhüllung der Phosphate schränkt die P-Verfügbarkeit ein.**

## 20.3 Flächenbilanz

Eine auf die Fläche bezogene Bilanzierung von Nährstoffen, eine sogenannte **Flächenbilanz**, kann auf verschiedenen Skalenebenen durchgeführt werden. So ist eine Bilanzierung auf Länderebene, Betriebsebene oder Schlagebene möglich. Im Rahmen der Präzisionsdüngung ist sogar eine weitere Untergliederung auf Teilflächen denkbar. Je nach Ziel der Bilanzierung wird man unterschiedliche Ebenen wählen. Aggregiert für die Bundesrepublik Deutschland ergibt sich trotz deutlicher Verbesserungen seit Beginn der neunziger Jahre des vergangenen Jahrhunderts ein N-Überschuss in Höhe von etwa 80 kg N ha$^{-1}$ a$^{-1}$ (Abb. 222). Wählt man eine kleinräumigere Auflösung, so wird schnell klar, dass auf der überwiegenden Fläche die Überschüsse bei

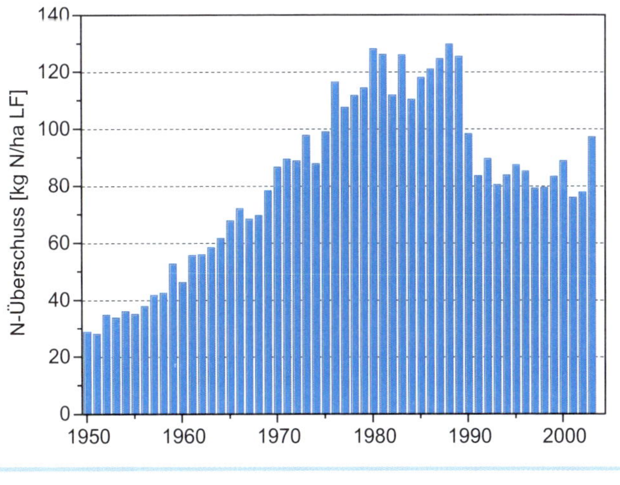


**Abb. 222:** Jährlicher N-Flächenbilanzsaldo für Deutschland (FREDE und BACH 2004).

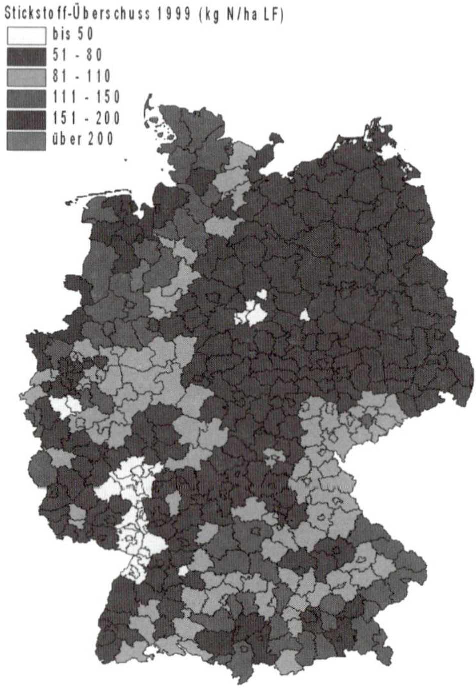


**Abb. 223:** Verteilung der überschüssigen N-Bilanzen 1999 in Deutschland (FREDE und BACH 2004)

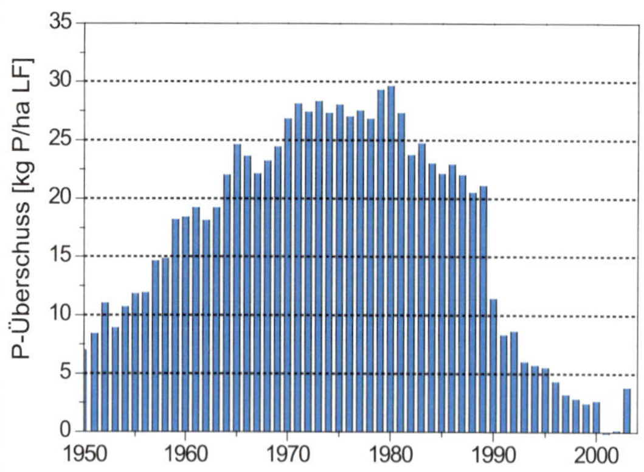


**Abb. 224:** Jährlicher P-Flächenbilanzsaldo für die Bundesrepublik Deutschland (FREDE und BACH 2004, aktualisiert).

< 50 kg $ha^{-1}$ $a^{-1}$ liegen, und dass sich die großen Überschüsse auf Regionen mit intensiver Tierhaltung beschränken (Abb. 223). Ursache sind hauptsächlich indirekte Nährstoffimporte über Futtermittel, beispielsweise in Form von Sojabohnen.

Für die Grundnährstoffe P und K konnten in den letzten Jahren nach erheblichen Überschüssen in den sechziger bis achtziger Jahren annähernd ausgeglichene Bilanzen erreicht werden (Abb. 224). Diese relativ grobe Darstellung verdeckt jedoch zwei Probleme: Erstens sind viele Standorte aufgrund der früheren exzessiven Düngung noch immer mit Nährstoffen überversorgt und zweitens verbergen sich hinter den Mittelwerten auch Standorte mit z.T.

gravierender Unterversorgung mit Nährstoffen. Dies zeigt einerseits die Bedeutung von Nährstoffbilanzen für die Bewertung der Düngemengen, andererseits aber auch ihre Schwäche, wenn nicht weitere Kriterien für eine produktions- und umweltoptimierte Düngung herangezogen werden.

## 20.4 Hoftorbilanz

Bei der **Hoftorbilanz** werden die von einem landwirtschaftlichen Betrieb importierten und exportierten Nährstoffe bilanziert. Der Saldo ist einerseits von den angebauten Kulturarten, in erster Linie aber von der Betriebsform abhängig. Getreide und Raps enthalten etwa 70% des N und P im Korn, der Rest entfällt auf das Stroh. Umgekehrt verhält es sich für K. Marktfruchtbetriebe exportieren daher erhebliche Mengen an N und P, selbst wenn das Stroh im Betrieb verbleibt. Bei einer N-Konzentration von 4% im Samen und einem Rapsertrag von 30 dt $ha^{-1}$ errechnet sich beispielsweise ein Export von 120 kg N $ha^{-1}$. Diese Nährstoffmengen müssen durch externe Düngemittel ausgeglichen werden.

Milchvieh- oder Schweinemastbetriebe können dagegen P und K in einem innerbetrieblichen Kreislauf halten und können so bei optimaler Verfügbarkeit (Versorgungsstufe C des VDLUFA) auf Importe dieser Nährstoffe verzichten. Im Prinzip gilt dies auch für N, wobei jedoch eine vollständige Vermeidung von volatilen Verlusten und Auswaschungsverlusten nicht realistisch ist. Besonders hohe K-Verluste ergeben sich für Marktfruchtbetriebe beim Verkauf von Kartoffeln oder Zuckerrüben. Hier ist mit Verlusten von 150 bis 300 kg K $ha^{-1}$ zu rechnen, da etwa 70% dieses Nährstoffs in den Knollen bzw. Rüben zu finden sind. Besonders hohe Exportverluste entstehen beim Verkauf von Blattgemüse (Tab. 20.2).

Tab. 20.2: **Durchschnittliche Nährstoffentzüge durch Weißkohl (kg $ha^{-1}$ $a^{-1}$).**

| Nährstoff | Entzug |
|---|---|
| N | 250 |
| P | 40 |
| K | 300 |
| Mg | 45 |

Trotz einiger Vorteile der Hoftorbilanz muss berücksichtigt werden, dass Probleme entstehen, wenn Nährstoffe, die von einem bestimmten Schlag stammen, innerbetrieblich neu verteilt werden. Ein solcher Fall entsteht beispielsweise, wenn weit von den Stallungen entfernte Flächen als Wiese genutzt werden, und Gülle oder Stallmist zur Verminderung von Transportkosten in Hofnähe ausgebracht wird. Aufgrund der hohen Nährstoffentzüge des Grünlandaufwuchses kommt es zu erheblichen Defiziten auf dem hoffernen Grünland.

### Weiterführende Literatur:

FREDE, H.-G. und M. BACH: Wie weit können wir runter? DLG-Mitt. Heft 3, 12-16 (2004)

**Fragen:**

- Nennen Sie die Stärken und Schwächen einer Nährstoffbilanz!
- Nennen Sie die maßgeblichen Einflussgrößen einer Flächenbilanz!
- Welche volatilen Nährstoffverluste sind umweltrelevant und warum?
- Warum unterliegt $Ca^{2+}$ unter humiden Bedingungen einer starken Auswaschung aus dem Bodenprofil?
- Wie bewerten Sie die Fixierung von Pflanzennährstoffen in einer Nährstoffbilanz?
- Wie unterscheidet sich eine Flächen- von einer Hoftorbilanz?

# 21 Organische Düngemittel

## 21.1 Eigenschaften organischer Düngemittel

Inhalt Kapitel 21



Im Gegensatz zu mineralischen Düngemitteln (Kapitel 22) enthalten **organische Düngemittel** nicht nur Pflanzennährstoffe, sondern auch organische Substanzen. Sie werden entweder eigens zu dem Zweck produziert, um dem Boden organische Substanzen zuzuführen, oder sie sind Abfallstoffe, die verwertet werden. Demzufolge kann aus der Anwendung organischer Düngemittel folgender Nutzen erzielt werden:

- Versorgung mit Pflanzennährstoffen
- Anreicherung des Bodens mit organischer Substanz
- Recycling von Pflanzennährstoffen

Organische Düngemittel unterscheiden sich von mineralischen Düngemitteln auch in der Homogenität. Die Nährstoffkonzentration kann erheblich schwanken. Dies hat naturgemäß Konsequenzen für die exakte Applikation von Nährstoffen. Auch die organische Bindung von Pflanzennährstoffen erschwert die Prognose ihrer Verfügbarkeit. Nach ihrer Herkunft lassen sich drei Gruppen organischer Düngemittel unterscheiden: Wirtschaftseigene Düngemittel, organische Handelsdünger und Sekundärrohstoffdünger (Tab. 21.1).

**Tab. 21.1: Gruppen organischer Düngemittel.**

| Wirtschaftseigene Düngemittel | Organische Handelsdünger | Sekundärrohstoffdünger |
|---|---|---|
| Stallmist | Torf | Klärschlamm |
| Jauche | Guano | Bioabfallkompost |
| Gülle | Hornmehl | Gärrückstände |
| Stroh | Knochenmehl | |
| Gründünger | | |

## 21.2 Wirtschaftseigene Düngemittel

**Wirtschaftseigene Düngemittel** fallen als Abfallstoffe in bestimmten Betriebszweigen landwirtschaftlicher Betriebe an und können gewinnbringend im eigenen Betrieb oder in anderen Betrieben eingesetzt werden. Aus rechtlichen Gründen sind sie jedoch im zweiten Fall nicht frei handelbar. Zu den wirtschaftseigenen Düngemitteln zählen insbesondere:

- Stallmist
- Jauche
- Gülle
- Stroh
- Gründünger

**Stallmist** war früher das wichtigste wirtschaftseigene Düngemittel, wurde aber mit der Intensivierung der Tierhaltung aus arbeitswirtschaftlichen Gründen zunehmend durch Gülle ersetzt. Stallmist besteht vor allem aus Kot, Einstreu und z.T. Harn. Je nach Anteil dieser Komponenten unterliegt die Nährstoffkonzentration Schwankungen. Durchschnittswerte zeigt Tab. 21.2. Besonders die Fütterung der Tiere hat einen großen Einfluss auf die Zusammensetzung. So sind die K- und Mg-Konzentrationen in Stallmist aus der Rinderhaltung höher, während pro Düngergroßvieheinheit (DGV, Def. 21.1) von Huhn und Schwein mehr P anfällt (Tab. 21.3). Selbstverständlich sind auch Mikronährstoffe enthalten, die beispielsweise durch Futterzusätze (Cu, Zn) z.T. problematische Konzentrationen erreichen können. Die hohe Wasserkonzentration verursacht erhebliche Transportkosten und setzt der räumlichen Einsatzmöglichkeit von Stallmist enge Grenzen.

**Tab. 21.2: Durchschnittliche Wasser- und Nährstoffkonzentrationen von Stallmist.**

| Wasser bzw. Nährstoff | Konzentration (%) |
|---|---|
| $H_2O$ | 76 |
| N | 0,5 |
| P | 0,1 |
| K | 0,5 |
| Ca | 0,4 |
| Mg | 0,1 |

**Definition 21.1:** Eine Düngergroßvieheinheit entspricht der Nährstoffmenge, die von einer Milchkuh, sieben Mastschweinen oder 100 Legehennen pro Jahr produziert wird.

**Tab. 21.3: Produzierte Menge an Pflanzennährstoffen je Düngergroßvieheinheit (DGV) und Jahr (kg).**

| Tierart | Anzahl pro DGV | N | P | K | Mg |
|---|---|---|---|---|---|
| Rind | 1 | 77 | 18 | 94 | 7 |
| Schwein | 7 | 75 | 29 | 34 | 5 |
| Huhn | 100 | 80 | 33 | 31 | 4 |

In der Düngeplanung sind P und K voll anzurechnen, da sie ähnlich verfügbar sind wie in mineralischen Düngemitteln. Stickstoff (in Form von Harnstoff und mineralischem N) ist zu 10% direkt verfügbar und wird zu etwa 35% im ersten Jahr aus organischen Fraktionen mineralisiert. Der Rest wirkt in den Folgejahren je nach Mineralisationsbedingungen nach. Dabei kann man von der Faustzahl ausgehen, dass 50% des nicht verfügbaren N jeweils im folgenden Jahr verfügbar sind. Diese N-Nachlieferung muss in den folgenden Jahren bei der Bemessung der N-Düngemenge berücksichtigt werden.

**Definition 21.2:** Rotation ist die Abfolge verschiedener Kulturarten in der Fruchtfolge.

Stallmist ist eines der wertvollsten Düngemittel, das neben der Nährstoffversorgung vor allen Dingen bodenverbessernde Auswirkungen hat (Abb. 225). Besonders günstig wirkt sich die Stallmistgabe zu Hackfrüchten aus, so dass in der Rotation (Def. 21.2) die Stallmistapplikation in Höhe von

1. Verbesserte Humusgehalte
   bessere Sorptionskapazität
   bessere Durchlüftung
   bessere Durchwurzelbarkeit
   besseres Wasserspeichervermögen

2. Stimulation des Bodenlebens
   Nährstoffmineralisation
   krankheitshemmende Wirkung

**Abb. 225:** Bodenverbessernde Wirkungen von Stallmist.

etwa 100 bis 300 dt $ha^{-1}$ zu diesen Kulturen erfolgen sollte. Im Vergleich zu einer Stroh- oder sogar Gründüngung ist die Wirkung einer Stallmistgabe wesentlich nachhaltiger (Abb. 226).

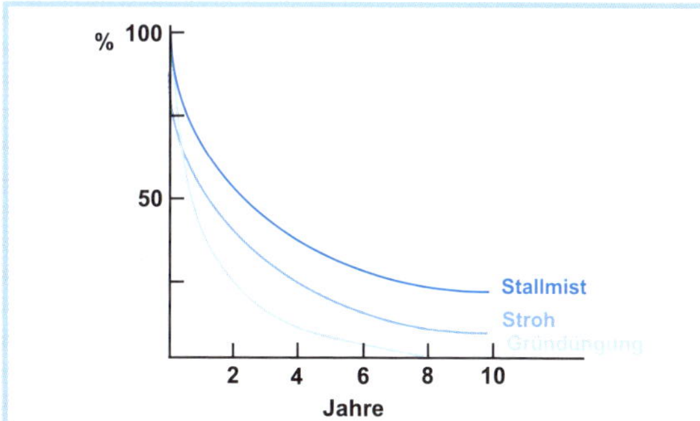


**Abb. 226:** Vergleich des Abbauverhaltens verschiedener organischer Dünger in Abhängigkeit von der Zeit (SLUIJMANS und KOLENBRANDER 1977).

**Jauche** ist eine Suspension, die aus z.T. mikrobiell umgesetztem Harn, Kotteilchen, Sickersaft des Stallmistes und Regenwasser besteht. Pro Jahr kann mit 4 bis 5 $m^3$ Jauche pro DGV gerechnet werden. Der Anteil der Trockenmasse ist mit 1 bis 3% sehr gering. Jauche ist in erster Linie ein NK-Dünger mit 2 kg N und 5 kg K pro $m^3$. Bei unsachgemäßer Ausbringung können ähnlich wie bei Gülle größere $NH_3$-Verluste auftreten (s.u.).

**Gülle** (Flüssigmist) ist ein Gemisch aus Kot und Harn, z.T. mit geringem Einstreuanteil. Ähnlich wie bei Stallmist ist aufgrund unterschiedlicher Fütterung der Nutztiere mit unterschiedlichen Nährstoffkonzentrationen der Güllen zu rechnen (Tab. 21.4). Gülle dient in erster Linie der Nährstofflieferung, während die Anreicherung organischer Substanz nur eine geringe Bedeutung hat. Etwa 50% des N liegen in $NH_4^+$-Form vor und können bei sachgemäßer Anwendung voll angerechnet werden. Aufgrund hoher pH-Werte (> pH 8) besteht bei unsachgemäßer Ausbringung der Gülle die Gefahr erheblicher volatiler $NH_3$-Verluste, die jedoch bei Einhaltung bestimmter Regeln weitgehend vermieden werden können (Abb. 227).

| Gülleart | Trockensubstanz | N | P | K |
|---|---|---|---|---|
| Rindergülle | 2,5–20,0 | 0,5 | 0,1 | 0,5 |
| Schweinegülle | 1,0–23,5 | 0,7 | 0,3 | 0,3 |
| Hühnergülle | 7,5–80,0 | 0,7 | 0,3 | 0,3 |

**Tab. 21.4: Trockensubstanz- und Nährstoffkonzentrationen verschiedener Güllen (%). Die Nährstoffkonzentrationen beziehen sich auf 10% Trockensubstanzanteil.**

Abb. 227: Regeln zur Vermeidung gasförmiger $NH_3$-Verluste bei der Ausbringung von Gülle.

-keine Ausbringung bei starkem Wind und intensiver Sonneneinstrahlung

-Verdünnen mit Wasser

-schnelles Einarbeiten in den Boden

-keine Ausbringung in der vegetationslosen Zeit

Da K kaum in Getreidekörner verlagert wird, enthält **Stroh** größere Mengen an K, jedoch nur wenig N und P. Das weite Verhältnis von C : N (100 : 1) führt bei der Strohdüngung zu einer biologischen Immobilisierung von mineralischem Stickstoff, der in die Biomasse eingebaut wird und damit für die Folgefrucht vorübergehend nicht mehr verfügbar ist. Bei geringen mineralischen N-Konzentrationen des Bodens muss daher bei der Strohdüngung eine N-Ausgleichsdüngung durchgeführt werden. Als Faustzahl gilt eine Menge von 1 kg N pro dt Stroh. Ist die mineralische N- und P-Versorgung optimal, so wirkt die Strohdüngung hinsichtlich der zugeführten organischen Substanz wie ein „Strohfeuer", d.h. die Nachhaltigkeit der organischen Düngung ist gering (Abb. 226).

Im Gegensatz zu den bisher behandelten organischen Düngemitteln sind **Gründünger** meistens keine Abfallprodukte (Ausnahmen sind z.B. Rübenblatt und Kartoffelkraut), sondern werden mit Zwischenfrüchten produziert, die zu diesem Zweck angebaut werden. Vorteil ist zunächst eine möglichst lückenlose Bedeckung der Ackerfläche mit einer Vegetation, die verschiedene agronomische Vorteile hat. Die produzierte organische Substanz kann als organisches Düngemittel eingesetzt werden, wobei die Nachhaltigkeit der organischen Düngung noch schlechter als bei der Strohdüngung zu bewerten ist (Abb. 226). Dagegen kann die Nährstoffwirkung beachtlich sein, wenn z.B. Rübenblatt als Gründünger eingesetzt wird. Bei einer realistischen Menge von 300 bis 500 dt $ha^{-1}$ Rübenblatt werden bei durchschnittlichen Nährstoffkonzentrationen 150 bis 250 kg N und K $ha^{-1}$ sowie 15 bis 25 kg P $ha^{-1}$ gedüngt.

Baut man Leguminosen als Gründüngungspflanzen an, so lässt sich mit ihrer Hilfe symbiontisch $N_2$ fixieren. Stickstoff wird dabei in organischer Form angereichert und für die Folgefrüchte nutzbar gemacht. Tiefwurzelnde Pflanzenarten können dazu beitragen, Strukturschäden im Bodenprofil zu beseitigen. Setzt man Zwischenfrüchte ein, die besondere Strategien entwickelt haben, sich schlecht verfügbare Nährstoffe anzueignen, so können diese Pflanzen dazu beitragen, Nährstoffe für die Nachfrüchte zu erschließen. Ein prominentes Beispiel stellt die Weißlupine dar, die als Leguminose nicht nur in Symbiose $N_2$ fixiert, sondern auch schlecht verfügbare P-Formen mobilisieren kann (vgl. Kapitel 4.3).

## 21.3 Organische Handelsdünger

Nach dem Düngemittelgesetz müssen **Handelsdünger** bestimmten Anforderungen entsprechen (Abb. 228). Werden diese Kriterien nicht erfüllt, dürfen Düngemittel nicht in den Handel gebracht werden. Im Vergleich zum Gartenbau spielen organische Handelsdünger in der Landwirtschaft nur eine untergeordnete Rolle:

- Torf
- Guano
- Hornmehl
- Knochenmehl

-frei von pathogenen Keimen

-frei von hygienisch bedenklichen Stoffen

-frei von pflanzenschädlichen Stoffen

-homogene Partien

**Abb. 228:** Anforderungen an Handelsdünger nach dem Düngemittelgesetz.

**Torf** wird seit langem als Substrat und organischer Dünger besonders im Gartenbau eingesetzt. Da es sich um einen begrenzt verfügbaren Rohstoff handelt, bemüht man sich um Ersatzprodukte (z.B. Kompost). Die natürliche Nährstoffkonzentration ist meistens gering, besonders wenn der Torf aus Hochmooren stammt. Die Handelsbezeichnung „Düngetorf" ist damit irreführend. Es gibt aber auch Torfhandelsprodukte, denen mineralische Nährstoffe zugemischt werden. Diese werden als Torfmischdünger bezeichnet und werden z.B. unter den Handelsnamen Super Manural, TKS 1 und TKS 2 (Torfkultursubstrate) vertrieben.

**Guano** ist ein Produkt aus Vogelexkrementen, die sich an den Küsten von Peru und Chile z.T. mehrere Meter hoch auftürmen. Durch natürliche Umwandlungen entsteht aus den ursprünglich organischen Stoffen ein überwiegend anorganisches Produkt mit 8 bis 15% N, 2 bis 3% P, 2 bis 4% K sowie weiteren Nährstoffen. **Hornmehl** stellt aufgrund der organischen Bindung des Stickstoffs ein langsam wirkendes N-Düngemittel mit 5 bis 14% N dar. **Knochenmehl** entstammt den Knochen aus Schlachthöfen. Die Knochen werden zerkleinert, entfettet und gereinigt. Es entsteht ein NP-Dünger. Wird aus dem Schrot noch der Eiweißanteil entfernt, so entsteht ein Calciumphosphat-Dünger.

## 21.4 Sekundärrohstoffdünger

**Sekundärrohstoffdünger** (Serodünger) lassen sich in drei Hauptgruppen einteilen:

- Klärschlamm
- Bioabfallkompost
- Gärrückstände

1. Wertstoffaspekte
messbarer Nutzen bei Einsatz nach den Regeln guter fachlicher Praxis
-Nährstoffe
-organische Substanz

2. Risikoaspekte
stoffliche Unbedenklichkeit für das System Boden/Pflanze/Tier/Mensch
-Schadstoffe (Schwermetalle, organische Schadstoffe))
-Nährstoffakkumulierung

3. Gesellschaftliche Aspekte
Nutzen für die Gesellschaft
-Recycling von Nährstoffen
-Verminderung von Deponieraum

**Abb. 229:** Wichtige Aspekte beim Einsatz von Sekundärrohstoffdüngern in der Landwirtschaft.

Mit dem Kreislaufwirtschaftsgesetz wurde die Grundlage für den Einsatz von Sekundärrohstoffdüngern geschaffen. Im Sinne des Kreislaufgedankens sollen damit Nährstoffe rezykliert werden, ohne dass es zu Nachteilen durch Schadstoffe kommt. Dementsprechend sind unterschiedliche Aspekte beim Einsatz von Sekundärrohstoffdüngern zu beachten (Abb. 229). Die Ausbringung von **Klärschlämmen** wird durch die Klärschlammverordnung, die der **Bioabfallkomposte** durch die Bioabfallverordnung geregelt. Ein fünfstufiges Verfahren dient der Qualitätssicherung beim Einsatz von Sekundärrohstoffdüngern (Abb. 230). Im Vergleich zu Klärschlämmen und Bioabfallkomposten ist bei **Gärrückständen** weniger mit Schadstoffen zu rechnen. Die zunehmende industrielle Produktion von Biodiesel und Bioethanol dürfte zu schnell steigenden Mengen an Gärrückständen führen, die einen Einsatz außer als Eiweißfuttermittel auch als organische NP-Dünger besonders im organischen Landbau interessant macht.

### Weiterführende Literatur:

Finck, A.: Düngung. Eugen Ulmer, Stuttgart (1991)

-Anrechnung der Nährstoffe
  -P, K, Mg: 100% in der Fruchtfolge
  -Bioabfallkompost 10-15% N
-Analyse der Serodünger (Produktkontrolle)
  -Nährstoffe
  -Schadstoffe
-Bodenanalyse
  -Nährstoffe
  -Schadstoffe
-Referenzwerte
-Nachweisverfahren
  -Lieferscheine
  -Nachweiskataster

**Abb. 230:** Qualitätssicherung beim Einsatz von Sekundärrohstoffdüngern in der Landwirtschaft.

**Fragen:**

- Welche Vor- und Nachteile haben organische Düngemittel gegenüber mineralischen Düngemitteln?
- Warum werden mit Gülle und Stallmist unterschiedliche Nährstoffmengen je nach Tierart ausgebracht?
- Wie sind die Hauptnährstoffe N, P und K aus Stallmist und Gülle in der Düngeplanung anzurechnen?
- Wie lassen sich volatile $NH_3$-Verluste bei der Gülleapplikation vermeiden?
- Welche Besonderheiten sind bei der Strohdüngung zu beachten?
- Welche Vorteile bieten Gründüngungspflanzen?
- Welche Voraussetzungen müssen Handelsdünger nach dem Düngemittelgesetz erfüllen?
- Was ist der Unterschied zwischen Düngetorfen und Torfmischdüngern?
- Nennen Sie Sekundärrohstoffdünger! Was ist bei ihrem Einsatz besonders zu beachten?

# 22 Mineralische Düngemittel



## 22.1 Überblick

In **mineralischen Düngemitteln** liegen Pflanzennährstoffe in anorganischer Form vor. Sie enthalten in der Regel keine organischen Moleküle. Ausnahmen können Chelatoren darstellen, mit denen die Verfügbarkeit bestimmter Mikronährstoffe erhöht wird (vgl. Kapitel 18). Grundsätzlich ist zwischen Einnährstoffdüngern und Mehrnährstoffdüngern zu unterscheiden. Vorteil der **Einnährstoffdünger** ist, dass man sie gezielt je nach Bedarf applizieren kann. Ein auf die Kulturart abgestimmtes Verhältnis der Nährstoffe zueinander sowie gegebenenfalls ein geringerer Aufwand bei der Ausbringung sind Vorteile der **Mehrnährstoffdünger**. Die Kosten sollten jedoch jeweils pro Reinnährstoff berechnet werden. Dabei ist zu beachten, dass die Düngemittelhersteller die Nährstoffkonzentrationen nach wie vor auf der Grundlage der Oxidformeln deklarieren. Ein 15-15-15-Mehrnährstoffdünger enthält somit 15% N, 15% $P_2O_5$ und 15% $K_2O$.

## 22.2 Stickstoffdünger

Da der molekulare Stickstoff der Luft ($N_2$) für die Pflanze nicht verfügbar ist, muss er erst unter Energieverbrauch gespalten und reduziert werden. Für die Reduktion von 1 kg N wird etwa 1 L Erdöl benötigt. Es wird häufig argumentiert, dass man Energie einsparen könnte, wenn man sich auf die biologische $N_2$-Fixierung verlassen könnte. Dabei muss berücksichtigt werden, dass weniger als 1% des Energieverbrauchs in Deutschland für die Düngemittelproduktion aufgewandt wird, so dass die Einsparmöglichkeiten beschränkt sind.

Das wichtigste Verfahren zur Produktion von N-Düngern ist das **Haber-Bosch-Verfahren**, das die biologische $N_2$-Fixierung nachahmt (vgl. Abb. 136). Andere Verfahren, wie z.B. das Lichtbogenverfahren oder die Produktion von Ammoniakgas als Nebenprodukt in Kokereien, spielen heute keine nennenswerte Rolle mehr. Im Vergleich zur biologischen $N_2$-Fixierung gibt es bei der $N_2$-Fixierung nach dem Haber-Bosch-Verfahren zwei Unterschiede (Abb. 231):

- Energiequelle
- Katalysator

Während die **Energiequelle** der biologischen $N_2$-Fixierung Kohlenhydrate darstellen, die aus der Photosynthese bereitgestellt werden, basiert die technische $N_2$-Fixierung auf fossilen Energieträgern wie Erdöl, Erdgas und Kohle. Beide Prozesse werden mit Fe-Mo-haltigen **Katalysatoren** beschleunigt. Allerdings ist das Enzym Nitrogenase ein wesentlich effizienterer Katalysator, der biologischen Systemen erlaubt, bei physiologischer Temperatur und normalem Atmosphärendruck $N_2$ zu fixieren. Technische Systeme sind dagegen wesentlich weniger effizient und erfordern hohen Druck und hohe Temperatur.

**Biologische $N_2$-Fixierung:**

Photosynthese → Kohlenhydrate → $e^-$

$$N_2 + 6\,e^- + 6\,H^+ \xrightarrow[\text{Nitrogenase (Fe, Mo)}]{20\,°C/1\,\text{bar}} 2\,NH_3$$

**Technische $N_2$-Fixierung:**

Erdöl, Erdgas, Kohle → $e^-$

$$N_2 + 6\,e^- + 6\,H^+ \xrightarrow[\text{Fe- oder Mo-haltiger Katalysator}]{400\,°C/200\,\text{bar}} 2\,NH_3$$

**Abb. 231:** Vergleich der biologischen $N_2$-Fixierung und der technischen $N_2$-Fixierung nach dem Haber-Bosch-Verfahren.

**Stickstoffdünger** werden in **Ammonium-** und **Nitratdünger** unterteilt (Abb. 232). **Ammoniakgas** ($NH_3$) ist der Dünger mit dem höchsten Reinnährstoffanteil. Mit 82% N ist er hinsichtlich der Transportkosten günstig zu beurteilen, auch wenn für den Transport und die Ausbringung eine besondere Technik erforderlich ist. Ammoniak wird unter Druck verflüssigt und wird daher auch als flüssiges Ammoniak bezeichnet. Da es bei der Applikation sofort wieder in den gasförmigen Zustand übergeht, muss es aufwändig in den Boden injiziert werden. Geeignet sind nur Böden mit niedrigen pH-Werten, damit $NH_3$ schnell zu $NH_4^+$ protoniert wird, so dass gasförmige $NH_3$-Verluste vermieden werden. **Ammoniakwasser** ($NH_4OH$) entsteht durch Einleiten von Ammoniak in Wasser, wobei 25 bis 30% N vorliegen.

| | | % N |
|---|---|---|
| Ammoniumdünger | -Ammoniakgas | 82 |
| | -Ammoniakwasser | |
| | -Ammoniumsulfat | 21 |
| Nitratdünger | -Kalksalpeter | 16 |
| | -Natronsalpeter (Chilesalpeter) | 16 |
| Ammoniumnitratdünger | -Ammoniumnitrat | 35 |
| | -Kalkammonsalpeter | 26 |
| | -Ammonsulfatsalpeter | 26 |
| Amiddünger | -Harnstoff | 46 |
| | -Kalkstickstoff | 22 |

**Abb. 232:** Wichtige mineralische Stickstoffdünger.

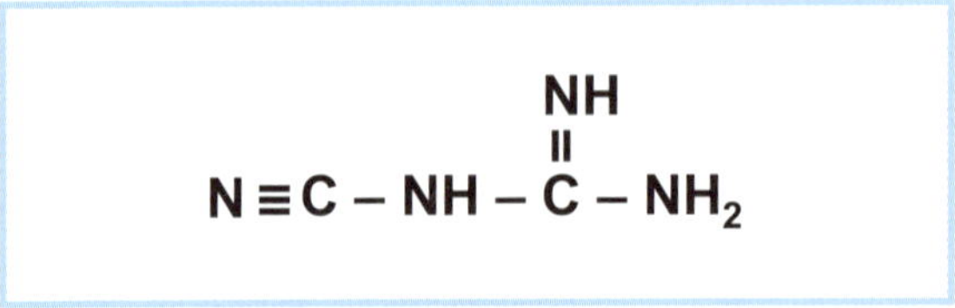

Abb. 233:
Strukturformel von Dicyandiamid (DCD).

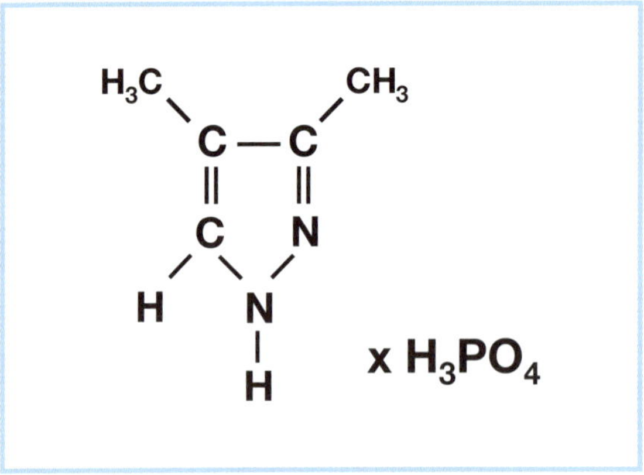

Abb. 234:
Strukturformel von Dimethyl-Pyrazolphosphat (DMPP).

**Ammoniumsulfat** [$(NH_4)_2SO_4$] ist der älteste synthetische N-Dünger. Er wird auch als Ammonsulfat , veraltet auch als schwefelsaures Ammoniak bezeichnet. Es handelt sich um einen wenig hygroskopischen Dünger, der daher auch für tropische Gegenden geeignet ist. Nachteil ist allerdings seine stark versauernde Wirkung. Besondere Vorteile ergeben sich aus seinem Schwefelanteil sowie in Kulturen, in denen man die Anreicherung von Nitrat (z.B. Babynahrung) vermeiden möchte. Da $NH_4^+$ im Boden schnell nitrifiziert wird, muss dem Dünger ein Nitrifikationshemmer wie 2% Dicyandiamid (**DCD**, Abb. 233) oder 1% Dimethyl-Pyrazolphosphat (DMPP, Handelsname **ENTEC**, Abb. 234) zugesetzt werden, um das $NH_4^+$ zu stabilisieren. Beide Nitrifikationsinhibitoren hemmen die mikrobielle Umwandlung von $NH_4^+$ zu $NO_2^-$ durch *Nitrosomonas* (vgl. Abb. 133) und können, je nach Bodenbedingungen, die Nitrifikation mehrere Wochen hinauszögern. Dies hat auch den Vorteil, dass Nitratauswaschung vermieden wird.

Eine besondere Möglichkeit, die Nitrifikation zu verhindern und Kulturpflanzen mit $NH_4^+$ zu ernähren, stellt das von Sommer und seinen Mitarbeitern entwickelte **CULTAN-Verfahren** dar. CULTAN steht für **C**ontrolled **U**ptake **L**ong-**T**erm **A**mmonium **N**utrition. Bei diesem Verfahren werden Ammonium- bzw. Amiddünger hoch konzentriert in einem Depot appliziert. Die toxische Wirkung des hoch konzentrierten Düngers verhindert die mikrobielle Nitrifikation. Wurzeln wachsen zum Depot und umgeben es, ohne in das Depot hinein zu wachsen. Dadurch wird eine stetig fließende N-Quelle erschlossen, die verschiedene physiologische Vorteile hat. In der Praxis werden die Depots mit speziellen Geräten in den Boden injiziert. Während das Verfahren bei vielen Kulturarten (z.B. Getreide, Gemüse) äußerst erfolgreich ist, funktioniert es bei manchen Kulturpflanzenarten nicht, wie z.B. bei der Ackerbohne.

Aufgrund der besseren Beweglichkeit von $NO_3^-$ gegenüber $NH_4^+$ wirken **Nitratdünger** in Böden Mitteleuropas schneller als Ammoniumdünger. **Kalksalpeter** [$Ca(NO_3)_2$)] ist ein stark hygroskopisches Düngemittel, das aus diesem Grund in tropischen Gegenden schlecht lagerfähig ist. **Natronsalpeter** ($NaNO_3$) ist (abgesehen von Kalkdüngemitteln) das älteste mineralische Düngemittel, das schon vor der Etablierung der Mineralstofftheorie eingesetzt wurde. Meistens handelt es sich um ein Naturprodukt, das auch als **Chilesalpeter** bezeichnet wird. Aufgrund des kalten Humboldtstromes vor der südamerikanischen Westküste bildete sich zwischen Andengebirge und Küstenhöhenzügen die Atacamawüste aus, wo sich über Jahrtausende Nitrate zusammen mit anderen Bodensalzen ansammelten und verhärteten. Aus diesem Rohsalz mit 20% Nitrat wird durch Löseverfahren ein Dünger mit etwa 97% $NaNO_3$ gewonnen. Neben Kochsalz sind Spurenelemente wie Bor und Jod enthalten. Chilesalpeter ist daher ein wertvolles Düngemittel besonders im Rübenanbau.

**Ammoniumnitratdünger** haben den Vorteil, dass sie N in Nitrat- und Ammoniumform enthalten, und sich so Vor- und Nachteile der Einzelformen ausgleichen (vgl. Kapitel 10.5, 12.4):

- Beweglichkeit im Boden
- Physiologisch saure oder alkalische Wirkung
- Kationen- oder Anionenform

Aufgrund seines hohen N-Anteils ist **Ammoniumnitrat** ($NH_4NO_3$) ein interessanter Dünger, der jedoch aufgrund seiner Explosionsneigung nur bedingt im Handel zugelassen ist. Er ist jedoch ein idealer Mischungspartner in Flüssigdüngern, wie z.B. ammoniakalischer Harnstofflösung (AHL), in denen die Aussalzungstemperatur erniedrigt wird. Durch 26% Kalkzusatz entsteht **Kalkammonsalpeter** (KAS), der wichtigste in Deutschland eingesetzte mineralische N-Dünger. Durch den Kalkzusatz wird nicht nur die Explosionsgefahr gebannt, sondern auch der größte Teil der Säurewirkung kompensiert.

**Ammonsulfatsalpeter** (ASS) war einer der ersten Dünger, der auf der Basis des synthetischen Ammoniaks hergestellt wurde. Obwohl 75% des N als $NH_4^+$ vorliegen, wurde er früher auch als Leunasalpeter bezeichnet. Es handelt sich um ein Doppelsalz [$NH_4NO_3$ x $(NH_4)_2SO_4$] mit stark saurer Wirkung. Wegen seines Schwefelgehaltes hat ASS in schwefelbedürftigen Kulturen (Raps, Brotweizen, Körnerleguminosen) Vorteile.

Besondere Formen der Ammoniumdünger sind die **Amiddünger** (Abb. 232), in denen der Stickstoff in der Amidform gebunden ist und vor der Nutzung erst hydrolysiert werden muss. Hierzu zählen:

- Harnstoff
- Kalkstickstoff

**Harnstoff** (Carbamid, Urea, Abb. 235) hat in den letzten Jahrzehnten ständig an Bedeutung gewonnen und ist weltweit der wichtigste mineralische N-Dünger. Die Synthese von Harnstoff erfolgt bei hoher Temperatur (150°C) und hohem Druck (170 bar) aus $CO_2$ und 2 $NH_3$. Sowohl im Boden als auch nach Aufnahme durch die Pflanze wird Harnstoff durch das Enzym Urease hydrolytisch gespalten. Während die Spaltung zunächst durch Protonierung des $NH_3$ alkalisch wirkt, führt die Nitrifikation zur Versauerung. Da die Umsetzung temperaturabhängig langsam verläuft, gilt Harnstoff als relativ langsam wirkendes N-Düngemittel. Bei Blattapplikation wirkt es unmittelbar.

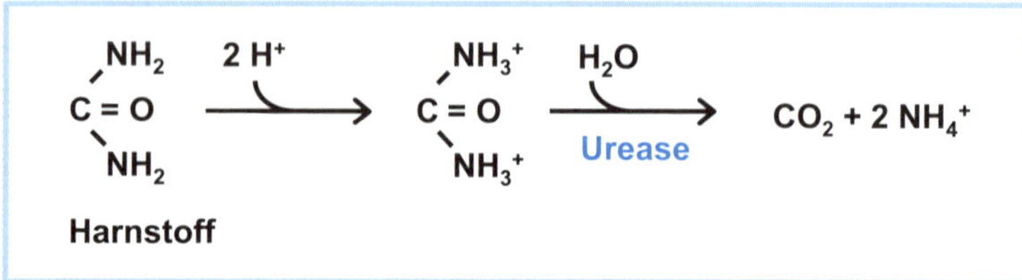


**Abb. 235:** Abbau von Harnstoff durch hydrolytische Spaltung.

**Kalkstickstoff** (Abb. 236) ist ein Amiddünger mit herbizider und fungizider Wirkung. Durch die Entwicklung spezifisch wirkender Herbizide hat Kalkstickstoff aufgrund seines hohen Preises stark an Bedeutung eingebüßt. Aufgrund der Freisetzung von $Ca(OH)_2$ wirkt Kalkstickstoff ätzend. Durch Bildung toxischer Zwischenprodukte wirkt Kalkstickstoff in Kombination mit Alkohol stark toxisch, so dass nach Alkoholkonsum keine Ausbringung erfolgen darf. Da beim Abbau von Kalkstickstoff auch der Nitrifikationshemmstoff Dicyandiamid entsteht (Abb. 236) ist die Wirkung von Kalkstickstoff noch langsamer als diejenige von Harnstoff (Abb. 237).

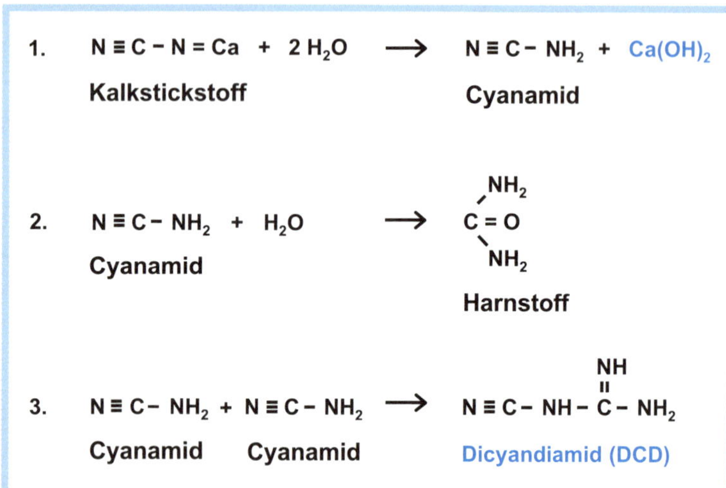


**Abb. 236:** Abbau von Kalkstickstoff setzt $Ca(OH)_2$ und Dicyandiamid frei.

Nitrat > Ammonium > Harnstoff > Kalkstickstoff

**Abb. 237:** Reihenfolge der Schnelligkeit hinsichtlich der Wirkung verschiedener N-Dünger nach der Düngung.

## 22.3 Phosphatdünger

Für die Herstellung von P-Düngern dienen in erster Linie zwei Quellen:

- Rohphosphate aus Lagerstätten
- phosphathaltige Erze

**Rohphosphate aus Lagerstätten** spielen als Rohstoff für die Produktion von P-Düngern heute die größte Rolle. Sie können magmatischen Ursprungs sein oder aus Sedimenten stammen. Im zweiten Fall handelt es sich z.T. um biogen bedingte Sedimente, die man nahe der Erdoberfläche findet, und die sich im Tagebau abbauen lassen. In diesen Rohposphaten liegt P in erster Linie in Form von **Fluorapatit** [$Ca_5(PO_4)_3F$] und **Hydroxylapatit** [$Ca_5(PO_4)_3OH$] vor. Größere Vorkommen an Rohphosphaten finden sich in Nordafrika, im Süden der USA und in Russland (Halbinsel Kola). Besonders wertvoll sind einerseits sogenannte weicherdige Rohphosphate (z.B. Gafsa-Phosphat in Tunesien), zum anderen Rohphosphate mit geringem Cd-Anteil. Manche Lagerstätten werden heute aufgrund zu hoher Cd-Konzentrationen nicht ausgebeutet.

Im Unterschied zu N-Düngern, die synthetisch hergestellt werden und daher unbegrenzt verfügbar sind, stellen Rohphosphate eine **endliche Ressource** dar. Je nach Entwicklung des zukünftigen Verbrauchs beträgt die geschätzte Verfügbarkeit 60 bis 130 Jahre (Abb. 238). Daraus muss die dringende Schlussfolgerung gezogen werden, mit P-Düngemitteln sparsam zu wirtschaften und den Nährstoff P möglichst effizient zu rezyklieren. Darüber hinaus liegen in sauren tropischen Böden große Mengen an adsorbierten und okkludierten Phosphaten (sogenannte gealterte Phosphate) unverfügbar im Boden vor. Es ist ein wichtiges Ziel der Forschung, Mechanismen von effizienten Kulturpflanzen aufzuklären, um damit Strategien zu entwickeln, diese P-Reserven zu nutzen.

Apatitisches Rohphosphat ist für die Pflanze nicht verfügbar, sondern muss zunächst aufgeschlossen werden. Es werden zwei Verfahren unterschieden:

- mechanischer Aufschluss
- chemischer Aufschluss

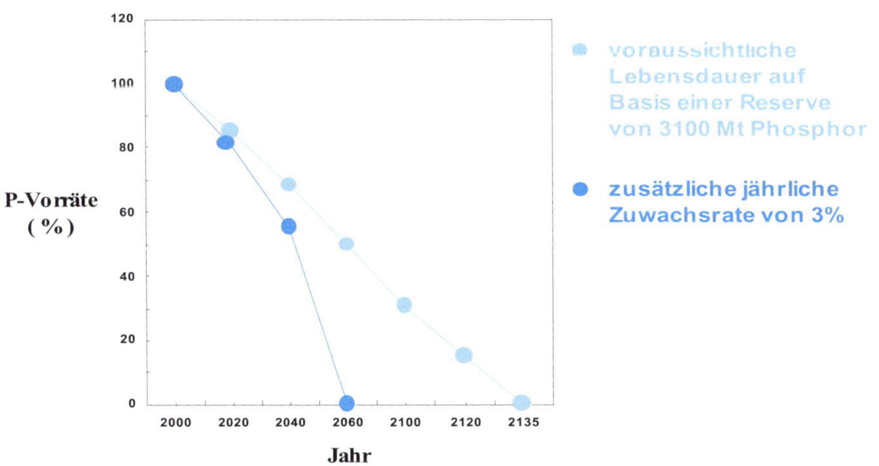


**Abb. 238:** Lebensdauer der Phosphatreserven nach verschiedenen Szenarien (WERNER 1999).

Abb. 239:
Löslichkeit verschiedener P-Dünger und ihre P-Konzentration.

| Düngemittel | Löslichkeit | % P |
|---|---|---|
| Hyperphos | 80% Ameisensäure | 13 |
| | 20% Mineralsäure | |
| Novaphos | 40% Wasser | 10 |
| | 30%Citronensäure | |
| | 30% Mineralsäure | |
| Thomasphosphat | 100%Citronensäure | 7 |
| Superphosphat | > 93% Wasser | 8 |
| Triplesuperphosphat | > 93% Wasser | 22 |

Beim **mechanischen Aufschluss** wird das Rohphosphat lediglich vermahlen, um die Oberfläche zu vergrößern. Der eigentliche Aufschluss erfolgt dann chemisch durch Säuren im Boden. Daraus ist abzuleiten, dass Rohphosphate nur auf sauren Böden wirksam werden können. Unterstützt werden kann die Mobilisierung durch Säureabscheidung von Pflanzen (vgl. Kapitel 4.3). Für die Lösung der Phosphate ist außerdem entscheidend, dass eine lockere Kristallstruktur vorliegt, die leicht aufgebrochen werden kann. Einschlüsse von Carbonaten lockern die Kristallstruktur. Dies ist beim **Hyperphosphat** der Fall, das ein fein vermahlenes, weicherdiges Rohphosphat darstellt, das unter sauren Bedingungen löslich ist (Abb. 239). Rohphosphate haben auf sauren Böden den Vorteil, dass das Phosphat nicht so schnell fixiert wird, da die Apatite über mehrere Zwischenstufen in wasserlösliche Calciumphosphate (Calciumhydrogenphosphat und Calciumdihydrogenphosphat) umgewandelt werden (Abb. 240). Allerdings ist die Verfügbarkeit verzögert, so dass es sich empfiehlt, auf sauren Böden aufgeschlossene Phosphate direkt zur Pflanze zu düngen (Banddüngung, Reihendüngung, Unterfußdüngung), um die Gefahr der Fixierung einzuschränken.

$$Ca_5(PO_4)_3OH + 2\,H^+ \Leftrightarrow Ca_4H(PO_4)_3 + Ca^{2+} + H_2O$$

Hydroxylapatit → Oktocalciumphosphat

$$Ca_4H(PO_4)_3 + 2\,H^+ \Leftrightarrow 3\,CaHPO_4 + Ca^{2+}$$

Oktocalciumphosphat → Calciumhydrogenphosphat

$$2\,CaHPO_4 + 2\,H^+ \Leftrightarrow Ca(H_2PO_4)_2 + Ca^{2+}$$

Calciumhydrogenphosphat → Calciumdihydrogenphosphat

Abb. 240:
Dynamik der Calciumphosphate.

Beim **chemischen Aufschluss** werden die in Abb. 240 gezeigten natürlichen Prozesse in der chemischen Fabrik durchgeführt. Dadurch erhält man leicht verfügbare Düngemittel, die für die meisten Böden gut geeignet sind. Der chemische Aufschluss kann mit zwei Säuren durchgeführt werden:

- Schwefelsäure
- Phosphorsäure

Beim Aufschluss mit **Schwefelsäure** erhält man das **Superphosphat** (Abb. 239), das fast vollständig wasserlöslich ist, aber nur einen geringen P-Anteil enthält. Vorteil dieses Verfahrens ist, dass man einen S-haltigen P-Dünger erhält (Abb. 241). Erfolgt der Aufschluss mit Phosphorsäure, erhält man **Triplephosphat** (Triplesuperphosphat), das bei gleicher P-Löslichkeit keinen S, aber fast dreimal so viel P enthält (Abb. 239, Abb. 241). Bei einem teilweisen Aufschluss der Rohphosphate werden die äußeren Schichten chemisch aufgeschlossen, so dass ein Dünger (**Novaphos**) mit sofortiger und nachhaltiger Wirkung entsteht (Abb. 239).

$$Ca_5(PO_4)_3OH + H_2SO_4 \rightarrow Ca_4H(PO_4)_3 + CaSO_4 + H_2O$$
Apatit

$$Ca_4H(PO_4)_3 + H_2SO_4 \rightarrow 3\ CaHPO_4 + CaSO_4$$

$$2\ CaHPO_4 + H_2SO_4 \rightarrow Ca(H_2PO_4)_2 + CaSO_4$$
Superphosphat

$$Ca_5(PO_4)_3OH + 7\ H_3PO_4 \rightarrow 5\ Ca(H_2PO_4)_2 + H_2O$$
Apatit — Triplesuperphosphat

**Abb. 241:** Aufschluss der Rohphosphate bei der Düngemittelproduktion.

**Rohphosphathaltige Erze** spielten in der Vergangenheit eine größere Rolle für die Produktion von P-Düngern in Europa. Das im Hochofen gewonnene Roheisen enthält noch 2 bis 3% P, das als elementarer Phosphor vorliegt. Dieser Phosphor muss bei der Verarbeitung von Roheisen zu Stahl entfernt werden. Dies erfolgt im Thomaskonverter, wobei der Phosphor unter Zusatz von Kalk und Silikaten bei 1600 °C oxidiert wird. Dabei entsteht die Thomasschlacke, die aus $CaNaPO_4$ und $Ca_2SiO_4$ sowie verschiedenen Beimengungen von Mikronährstoffen besteht. Diese Schlacke wird fein vermahlen und ergibt das **Thomasphosphat**. Aufgrund der mit Superphosphat vergleichbaren P-Verfügbarkeit sowie der Beimengung von Mikronährstoffen handelt es sich um ein wertvolles P-Düngemittel. Da heutzutage in der Stahlproduktion P-ärmere Erze eingesetzt werden, steht Thomasphosphat in dieser Form nicht mehr zur Verfügung. Das heutige Thomasphosphat wird produziert, indem dem Hüttenkalk aufgeschlossenes Phosphat zugesetzt wird.

## 22.4 Kali- und Magnesiumdünger

**Kalidünger** (Kaliumdünger) werden aus **Kaliumrohsalzen** hergestellt. Hierbei handelt es sich um Ablagerungen von Salzen, die beim Eintrocknen prähistorischer Meere, z.B. in Deutschland vor etwa 200 Millionen Jahren, entstanden sind. Die Salze kristallisierten dabei in der Reihe ihrer Löslichkeit aus. Dabei lagerten sich die Kaliumrohsalze unter einer Kochsalzschicht ab. Diese Schichten wurden von verschiedenen geologischen Schichten überlagert und verhärteten zu Gestein. Dieses Gestein wird heute im Untertagebau bergmännisch abgebaut. Im Unterschied zu den P-Lagerstätten gibt es große Vorräte an Kaligesteinen in Deutschland, Kanada und den USA (Abb. 242).

**Abb. 242:** Minerale der Kaligesteine.

| | |
|---|---|
| Sylvinit | $KCl \times NaCl$ |
| Kainit | $KCl \times MgSO_4 \times 3\ H_2O$ |
| Carnallit | $KCl \times MgCl_2 \times 6\ H_2O$ |
| Kieserit | $MgSO_4 \times H_2O$ |
| Steinsalz | $NaCl$ |

Kalidünger werden durch Vermahlen und Abtrennen von Begleitstoffen aus den natürlich vorkommenden Kalirohsalzen gewonnen. Folgende Verfahren werden zur Aufreinigung der Kalisalze eingesetzt:

- Löseverfahren
- Flotationsverfahren
- ESTA-Verfahren

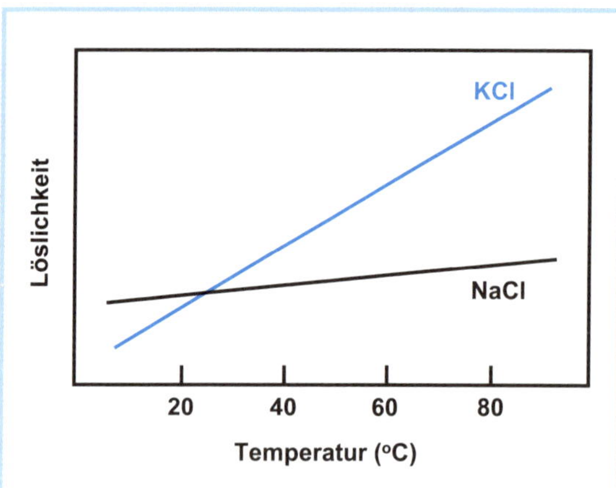


**Abb. 243:** Trennung von NaCl und KCl aufgrund unterschiedlicher Löslichkeit bei steigender Temperatur.

Beim **Löseverfahren** macht man sich die unterschiedliche Löslichkeit der Salze bei verschiedenen Temperaturen zu Nutze. Das wichtigste Begleitsalz von KCl ist NaCl. Während die Löslichkeit von NaCl bereits bei niedrigen Temperaturen hoch ist, nimmt sie für KCl mit steigender Temperatur für KCl stärker zu (Abb. 243). Beim **Flotationsverfahren** werden KCl-Kristalle aus übersättigten Lösungen durch Zusätze von organischen Schaumschwimmstoffen (Fettaminen) abgetrennt, mit denen sie bei Luftzufuhr zur Oberfläche aufsteigen (flotieren). Dort werden sie abgestreift. Beim **ESTA-Verfahren** werden die Salze elektrostatisch voneinander getrennt.

Alle Kalidünger sind gut wasserlöslich. Laut Düngemittelgesetz werden die **Magnesiumdünger** zu den Kalidüngern gerechnet. Die Kalidünger unterscheiden sich durch den Reinheitsgrad voneinander (Abb. 244). Als Beimengungen treten besonders Na- und Mg-Salze in Chloridform auf. Diese Beimengungen sind auf **Grünland** zur Tierernährung willkommen. Magnesium hilft, die **Weidetetanie** der Rinder zu vermeiden. Deswegen, sowie aus Kostengründen,

| Handelsname (Düngertyp) | Formel des K-Salzes | % K<br>% $K_2O$ | Nebenbestandteile |
|---|---|---|---|
| Kalirohsalz | KCl | 11<br>13 | NaCl, (Kainit)<br>$MgCl_2$,<br>$MgSO_4$ |
| Kaliumchlorid (40er Kali) | KCl | 33<br>40 | NaCl<br>NaCl |
| Kaliumchlorid (50er Kali) | KCl | 42<br>50 | NaCl |
| Kaliumchlorid (60er Kali) | KCl | 50<br>60 | NaCl |
| Kaliumsulfat | $K_2SO_4$ | 42 | Schwefel |

**Abb. 244:** Kalidüngemittel und ihre Eigenschaften.

sollten auf Grünland Kalidünger mit geringerem Reinheitsgrad bevorzugt werden. Für viele Ackerkulturen sind zu hohe Na-Anteile unerwünscht. Eine Ausnahme stellt die Zuckerrübe dar, die K zu einem hohen Grad durch Na substituieren kann und in manchen Fällen sogar positiv auf eine Na-Düngung reagiert. 60er Kali (Abb. 244) spielt auch als Mischungskomponente für Mehrnährstoffdünger eine wichtige Rolle. Für chloridempfindliche Kulturen, wie z.B. Kartoffeln oder Erdbeeren, werden sulfatische Kalidünger angeboten, die meistens etwas teurer als chloridische sind. Über sulfatische K- und Mg-Dünger kann auch der Makronährstoff S gedüngt werden.

Ähnlich wie die Kalidünger werden **Magnesiumdünger** aus Rohsalzen gewonnen (Abb. 245). Die Weltvorräte sind riesig: Ganze Gebirge wie die Dolomiten bestehen aus Mg-haltigem Gestein, nämlich Dolomit ($MgCO_3$ x $CaCO_3$). Während die Mg-Düngung früher vernachlässigt wurde, ist Mg heute ein gleichberechtigter Makronährstoff.

| Dünger | | Formel | Mg % |
|---|---|---|---|
| Magnesiumsulfat | | | |
| | Kieserit | $MgSO_4$ x $H_2O$ | 17 |
| | Bittersalz | $MgSO_4$ x 7 $H_2O$ | 10 |
| Magnesiumchlorid | | $MgCl_2$ x 6 $H_2O$ | > 8 |
| Magnesiumkalk | | | |
| | Magnesiumoxid | MgO | > 42 |
| | Dolomit | $MgCO_3$ x $CaCO_3$ | |
| Magnesiumsilikat | | | |
| | Mg-Gesteinsmehl | $MgSiO_4$ | 12 |

**Abb. 245:** Magnesiumdüngemittel und ihre Eigenschaften.

## 22.5 Kalkdünger

Die Kalkdüngung verfolgt zwei verschiedene Ziele:

- Entsauerung des Bodens
- Verbesserung der Bodenstruktur

**Abb. 246:** Kalkdüngemittel und ihre Eigenschaften.

| Dünger | Formel | Kalkwirkung (% CaO) | Nebenbestandteile |
|---|---|---|---|
| Kohlensaurer Kalk | $CaCO_3$ | 42-53 | Silikate |
| Kohlensaurer Mg-Kalk | $CaCO_3$ $MgCO_3$ | 42-53 | Silikate |
| Branntkalk | $CaO$ | 65-95 | $MgO$ |
| Löschkalk | $Ca(OH)_2$ | 60-70 | $Mg(OH)_2$ |
| Hüttenkalk | $CaSiO_4$ | 40-50 | verschiedene Oxide |

Die **Entsauerung des Bodens** wird durch Zufuhr basisch wirkender Substanzen erreicht. Dabei kann der Kalk in Carbonat- oder Silikatform, als Branntkalk oder gelöschter Kalk appliziert werden (Abb. 246). Die Form richtet sich danach, ob eine Gesundungskalkung nach starkem Abfall des Boden-pH oder eine Erhaltungskalkung durchgeführt werden soll. Auf leichten Böden sollten eher die langsam wirkenden Silikate und Carbonate zum Einsatz kommen, während auf schwereren Böden besonders zur Gesundungskalkung Branntkalk und gelöschter Kalk eingesetzt werden sollten (Abb. 247). Da die beiden letztgenannten stark ätzend wirken, sind sie unbedingt rechtzeitig vor der neuen Vegetationszeit auszubringen, um Pflanzenschäden zu vermeiden.

**Abb. 247:** Wirkung verschiedener Kalkdüngemittel auf die Bodenazidität.

$$CaCO_3 + 2\ H^+ \rightarrow Ca^{2+} + CO_2 + H_2O$$
Kohlensaurer Kalk

$$Ca_2SiO_4 + 4\ H^+ \rightarrow 2\ Ca^{2+} + H_4SiO_4$$
Hüttenkalk

$$CaO + 2\ H^+ \rightarrow Ca^{2+} + H_2O$$
Branntkalk

$$Ca(OH)_2 + 2\ H^+ \rightarrow Ca^{2+} + 2\ H_2O$$
Gelöschter Kalk

Mit der Kalkung werden auch Pflanzennährstoffe, z.B. in Form von Mg oder Ca zugeführt. Dies ist jedoch nur ein Nebeneffekt, im Vordergrund steht die **Bodenstruktur**. So wirkt sich besonders Ca aufgrund seiner Zweiwertigkeit und kleinen Hydrathülle sehr positiv auf die Bodenstruktur aus, da dieses Ion zur Bildung von Ton-Humuskomplexen beiträgt (vgl. Abb. 178). Auf diese Weise werden Verbesserungen in der Strukturstabilität der Bodenaggregate sowie ein verbesserter Luft- und Wasserhaushalt des Bodens erzielt. Bei Düngung von Gips ($CaSO_4$) beschränkt sich die Wirkung auf die Bodenstruktur, da ein Neutralsalz gedüngt wird, das den pH-Wert kaum beeinflusst. Dies ist beispielsweise von Bedeutung auf alkalischen Salzböden, in denen das $Ca^{2+}$ die Bodenstruktur verbessern soll, ohne den pH-Wert weiter anzuheben.

## 22.6 Mikronährstoffdünger

Mikronährstoffe werden in geringen Mengen pro Fläche ausgebracht. Damit ergibt sich das Problem der Verteilung. Aus diesem Grund empfiehlt es sich, Mikronährstoffe in flüssiger Form mit der Feldspritze auszubringen oder auf die große Auswahl an Mehrnährstoffdüngern zurückzugreifen, die Mikronährstoffe enthalten. Die Düngemittelindustrie ist bemüht, Spezialdünger für bestimmte Kulturen anzubieten und so den spezifischen Bedarf abzudecken, wie z.B. B-haltige Dünger für Zuckerrüben. Auf diese Weise können Überdosierungen, die besonders bei B sehr leicht auftreten, vermieden werden. Ein anderes Problem ist die geringe Löslichkeit mancher Mikronährstoffe, wie z.B. Fe. In diesem Fall empfiehlt sich die Anwendung von Chelaten, wie z.B. EDTA, die Mikronährstoffe verfügbar halten.

## Weiterführende Literatur:

Finck, A.: Düngung. Eugen Ulmer, Stuttgart (1991)

### Fragen:

- Welche Gemeinsamkeiten und Unterschiede haben die biologische und die technische Fixierung von $N_2$?
- Nennen Sie Ammonium-, Nitrat- und Amiddünger! Welche Vor- und Nachteile haben sie?
- Wie lässt sich die Nitrifikation unterbinden?
- Warum darf $NH_4NO_3$ nicht als Festdünger gehandelt werden, und welche Vorteile ergeben sich durch Beimischung von Kalk?
- Was versteht man unter dem CULTAN-Verfahren?
- Warum wirken N-Dünger unterschiedlich schnell? Welche Vor- und Nachteile ergeben sich daraus?
- Nennen Sie Vorteile von Kalkstickstoff gegenüber Ammoniumdüngern!
- Welche Unterschiede bestehen hinsichtlich der Rohstoffe für die N-, P- und K-Düngerproduktion?
- Mit welchen Verfahren werden aus Kaliumrohsalzen Kalidünger hergestellt?
- Warum führt man eine Kalkung durch?
- Nennen Sie Kalkdüngemittel! Unter welchen Bedingungen werden die verschiedenen Typen eingesetzt?

# 23 Schadelement

**Inhalt Kapitel 20**



## 23.1 Überblick

**Definition: 23.1:** Kritische Konzentrationen von Schwermetallen geben Werte in Böden und Pflanzen an, bei deren Überschreitung mit Toxizität zu rechnen ist.

Grundsätzlich können alle Elemente, auch Pflanzennährstoffe, für den Organismus schädlich wirken, wenn sie in zu hoher Menge aufgenommen werden. Besonders toxisch sind jedoch manche **Schwermetalle**, da sie mit Pflanzennährstoffen um Bindungsstellen konkurrieren und sie verdrängen, ohne deren physiologische Funktionen übernehmen zu können. Diese Toxizität kann in schweren Fällen Kulturpflanzen betreffen. Meistens sind diese jedoch genügend resistent, so dass erst durch die Anreicherung der Schwermetalle in der **Nahrungskette** Mensch und Tier geschädigt werden. Aus diesem Grund wurden **kritische Konzentrationen** für Schwermetalle im Boden definiert (Def. 23.1, Tab. 23.1). Diese Konzentrationen stellen Grenzwerte sowohl für die Ausbringung von Sekundärrohstoffdüngern, wie z.B. Klärschlamm oder Bioabfallkompost, als auch für den Anbau von Kulturpflanzen dar. Aus wissenschaftlicher Sicht liefern sie nur grobe Anhaltspunkte, da sie weder Besonderheiten verschiedener Pflanzen hinsichtlich der Aneignung von Schwermetallen noch die Bindungsform berücksichtigen.

**Tab. 23.1: Kritische Konzentrationen ausgewählter Schwermetalle im Boden (mg $kg^{-1}$, nach MENGEL und KIRBY 2001).**

| Pb | Cd | Cr | Cu | Ni | Hg | Zn |
|---|---|---|---|---|---|---|
| 100 | 3 | 100 | 100 | 50 | 2 | 300 |

**Definition 23.2:** Phytotoxizität beschreibt die Schädlichkeit eines Stoffes für Pflanzen, Zootoxizität die Schädlichkeit eines Stoffes für Tiere, Humantoxizität die Schädlichkeit für den Menschen.

Besonders auch die Mikronährstoffe Cu und Zn können in höheren Konzentrationen auftreten und toxisch wirken (Tab. 23.2). Die kritischen Konzentrationen für einzelne Elemente hängen davon ab, wie toxisch diese Elemente sind. Die Toxizität ist für die meisten Elemente für Pflanzen und Tiere ähnlich. Phytotoxizität und Zootoxizität (einschließlich Humantoxizität, Def. 23.2) unterscheiden sich jedoch deutlich für Cadmium (Cd) und Chrom (Cr) (Tab. 23.2). Für die Akkumulation von Schwermetallen in Pflanzen ist weniger die Gesamtkonzentration im Boden ausschlaggebend als vielmehr der verfügbare Anteil. Dieser weicht häufig erheblich vom Gesamtwert ab und wird leider bisher routinemäßig nicht erfasst. An zwei ausgewählten Beispielen, nämlich Blei (Pb) und Cadmium (Cd), soll dieses Aspekt näher beleuchtet werden.

| Element | Pflanzen | Tiere |
|---|---|---|
| Cd | 5-10 | 0,5-1 |
| Hg | 2-5 | 1 |
| Tl | 20-30 | 5 |
| Co | 10-20 | 10-50 |
| Cr | 1-2 | 50-3000 |
| Cu | 15-20 | 30-100 |
| Ni | 20-30 | 50-60 |
| Pb | 10-20 | 10-30 |
| Zn | 150-200 | 500 |

**Tab. 23.2: Kritische Konzentrationen verschiedener Schwermetalle in Pflanzen und in der Futterration für Tiere (mg $kg^{-1}$, nach MENGEL und KIRKBY 2001).**

## 23.2 Blei

Blei (Pb) konkurriert als zweiwertiges Kation besonders mit $Ca^{2+}$ um Bindungsstellen und beeinträchtigt dessen metabolische Funktionen. So kommt es zur Hemmung von Enzymen, was sich z.B. beim Menschen in Form von Gehirnschäden oder in der Hemmung der Hämsynthese (vgl. Abb. 48) äußert. Bleikontaminationen von Böden sind selten, und wo sie vorkommen, sorgt die starke Bindung von $Pb^{2+}$ an Bodenkolloiden für geringe Verfügbarkeit. Besonders von organischer Substanz wird $Pb^{2+}$ stark gebunden und deshalb kaum in tiefere Horizonte verlagert. In Zellwänden der Wurzeln oder auch in Mykorrhizapilzen wird $Pb^{2+}$ stark festgelegt, so dass es nur begrenzt in oberirdische Pflanzenteile verlagert wird.

Immissionen aus Verbrennungsprozessen können u.U. einen Eintrag von $Pb^{2+}$ über die Atmosphäre mit sich bringen, so dass anorganisches $Pb^{2+}$ auf Blättern abgelagert wird. Dieses $Pb^{2+}$ stellt eine potentielle Belastung von Nahrungsmitteln wie z.B. Blattgemüse oder Salat dar, kann aber durch gründliches Waschen entfernt werden. Völlig anderes Verhalten zeigen **organische Pb-Verbindungen**, die früher dem Benzin als Antiklopfmittel zugesetzt wurden. Bei unvollständiger Verbrennung gelangten sie in die Atmosphäre und wurden hauptsächlich in der Nähe von Straßen in Böden eingetragen. Organische Pb-Verbindungen wie Bleitetraalkyl sind für Pflanzen wesentlich besser verfügbar

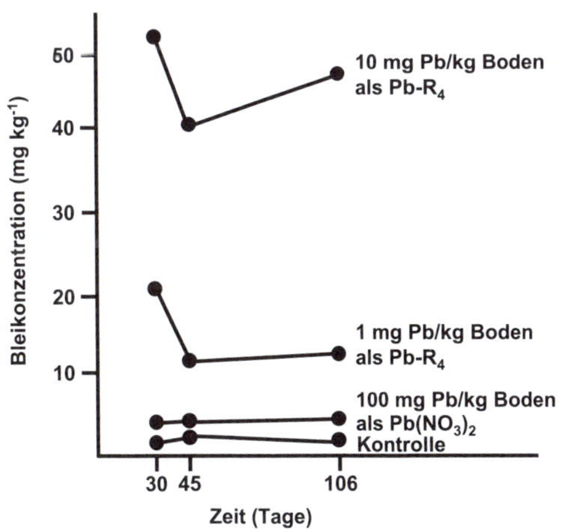


**Abb. 248:** Einfluss von Bleinitrat und Bleitetraalkyl (Pb-R4) auf die Bleikonzentrationen in vegetativen Teilen von Sommerweizen (DIEHL et al. 1983).

und können innerhalb der Pflanze besser verlagert werden als anorganische Pb-Verbindungen (Abb. 248).

## 23.3 Cadmium

Auch Cadmium (Cd) liegt überwiegend als zweiwertiges Kation vor. Für die menschliche Ernährung gilt Cd als das gefährlichste Schwermetall. Dafür gibt es vier Gründe:

- diffuser Eintrag aus verschiedenen Quellen
- hohe Beweglichkeit im Boden
- hohe Beweglichkeit in der Pflanze
- geringe Phytotoxizität

Im Gegensatz zu anderen Schwermetallen, deren Immission meistens auf eine bestimmte Quelle zurückzuführen ist und deren Eintrag sich daher relativ einfach begrenzen lässt, geht der Eintrag von Cd in Böden auf den **diffusen Eintrag aus verschiedenen Quellen zurück** (Abb. 249). Verschiedene Verbrennungsvorgänge setzen den Großteil der Cd-Mengen frei. Auch der KFZ-Verkehr ist z.B. mit dem Abrieb von Reifen an Cd-Einträgen beteiligt. Durch Verwendung Cd-armer Rohphosphate in der Düngemittelproduktion versucht man den Eintrag über P-Dünger gering zu halten. Da mehrere Ursachen für den Cd-Eintrag verantwortlich sind, ist eine Reduktion der Immissionen nicht einfach. Dennoch konnten in den letzten Jahren erhebliche Erfolge verzeichnet werden. Während bis Mitte der neunziger Jahre des letzten Jahrhunderts Anstiege in der Cd-Deposition verzeichnet wurden, ist in Deutschland seitdem eine Abnahme zu verzeichnen.

**Abb. 249:** Wichtige Cd-Emissionsquellen in Deutschland (nach SCHEFFER und SCHACHTSCHABEL 1984).

| | | |
|---|---|---|
| **Cd-Emissionen in die Luft** | | **90 t/a** |
| *davon:* | *Industriebetriebe* | *50 t/a* |
| | *Feuerungsanlagen* | *35 t/a* |
| | *Müllverbrennung* | *5 t/a* |
| **P-Dünger** | | **54 t/a** |
| **Klärschlamm** | | **13 t/a** |
| **KFZ-Verkehr** | | **10 t/a** |

Grundsätzlich ist die **Cd-Beweglichkeit im Boden** im Vergleich zu anderen Schwermetallen hoch. Aufgrund verschiedener Bindungsformen im Boden sagt der Cd-Gesamtgehalt des Bodens jedoch nichts über die tatsächliche Verfügbarkeit aus. Verschiedene Bodeneigenschaften, wie z.B organische Substanz, pH-Wert und Tonanteil, können die Cd-Verfügbarkeit entscheidend beeinflussen, wobei Verbesserung und Verschlechterung der Verfügbarkeit von den spezifischen Verhältnissen abhängt. So können manche organische Substanzen Cd festlegen, während andere chelatisierend wirken und die Verfügbarkeit verbessern. Hohe Tonanteile und hohe pH-Werte tragen normalerweise zur Immobilisierung bei. Dennoch wurde auf einigen Auenböden des Rheintals mit hohen pH-Werten (7,5) und hohem Tonanteil (> 60%) trotz sehr geringer Cd-Gesamtkonzentration eine hohe Cd-Verfügbarkeit festgestellt, die für die Produktion von Diätlein problematisch war.

| | |
|---|---|
| Calcium: | - reduziert die Cd-Aufnahme<br>- erhöht die Cd-Verfügbarkeit |
| pH-Erhöhung: | - erhöht die Cd-Aufnahme<br>- reduziert die Cd-Verfügbarkeit |

**Abb. 250:** Einfluss einer Kalkung auf die Cd-Aneignung von Pflanzen aus dem Boden.

Generell wird eine **Kalkung** empfohlen, um die Cd-Verfügbarkeit zu vermindern. In bestimmten Fällen kommt es jedoch vor, dass dadurch die Cd-Aneignung der Pflanzen erhöht wird. Dies ist auf eine vierfache Wirkung einer Kalkung zurückzuführen (Abb. 250). Kalkung bedeutet pH-Erhöhung und Ca-Zufuhr. Während die Ca-Zufuhr die Cd-Aufnahme vermindert, erhöht sie die Cd-Verfügbarkeit. Eine pH-Erhöhung verstärkt dagegen die Cd-Aufnahme und reduziert die Cd-Verfügbarkeit. Je nach Situation kann die eine oder andere Wirkung stärker ausgeprägt sein, so dass in manchen Fällen die Kalkung unerwünschte Effekte hat.

Im Vergleich zu Pb ist auch die **Cd-Beweglichkeit in der Pflanze** hoch. Dennoch besteht zwischen Wurzeln und Spross eine ausgeprägte Transportbarriere, die bei vielen Pflanzen dafür sorgt, dass ein großer Teil des Cd in den Wurzeln zurückgehalten wird (Abb. 251). Allerdings gibt es pflanzenspezifische Unterschiede. Während z.B. Buschbohnen > 95% des Cd in den Wurzeln zurückhalten, verlagert Raps 40% des aufgenommenen Cd in den Spross. Solche Wurzel-Spross-Barrieren sind für Pflanzen wichtig, deren vegetative Sprossteile für die menschliche Ernährung genutzt werden sollen (z.B. Blattgemüse, Salat). Sortenunterschiede erlauben die Auswahl von Genotypen, die effizient Cd aus dem Spross ausschließen können. Auch die Konzentration von Cd in jüngeren Blättern ist im Vergleich zu älteren Blättern häufig reduziert, so dass eine selektive Ernte von jungen Sprossteilen zur Verminderung der Cd-Konzentration beitragen kann. Dieser Aspekt ist z.B. bei verschiedenen vegetativ genutzten Arzneipflanzen von Bedeutung.

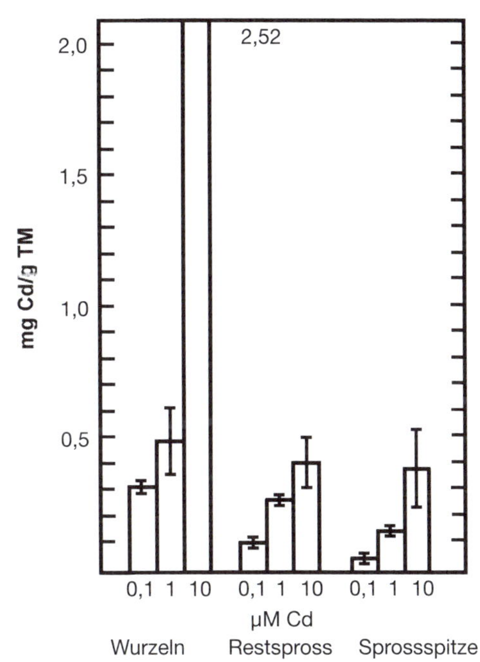


**Abb. 251:** Cd-Verteilung in Lein nach Anzucht bei verschiedener Cd-Konzentration im Wurzelraum.

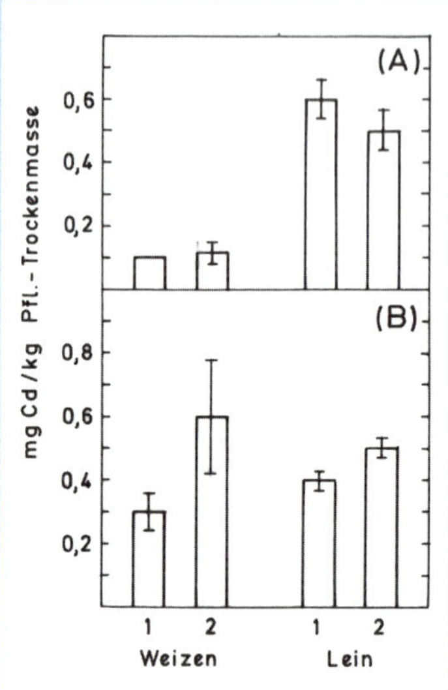


**Abb. 252:**
Cd-Aufnahme in Samen (A) und Stroh (B) von Weizen und Lein auf zwei Bodentypen (Boden 1: Auenboden, 0,2 mg Cd kg$^{-1}$; Boden 2: Braunerde, < 0,1 mg Cd kg$^{-1}$).

Auch die Cd-Verlagerung in generativ genutzte Pflanzenteile unterliegt erheblichen genotypischen Unterschieden. Abb. 252 zeigt, dass bei ähnlicher Cd-Aufnahme in die vegetativen Pflanzenteile von Weizen und Lein Cd wesentlich stärker in die Samen von Lein verlagert wurde. Der Grenzwert von 0,3 mg Cd kg$^{-1}$ für Diätlein konnte daher nicht eingehalten werden. Unterschiede in der Cd-Verlagerung in die Samen wurden auch für Lein nachgewiesen (Tab. 23.3) und sind auf unterschiedliche Phloemmobilität von Cd zurückzuführen.

| Organ | cv. Antares | cv. McGregor |
|---|---|---|
| Samen | 18,2 (±0,8) | 7,2 (±0,2) |
| Kapseln | 4,4 (±0,4) | 3,9 (±0,2) |

**Tab. 23.3: Cd-Gehalte in den Samen und Kapseln der Leinsorten Antares und McGregor (ng/Organ, nach Becher et al. 1997).**

Die toxische Wirkung von $Cd^{2+}$ beruht hauptsächlich auf einer Verdrängung von $Zn^{2+}$ an Sulfhydrilgruppen, u.a. in katalytischen Zentren von Enzymen. Im Vergleich zur **Phytotoxizität** sind die Zootoxizität und Humantoxizität von $Cd^{2+}$ etwa zehnfach höher. Grund hierfür ist ein effektiver pflanzlicher Entgiftungsmechanismus für $Cd^{2+}$. Pflanzen sind bei Aufnahme von Cd in der Lage spezifische Peptide, sogenannte Phytochelatine, zu bilden. Diese können Cd selektiv binden. Phytochelatine sind regelmäßig aus Glutamyl-Cysteinyl-Einheiten aufgebaute Peptide, die mit einem Glycin-Rest abschließen (Abb. 253). Aufgrund der Sulfhydrilgruppen der Cysteinyl-Reste weisen Phytochelatine eine hohe Affinität zu Cd auf und können es spezifisch binden und inaktivieren (Abb. 254). Die hohe pflanzliche Resistenz gegenüber Cd stellt für die menschliche Ernährung eine potentielle Gefahr dar, weil bei der Verdauung

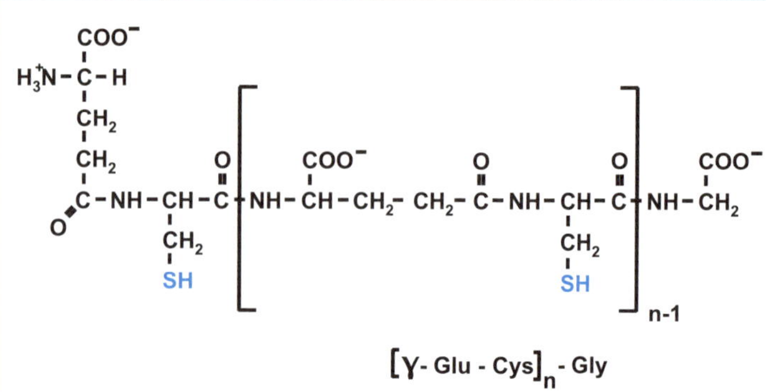


**Abb. 253:**
Aufbau von Phytochelatinen.

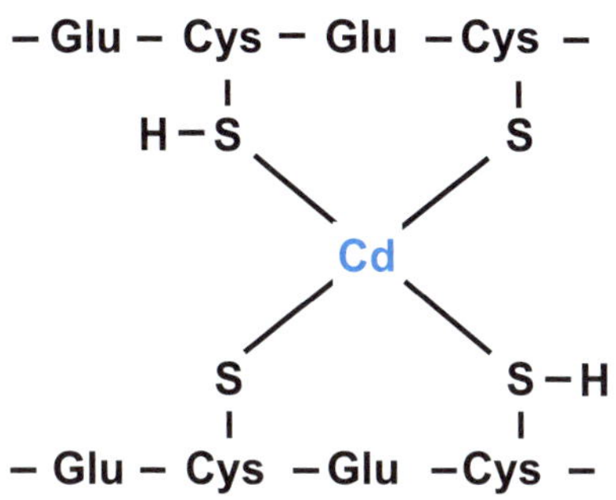


**Abb. 254:** Spezifische Cd-Bindung durch Sulfhydrilgruppen von Phytochelatinen.

der Phytochelatine Cd freigesetzt wird. Aus diesem Grund wurden strenge gesetzliche Grenzwerte für zulässige Cd-Konzentrationen in Lebensmitteln festgelegt.

## Weiterführende Literatur:

Schubert, S.: Qualitätssicherung in Nahrungs- und Arzneipflanzen: Minimierung der Cadmiumkonzentrationen. In: Kongressband zur 1. Hochschultagung des Fachbereichs Agrarwissenschaften, Ökotrophologie und Umweltmanagement der Justus-Liebig-Universität (E. Schlich, Hrsg.), Köhler, Gießen, S. 103-111 (2000)

## Fragen:

- Warum wirken viele Schwermetalle besonders toxisch?
- Vergleichen Sie die Gefährlichkeit von organischen und anorganischen Pb-Verbindungen!
- Nennen Sie verschiedene Gründe für die Cd-Problematik!
- Warum ist die Phytotoxizität von Cd geringer als die Zootoxizität oder die Humantoxizität?
- Mit welchen Maßnahmen lassen sich die Cd-Konzentrationen in pflanzlichen Nahrungsmitteln begrenzen?

# Literaturverzeichnis


AMBERGER, A.: Pflanzenernährung. 4. Auflage, Eugen Ulmer, Stuttgart (1996)

BECHER, M., A. WÖRNER UND S. SCHUBERT: Cd translocation into generative organs of linseed (*Linum usitatissimum* L.)

BASHKIN, V. N.: Modern Biogeochemistry. Kluwer Academic Publishers, Dordrecht (2002)

BERGMANN, W: Nutritional Disorders of Plants. Gustav Fischer, Jena (1992)

BLUME, H.-P. (HRSG.): Handbuch des Bodenschutzes. Bodenökologie und -belastung. Vorbeugende und abwehrende Schutzmaßnahmen. Ecomed Verlagsgesellschaft, Landsberg (1990)

BÖHM, W.: Biographisches Handbuch zur Geschichte des Pflanzenbaus. K.G. Saur, München (1997)

BROCK, W.: Justus von Liebig. Eine Biographie des großen Naturwissenschaftlers und Europäers. Friedrich Viehweg, Braunschweig (1999)

BUCHNER, A. UND H. STURM: Die Düngung im Intensivbetrieb, 3. Aufl. DLG-Verlag (1971)

BURDICK, B.: Handlungsempfehlungen für den Klimaschutz. Spekrum d. Wissensch. Heft 7, 114–117 (1995)

BYERS, M.: The N and S relationship in plants and its effect on grain protein quality, including the baking quality of wheat. In: Sulphur in Agriculture in Western Europe. The Sulphur Institute, Madrid S. 170–182 (1985)

Davies, und Zhang, Annu. Rev. Plant Physiol Plant Mol. Biol. 42,55–76 (1991)

CREELMAN, R. A., H. S. MASON, R. J. BENSEN, J. S. BOYER UND J. E. MULLET: Water deficit and abscisic acid cause differential inhibition of shoot versus root growth in soybean seedlings. Analysis of growth, sugar accumulation, and gene expression. Plant Physiol. 92, 205–214 (1990)

DIEHL, K. H., A. ROSOPULO, W. KREUZER UND G. K. JUDEL: Das Verhalten von Bleitetraalkylen im Boden und deren Aufnahme durch die Pflanze. Z. Pflanzenernähr. Bodenk. 146, 551–559 (1983)

DIEPENBROCK, W., F. ELLMER UND J. LÉON: Ackerbau, Pflanzenbau und Pflanzenzüchtung. Grundwissen Bachelor. Eugen Ulmer, Stuttgart (2005)

EHLERS, W.: Wasser in Boden und Pflanze. Dynamik des Wasserhaushalts als Grundlage von Pflanzenwachstum und Ertrag. Eugen Ulmer, Stuttgart (1996)

ENGELS, C. UND H. MARSCHNER: Influence of the form of nitrogen supply on root uptake and translocation of cations in the xylem exudate of maize (*Zea mays* L.). J. Exp. Bot. 44, 1695–1701 (1993)

EPSTEIN, E. UND A. J. BLOOM: Mineral Nutrition of Plants: Principles and Perspectives. 2. Auflage, Sinauer Associates, Sunderland, USA (2005)

FINCK, A.: Düngung. Eugen Ulmer, Stuttgart (1991)

FREDE, H.-G. UND M. BACH: Wie weit können wir runter? DLG-Mitt. Heft 3, 12-16 (2004)

FÜRSTENFELD, F. UND T. HETTERICH: N-Düngung zu Zuckerrüben: Weniger ist oft mehr. Hessenbauer Heft 7, 21–23 (1995)

GRAEFF, S., D. STEFFENS UND S. SCHUBERT: Use of reflectance measurements for the early detection of N, P, Mg, and Fe deficiencies in *Zea mays* L.. J. Plant Nutr. Soil Sci. 164, 445–450 (2001)

HANSEN, A. P.: Symbiotic $N_2$ Fixation of Crop Legumes. Achievements and Perspectives. Hohenheim Agricultural Series, Margraf Weikersheim (1994)

HATZIG, S., A. KUMAR, A. NEUBERT UND S. SCHUBERT: PEP-carboxylase activity: A comparison of its role in a $C_4$ and a $C_3$ species under salt stress. J. Agron. Crop Sci. 196, 185–192 (2010)

HAWKESFORD, M. J. (HRSG.): Sulphur Metabolism in Plants – Integrating Complexity. Special Issue of J. Exp. Bot. 55, No 404 (2004)

HELDT, H. W.: Pflanzenbiochemie. 3. Auflage, Spektrum Akademischer Verlag, Heidelberg (2003)

HOUGHTON, R. A. UND G. M. WOODWELL: Globale Veränderung des Klimas. Spektrum der Wissenschaft Heft 6, 106–114 (1989)

JAHN-DEESBACH, W. UND A. SCHIPPER: N-Düngung wertet Futtergetreide auf. I. Möglichkeiten zur

Erhöhung des Eiweißgehaltes. Deutsche Landwirtschaftliche Presse 97, Nr. 9 (1974)

Jarvis, S. C. und A. D. Robson: A comparison of the cation/anion balance of ten cultivars of *Trifolium subterraneum* L., and their effects on soil acidity. Plant Soil 75, 235–243 (1983)

Kriebitzsch, W.-U.: Treibhauseffekt: Was wird aus dem Wald? DLG-Mitt. Heft 1, 65-67 (1992)

Lambers, H., D. B. Layzell und J. S. Pate: Efficiency and regulation of root respiration in a legume: Effects of the N source. Physiol. Plant. 50, 319–325 (1980)

LaRue, T. A. und T. G. Patterson: How much nitrogen do legumes fix? Adv. Agron. 34, 15–38 (1981)

Lomborg, B.: Apocalypse No! Wie sich die Lebensgrundlagen wirklich entwickeln. Zu Klampen, Lüneburg (2002)

Marschner, H.: Mineral Nutrition of Higher Plants. 2. Ausgabe, Academic Press, London (1995)

Mengel, K.: Ernährung und Stoffwechsel der Pflanze. Siebente Auflage, Gustav Fischer, Jena (1991)

Mengel, K. und H. Forster: Der Einfluss der Kaliumkonzentration der „Bodenlösung" auf den Ertrag, den Wasserverbrauch und die K-Aufnahmeraten von Zuckerrüben (*Beta vulgaris* ssp.*esculenta* var. altissima). Z. Pflanzenernähr. Bodenk. 134, 148–157 (1972)

Mengel, K. und E. A. Kirkby: Principles of Plant Nutrition. Kluwer Academic Publishers, Dordrecht (2001)

Munns, R.: Physiological processes limiting plant growth in saline soils: Some dogmas and hypotheses. Plant Cell Environ. 16, 15–24 (1993)

Oehlkers: zit. in Hess, D.: Allgemeine Botanik. UTB basics, Eugen Ulmer, Stuttgart (2004)

Osborne, T. B.: The Vegetable Proteins. Longmanns, Green & Co., London, (1924)

Putensen, C.: Chancen noch nicht ausgereizt. DLG-Mitt. Heft 5, 48–51 (2005)

Qadir, M., T. M. Boers, S. Schubert, A. Ghafoor und G. Murtaza: Agricultural water management in water-starved countries: Challenges and opportunities. Agric. Water Managem. 62, 165–186 (2003)

Rabinovitch: zitiert in Mohr, H. und P. Schopfer: Pflanzenphysiologie. 3. Auflage, Springer, Berlin (1978)

Rhodes, A. P. und G. Jenkins: The effect of varying nitrogen supply on the protein composition of a high lysine mutant of barley. J. Sci. Food Agric. 26, 705–709 (1975)

Richter, C: Agrikulturchemie und Pflanzenernährung. Margraf Publishers, Weikersheim (2005)

Scheffer, F. und P. Schachtschabel: Lehrbuch der Bodenkunde. Ferdinand Enke Verlag, Stuttgart (1982)

Schilling, G.: Pflanzenernährung und Düngung. Eugen Ulmer Stuttgart (2000)

Schubert, S.: Qualitätssicherung in Nahrungs- und Arzneipflanzen: Minimierung der Cadmiumkonzentrationen. In: Kongressband zur 1. Hochschultagung des Fachbereichs Agrarwissenschaften, Ökotrophologie und Umweltmanagement der Justus-Liebig-Universität (E. Schlich, Hrsg.), Köhler, Gießen, S. 103–111 (2000)

Schubert, S.: Das geheime Leben der Pflanzenwurzeln. Chemie in unserer Zeit 38, 242–247 (2004)

Schubert, S., F. Abd-El-Motagally und D. Steffens: Heat stress can be compensated by irrigation in sugar beet. In: Proc. VIII ESA Congress: European Agriculturein a Global Context (Sven-Erik Jacobsen, Christian Richardt Jensen und John R. Porter, Hrsg.) KVL Copenhagen, Dänemark, 11.–15. Juli (2004)

Schubert, S., A. Neubert, A. Schierholt, A. Sümer und C. Zörb: Development of salt-resistant maize hybrids: The combination of physiological strategies using conventional breeding methods. Plant Sci. 177, 196–202 (2009)

Schubert, S. und F. Yan: Nitrate and ammonium nutrition of plants: Effects on acid/base balance and adaptation of root cell plasmalemma $H^+$ ATPase. Z. Pflanzenernähr. Bodenk. 160, 275–281 (1997)

Sitte, P., H. Ziegler, F. Ehrendorfer und A. Bresinsky: Strasburger. Lehrbuch der Botanik. Gustav Fischer, Stuttgart (1998)

Slabu, C., Zörb, D. Steffens und S. Schubert: Is salt stress of faba bean (*Vicia faba* L.) caused by $Na^+$ or $Cl^-$ toxicity? J. Plant Nutr. Soil Sci. 172, 644–650 (2009)

Smith, D. L. und C. Hamel (Hrsg.): Crop Yield. Physiology and Processes. Springer, Berlin (1999)

Steffens, D.: Agrikulturchemisches Praktikum. Grauer, Stuttgart (2004)

Uren, N. C. und H. M. Reisenauer: The role of root exudates in nutrient acquisition. In: Advances in Plant Nutrition, Band 3 (Bernhard Tinker und André Läuchli, Hrsg.), Praeger, New York, S. 79–114 (1988)

Wakeel, A., D. Steffens und S. Schubert: Potassium substitution by sodium in sugar beet (*Beta vulgaris*) nutrition on K-fixing soils. J. Plant Nutr. Soil Sci. 173, 127–134 (2010)

Weart, S. P.: The Discovery of Global Warming. Harvard University Press, Cambridge, Massachusetts (2003)

Werner, D.: Pflanzliche und mikrobielle Symbiosen. Georg Thieme, Stuttgart (1987)

Werner W.: Ökologische Aspekte des Phosphor-Kreislaufs. Anthropogene Eingriffe in den globalen Phosphorkreislauf und deren Folgen für die Umwelt. Z. Umweltchem. Ökotox. 11, 343–351 (1999)

# Bildquellenverzeichnis

AUTOR:
1, 5, 6, 8, 10, 11, 12, 13, 14, 15, 16, 17, 18, 19, 20, 21, 22, 23, 24, 25, 26, 27, 28, 29, 30, 31A, 32, 33, 34, 35, 36A, 37, 38, 39, 40, 42, 43, 46, 47, 48, 49, 50, 51, 52, 54, 55, 56, 57, 58, 59, 60, 61, 62, 65, 67, 68, 69, 70, 71, 72, 73, 74, 76, 78, 79, 80, 81, 83, 84, 85, 86, 87, 88, 90, 91, 92, 93, 94, 95, 96, 97, 98, 99, 100, 101, 102, 103, 104, 105, 106, 109, 110, 113, 115, 116, 117, 118, 119, 120, 121, 122, 123, 124, 125, 126, 127, 128, 129, 130, 131, 132, 133, 134, 135, 136, 137, 138, 142, 144, 145, 148, 149, 150, 151, 152, 153, 154, 155, 156, 158, 159, 161, 162, 163, 164, 165, 166, 167, 168, 169, 170, , 171, 172, 173, 174, 175, 176, 177, 178, 179, 180, 181, 182, 183, 184, 185, 186, 187, 188, 189, 190, 191, 192, 193, 194, 195, 196, 197, 198, 199, 200, 201, 202, 203, 204, 205, 206, 209, 210, 211, 212, 214, 215, 225, 227, 228, 229, 230, 231, 232, 233, 234, 235, 236, 237, 239, 240, 241, 242, 243, 244, 245, 246, 247, 250, 251, 252, 253, 254

*BERGMANN, W. (1992): 31B

BÜRKERT, A., Institut für Nutzpflanzenkunde, Universität Kassel, Steinstraße 19, 37213 Witzenhausen: 216

*CAO UND TIBBITTS (1994): 160

*DIEHL et al. (1993): 248

*ELKAN (1992): 141

FORCHHAMMER, K., Lehrstuhl für Mikrobiologie/ Organismische Interaktionen, Universität Tübingen 139

FORTMEIER, R., RCG Nordwest eG, Industriering 110, 48155 Münster: 77

*FREDE UND BACH (2004): 222, 223, 224

*GRAEFF et al. (2001): 217

*HANSEN, A. (1994): 143, 147

*HELDT, H.W. (2003): 82

**HÖLZL: 220, 221

*HOUGHTON UND WOODWELL (1989): 112

Liebig-Museum Gießen: 4

*LEIGH UND WYN JONES (1984): 213

*LOMBORG (2002): 114

*MARSCHNER, H. (1995): 44, 45, 63

MASALHA, J., Diplomarbeit, Institut für Pflanzenernährung, Justus-Liebig-Universität, Gießen (1992): 75

MENGEL, K., Institut für Pflanzenernährung, Justus-Liebig-Universität, Gießen: 36B, 36C, 41, 53,

*MENGEL, K.: (1991): 9, 89

MOHR, H. UND P. SCHOPFER: Pflanzenphysiologie, 3. Auflage, Springer-Verlag Berlin (1978): 2, 66

*MUNNS, R. (1993): 107

PEITER, E., Dissertation, Institut für Pflanzenernährung der Justus-Liebig-Universität Gießen (2002): 146

*SCHEFFER, F. UND P. SCHACHTSCHABEL (1984): 249

*SITTE et al. (1998): 140

*SLUIJMANS UND KOLENBRANDER (1977): 226

Universitätsbibliothek Göttingen: 3

Universitätsbibliothek der University of California, Berkley, USA: 7

VDLUFA (1997): 207

*WEART (2003): 111

*WEHRMANN UND SCHARPF (1986): 208

*WERNER, W.: (1999): 238

YAN F., Institut für Pflanzenbau und Pflanzenzüchtung I , Justus-Liebig-Universität, Gießen: 64, 157

YARA: 218, 219

ZÖRB, C., Bundesanstalt für Ernährung und Lebensmittel, Institut 2, Schützenberg 12, 32756 Detmold: 108

* siehe Literaturzitate am Ende der Kapitel bzw. im Literaturverzeichnis

** die Firma Hölzl existiert nicht mehr

# Sachregister